차근차근 설명하는 기초 회로 이론

안재우 지음

도서출판 홍릉

CONTENTS

제1장 회로이론이란 무엇인가

1. 전기 현상의 근원 · 1
2. 전기회로의 정의 · 2
3. 전압과 전류 · 3
4. 전력과 에너지 · 4
5. 회로의 기본 소자 · 6
   - 5.1 전원(power source) · 6
   - 5.2 저항(resistor) · 7
   - 5.3 커패시터와 인덕터 · 8
   - 5.4 반도체 소자 · 9
6. 회로이론이란? · 11
   - ✦ 단원 마무리 · 12
   - ✦ 개념정리 O, X 퀴즈 · 14
   - ✦ 연습문제 · 16

제2장 회로이론과 연립방정식

1. 회로이론의 1차 목표 · 19
2. (Review) 연립방정식의 개념 · 20
3. 회로에 존재하는 제약조건 3종 세트 · 21
   - 3.1 제약조건 1: 회로 소자의 전압-전류 특성식 · 22
   - 3.2 제약조건 2: 키르히호프의 전압 법칙 · 25
   - 3.3 제약조건 3: 키르히호프의 전류 법칙 · 27
4. 회로의 제약조건을 이용한 연립방정식 세우기 · 29
5. 정리: 앞으로 공부할 것 · 32
   - ✦ 단원 마무리 · 33
   - ✦ 개념정리 O, X 퀴즈 · 35
   - ✦ 연습문제 · 37

CONTENTS

제3장 저항회로의 해석

1. 등가저항의 개념 ··· 43
   1.1 저항의 직렬 연결과 병렬 연결 ······················ 43
   1.2 직렬 저항(들)의 등가 저항 ···························· 45
   1.3 병렬 저항(들)의 등가 저항 ···························· 47
   1.4 개방회로와 단락회로 ······································ 50
2. 저항회로의 전압분배와 전류분배 ······················ 52
   2.1 전압분배 ·· 52
   2.2 전류분배 ·· 53
3. 저항회로의 체계적인 해석 방법 ························ 55
   3.1 노드 해석법 ·· 55
   3.2 메쉬 해석법 ·· 60
   ✦ 단원 마무리 ·· 69
   ✦ 개념정리 O, X 퀴즈 ·· 71
   ✦ 연습문제 ·· 74

제4장 회로해석 관련 여러 가지 정리

1. 회로해석 관련 여러 가지 정리의 의미 ············ 84
2. 전원의 상호 변환 ·· 85
3. 밀만의 정리 ·· 86
4. 독립전원 중첩의 원리 ·· 90
   4.1 연립방정식에서 상수항의 의미 ···················· 90
   4.2 회로방정식의 상수항과 독립전원 중첩의 원리 ··· 91
5. 테브난과 노턴의 등가 회로 ································ 96
   5.1 테브난의 등가회로 찾기 ································ 96
   5.2 노턴의 등가회로 찾기 ·································· 101
6. 테브난의 등가 회로와 최대 전력 전달 ·········· 104
   ✦ 단원 마무리 ·· 109
   ✦ 개념정리 O, X 퀴즈 ·· 111
   ✦ 연습문제 ·· 114

제5장 에너지 저장 소자

1. 에너지 저장 소자의 개념 ·· 119
2. 커패시터의 원리와 전압–전류 특성식 ··· 120
3. 커패시터의 연결 ·· 124
   3.1 커패시터의 직렬연결 ·· 125
   3.2 커패시터의 병렬연결 ·· 127
4. 인덕터의 원리와 전압–전류 특성식 ··· 129
5. 인덕터의 연결 ·· 133
   5.1 인덕터의 직렬연결 ·· 133
   5.2 인덕터의 병렬연결 ·· 134
6. RC 회로의 응답 해석 ·· 136
   6.1 RC 회로로부터 방정식 세우기 ·· 136
   6.2 미분방정식의 의미와 풀이법 ·· 138
   6.3 RC 직렬회로에 대한 미분방정식의 풀이와 그 의미 ························ 140
7. RL 회로의 응답 해석 ··· 146
   7.1 RL 직렬회로에 대한 미분방정식의 풀이와 그 의미 ························ 146
8. RLC 회로의 완전응답 해석 ··· 153
   8.1 에너지 저장 소자의 개수와 미분방정식의 차수 ······························ 153
   8.2 RLC 회로의 미분방정식 ·· 154
   8.3 RLC 회로의 완전응답 ·· 156
✦ 단원 마무리 ··· 159
✦ 개념정리 O, X 퀴즈 ·· 161
✦ 연습문제 ·· 164

제6장 교류회로 정상상태 해석을 위한 수학 도구

1. 교류회로란? ·· 172
2. 정현파의 수학적 특성 ··· 173
   2.1 삼각함수의 의미 ·· 173
   2.2 정현파의 수학적 표현 ·· 175
   2.3 정현파의 주파수와 위상 ·· 176

CONTENTS

3. 왜 정현파가 중요한가? · 181
4. 정현파와 복소수의 관계 · 183
    4.1 복소수의 표시 방법 · 183
    4.2 복소수의 연산 · 185
    4.3 오일러의 공식 · 188
    4.4 정현파의 합성과 페이저(Phasor) · 190
✦ 단원 마무리 · 194
✦ 개념정리 O, X 퀴즈 · 195
✦ 연습문제 · 198

제7장 페이저를 이용한 교류회로 정상상태 해석

1. 페이저를 이용한 해석이 가능한 이유 · 203
2. R, L, C의 전압/전류 페이저의 관계 · 204
    2.1 저항의 전압/전류 페이저의 관계 · 204
    2.2 커패시터의 전압/전류 페이저의 관계 · 205
    2.3 인덕터의 전압/전류 페이저의 관계 · 206
3. R, L, C 회로의 교류회로 정상상태 해석 · 207
    3.1 RC 직렬회로의 교류회로 정상상태 해석 · 208
    3.2 RLC 직렬회로의 교류회로 정상상태 해석 · 212
    3.3 복잡한 R, L, C 회로의 정상상태 해석 · 215
    3.4 임피던스의 합성과 등가 임피던스 · 219
✦ 단원 마무리 · 223
✦ 개념정리 O, X 퀴즈 · 224
✦ 연습문제 · 227

제8장 교류회로의 전력

1. 정현파의 평균값과 실효값 ·········· 235
2. 순간전력과 평균전력 ·········· 242
   2.1 정현파 교류회로에서의 순간전력 ·········· 242
   2.2 정현파 교류회로에서의 평균전력과 역률의 개념 ·········· 244
3. 순간전력의 파형과 유효전력(평균전력), 무효전력의 개념 ·········· 251
   3.1 정현파 교류회로에서의 순간전력 파형과 평균전력 ·········· 251
   3.2 정현파 교류회로에서의 순간전력과 유효전력(평균전력), 무효전력의 개념 ·········· 253
4. 정현파 교류회로의 복소전력 ·········· 258
5. 역률 개선 ·········· 265
   5.1 역률 개선의 개념과 필요성 ·········· 265
   5.2 역률 개선의 방법 ·········· 267
   ✦ 단원 마무리 ·········· 276
   ✦ 개념정리 O, X 퀴즈 ·········· 278
   ✦ 연습문제 ·········· 280

제9장 주파수 응답과 공진회로

1. 주파수 응답의 개념과 네트워크 함수 ·········· 287
   1.1 주파수 응답 ·········· 287
   1.2 네트워크 함수 ·········· 288
2. 공진회로 ·········· 292
   2.1 공진 주파수의 의미 ·········· 292
   2.2 RLC 공진회로 ·········· 294
   2.3 공진회로의 활용 ·········· 298
   ✦ 단원 마무리 ·········· 302
   ✦ 개념정리 O, X 퀴즈 ·········· 303
   ✦ 연습문제 ·········· 305

1장
회로이론이란 무엇인가

> **단원 목표**
> - 전기 현상의 근원이 되는 전하의 개념 및 쿨롱의 힘에 대해 설명할 수 있다.
> - 전압과 전류의 개념을 이해하고, 전력과 에너지의 관계를 설명할 수 있다.
> - 회로이론에 등장하는 기본 소자들의 종류와 회로 기호를 이해한다.

1 전기 현상의 근원

우리가 살아가면서 가장 많이 느끼며 큰 영향을 받는 자연계의 힘은 무엇일까? 대부분 '중력'이라고 답하겠지만 사실 우리의 육체와 정신작용(신경) 자체를 유지시키는 가장 중요한 힘은 바로 '전자기력(電磁氣力, electro-magnetic force)'이다. 인류는 전자기력을 자유롭게 컨트롤할 수 있게 되면서 비로소 오늘날의 찬란한 문명을 꽃피우게 되었으며, 전기전자공학은 그와 같은 전기력을 에너지(←電氣工學) 또는 신호(←電子工學)로 활용하는 기술을 다루는 공학의 분야이다.

그렇다면, 그와 같은 전기적인 현상의 근원은 무엇일까? 중력 작용의 근원으로 '질량'이 정의되듯, 전기적인 현상의 근원으로 '전하'(電荷, electric charge)를 정의할 수 있으며 전하의 크기를 '전하량'이라고 부른다. 전하량의 단위는 C (Coulomb, 쿨롱)라고 하는데 이는 전기적 현상의 근원 '물질'인 전자와 양성자의 존재가 발견되기 전에 정의된 양이다. 물리학자들은 이 후 실험을 통해 전자 또는 양성자 하나의 전하량은 약 $1.6 \times 10^{-19} [C]$임을 밝혀냈으니, 1 쿨롱은 전자 또는 양성자 약 6.24×10^{18}개의 전하량에 해당하는 매우 큰 단위임을 알 수 있다.

같은 종류의 전하사이에서는 서로 밀어내는 척력이 작용하고 다른 종류의 전하끼리는 서로 당기는 인력이 작용하는데 이 힘을 쿨롱의 힘 (Coulomb's Force)라고 하며 모든 전기적인 현상의 원천이 된다. 이 힘에 의해 전하는 '움직이게' 되며 그에 따라 자기장이 형성되어 모든 전자기적 현상이 발생하게 된다는 것이 전자기학의 큰 줄거리이다. 영국의 물리학자 제임스 클러크 맥스웰 (James Clerk Maxwell)은 이같은 전자기적 현상을 수학적으로 설명하는 편미분방정식들을 정리하였는데 우리는 이를 '맥스웰 방정식'이라고 부른다. 일련의 초기조건 및 경계조건을 명확히 정의할 수 있다면 이 맥스웰 방정식을 이용하여 시공간에 펼쳐지는 전기력과 자기력을 수학적으로 정확하게 기술할 수가 있게 되었으니 이후 인류의 관심은 전자기 현상을 묘사(또는 예측)하는 단계를 넘어 어떻게 활용할 것인가 로 자연스럽게 발전하게 되었다.

2. 전기회로의 정의

서로 다른 전기적 성질을 갖는 '덩어리 물질(lumped matter)'을 서로 연결한 것을 전기회로라고 부른다. 덩어리 물질의 전기적 성질은 앞서 언급한 전자기학에 의해 수학적으로 모델링된다. 그 덩어리 물질을 '회로 소자'라고 하며, 전기회로란 어떤 소자들이 어떤 방식으로 연결되어 있는가로 유일하게 정의된다. 앞으로는 전기회로를 '회로'라고 부르기로 하겠다.

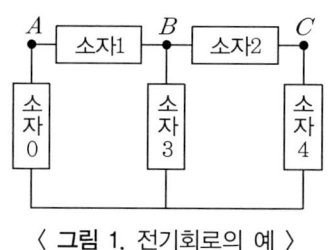

⟨ 그림 1. 전기회로의 예 ⟩

위 그림 1의 회로는 5개의 회로 소자가 그림에 나타난 바와 같은 방식으로 서로 연결됨으로써 정의되었다. 이 그림에서, A, B, C와 같이 서로 다른 소자들이 연결된 지점을 '노드(node)'라고 부른다. 이 책에서 노드는 매우 중요한 개념이니 꼭 기억하도록 하자.

동일한 소자 5개가 아래 그림 2와 같이 서로 다른 방식으로 연결되거나, 그림 3과 같이 소자 5개의 종류가 변경되면 이는 그림 1과는 다른 회로가 만들어진 것이다.

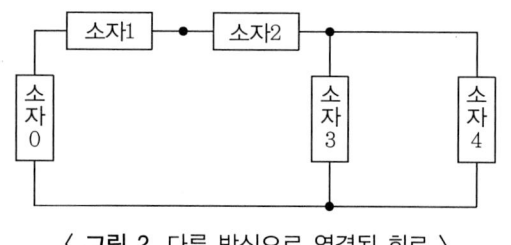

⟨ 그림 2. 다른 방식으로 연결된 회로 ⟩   ⟨ 그림 3. 다른 소자들로 연결된 회로 ⟩

3 전압과 전류

나중에 다시 언급하겠지만, 이 책에서 앞으로 가장 많이 언급될 두 용어를 꼽자면 바로 '전압'과 '전류'를 들 수 있겠다. 이 두 용어는 회로 이론을 배우지 않은 사람도 일상생활에서 흔히 쓰는 것이지만 정확한 정의를 모르고 두루뭉술하게 쓰는 경우가 많으므로 주의해야 한다.

회로에서 전압과 전류는 다음과 같이 간략히 정의할 수 있다.

> **정의**
>
> **전압 (electric voltage)**: 회로의 어떤 지점의 기준 지점에 대한 상대적인 전기적 높이. 1쿨롱의 전하를 기준 지점에서 어떤 지점까지 옮기는데 필요한 에너지의 크기로 정의한다. [단위: V (Volt) = J/C]
>
> 아래 두 그림은 A지점이 B지점보다 3V 높은 동일한 상황을 나타낸 것으로서, +, − 부호의 위치와 숫자의 부호에 주의하기 바란다.
>
>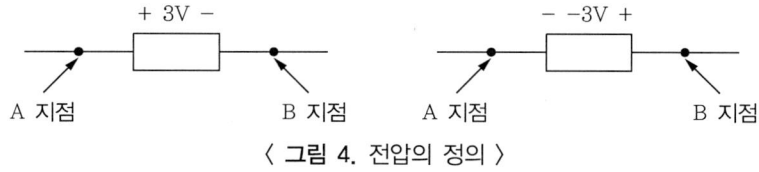
>
> 〈 그림 4. 전압의 정의 〉
>
> **전류 (electric current)**: 회로의 어떤 지점을 통과하여 흐르고 있는 전하의 흐름의 크기. 초당 통과하는 전하의 크기로 정의한다. [단위: A (Ampere) = C/sec]
>
> 아래 두 그림은 A지점에서 B지점으로 2A의 전류가 흐르는 동일한 상황을 나타낸 것으로서, 화살표의 방향과 숫자의 부호에 주의하기 바란다.
>
>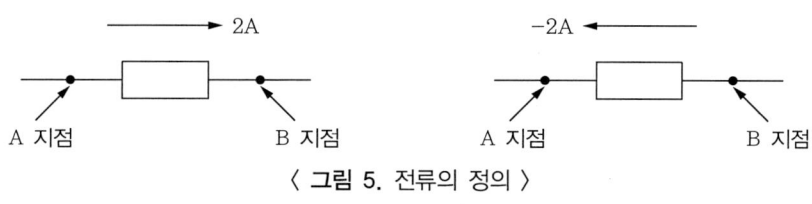
>
> 〈 그림 5. 전류의 정의 〉

명확히 이해가 되는가? 만약 명확히 이해가 된다면 여러분은 이미 전자기학을 꿰뚫고 있거나 위의 말을 잘못 이해하고 있는 것 둘 중의 하나라고 보면 된다. 즉, 위의 정의는 한 번 들어서는 이해가 쉽지 않은 추상적인 (2차적인) 물리 개념이다. 이에 비해 앞서 언급한 쿨롱의 힘은 개념적으로 그 이해가 훨씬 쉽다. 지구가 우리를 잡아당기는 중력과 성격이 유사하기 때문이다. 그리고, 힘을 받으면 전하는 움직이며, 전하가 움직이면 뭔가 요상한 일이 일어난다는 것도 머리 속에서 그림을 그리기가 매우 쉽다. 그러나, 그러한 현상을 쿨롱의 힘만으로 기술하는 것은 수학적으로 매우 번잡하고 고통스러운 과정이어서 사람들은 추상적이지만 보다 편리한 개념을 정의하여 사용하기 시작했으니 그것이 바로 전압과 전류인 것이다. 말이 좀 길었는데, 여러분들은 전기회로에는 시시각각 변화할 수 있는 전압과 전류라는 상태가 존재하며 그것을 찾는 것이 이 책을 배우는 목표라는 것을 가슴깊이 새기기만 하면 될 뿐, 그 물리적인 의미에 대해서는 전자기학을 배우면서 천천히 진지하게 고민하면 된다.

4 전력과 에너지

회로를 구성하는 소자의 양단에 걸린 전압 (= 양단의 전위차)과 그 소자를 관통하여 흐르는 전류를 정의하였다. 전압 V와 전류 I는 회로의 '상태'를 나타내는 가장 중요한 값으로서 그 정의로부터 다음과 같이 '전력(電力, electric power)' P가 정의된다. 전력의 단위는 $[W(watt)]$로서, 초당 소모하거나 공급되는 에너지의 크기를 나타낸다. 따라서 $[W]$와 $[J/sec]$는 같은 단위이다.

$$P = VI \, [W] \tag{1-1}$$

즉, 전기회로에서 소자 양단의 전위차와 그 때 흐르고 있는 전류를 알면 그 소자에서 '소모하는' 시간당 에너지를 알 수가 있는 것이다. 여기서 한 가지 주의할 점은, 위의 식을 정의할 때 소자의 전위차 V와 흐르는 전류 I의 상대적인 방향에 관한 규칙인데 이것을 '수동 부호 규약(Passive Sign Convention)'이라고도 한다.

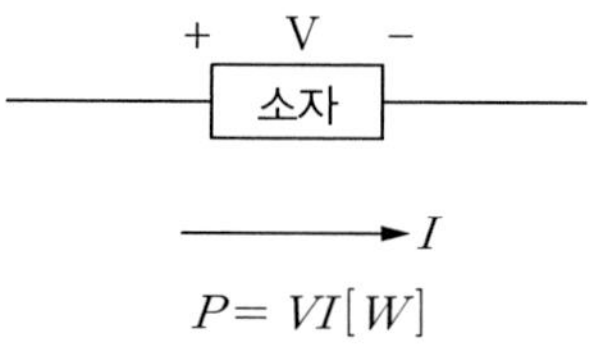

〈 그림 6. 수동 부호 규약에 의한 전력의 정의 〉

위 그림과 같이 전압과 전류의 상대적인 방향을 표시하였을 때 '수동 부호 규약'을 따랐다고 한다. 수동 부호 규약대로 표시한 전압 V와 전류 I의 값이 모두 양수인 경우, 이는 양의 전하가 높은 전위에서 낮은 전위로 '떨어지고' 있다는 것을 의미한다. 전위가 높다는 것은 양전하의 위치에너지가 높다는 뜻이므로 (그것이 전위의 정의이기도 하다) 이 소자를 왼쪽에서 오른쪽으로 통과하는 양전하[1])는 어딘가에 에너지를 빼앗기는, 즉, 소모하고 있다는 뜻이다. 예를 들어, 이 소자가 백열등 전구라면, 전류가 흐르면서 빛과 열에너지의 형태로 에너지를 소모하는 상황이 여기에 해당한다. 이때 당연히 소모전력 P의 부호는 '+'가 된다.

만약, 위의 규약(+와 -의 상대적인 위치)대로 표시한 전압 V의 값이 음수이고 전류 I는 양수라면, 이것은 양전하가 낮은 전위에서 높은 전위로 올라가고 있다는 뜻이며 이는 양전하가 어딘가로부터 에너지를 공급받고 있는 상황이라고 볼 수 있다. 이 경우 전력 P의 부호는 당연히 마이너스(-)가 된다. 이 상황이 바로 배터리와 같은 '전원'에서 발생한다. 어릴 때, 배터리는 전류가 +에서 나와서 -로 들어간다고 배우지 않았는가? (즉, 전류가 -에서 +로 흐름)

이상의 내용을 종합하면 다음과 같이 다양한 경우에 대한 전력의 부호를 생각해 볼 수 있다. 회로이론의 전력 분석에서 매우 중요한 사실이므로 꼭 숙지하기 바란다. (참고 아래에서 에너지를 '소모'한다는 것은 회로를 흘러다니는 전하가 이 소자를 통과하면서 에너지를 잃게 된다는 것을 의미한다.)

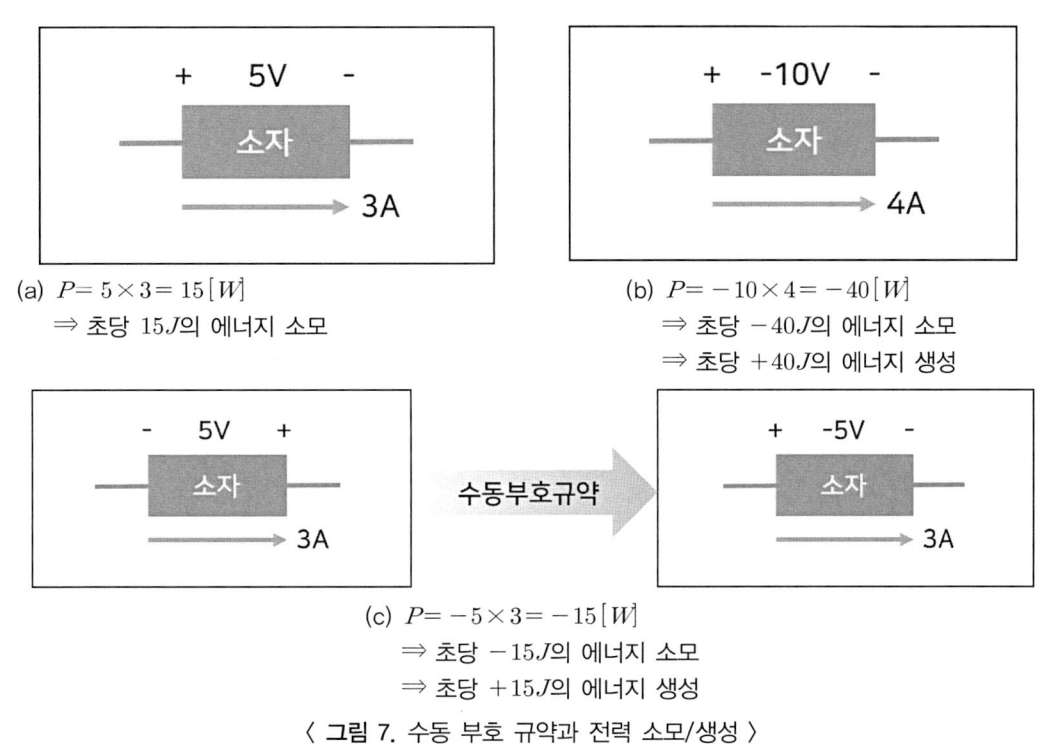

〈 그림 7. 수동 부호 규약과 전력 소모/생성 〉

---

[1] 음전하가 오른쪽에서 왼쪽으로 통과하는 것과 동등하다.

5. 회로의 기본 소자

회로이론이 다루는 기본소자는 전원, 저항, 커패시터, 인덕터의 4가지 밖에 되지 않는다. 본 절에서는 이 4가지 소자의 기본적인 전압-전류 특성을 소개하고 실제 실험실에서 흔히 볼 수 있는 소자의 형태를 소개한다. 또, 본 교재에서 직접 다루지는 않지만 회로이론을 통해 익힌 회로 해석 기법을 적용하여 전자회로 과목에서 다루게 될 대표적인 반도체 소자 2가지를 함께 소개한다.

5.1 전원 (power source)

전원은 회로에 전압과 전류가 나타나게 하는 에너지의 원천이다. 스마트폰은 복잡한 회로이지만 전원(배터리)이 없이는 아무런 동작도 하지 않는 것처럼, 주어진 회로에 전원이 존재하지 않으면 각 소자의 전압, 전류값 또한 나타나지 않는다 (모두 0이다).

전원은 크게 전압원(voltage source)과 전류원(current source)의 두 가지로 나눈다. 다음 그림에 나타나 있듯이, 전압원은 자신을 통해 흐르는 전류에 무관하게 자신의 양단자에 나타나는 전압이 언제나 일정한 값을 갖도록 한다. 그와 반대로 전류원은 자신의 양단자에 나타나는 전압과는 무관하게 자신을 통해 흐르는 전류가 언제나 일정한 값을 갖도록 한다. '언제나 일정'하다는 것은 전압원과 전류원에 어떤 회로가 연결되더라도 불변이라는 뜻이다.

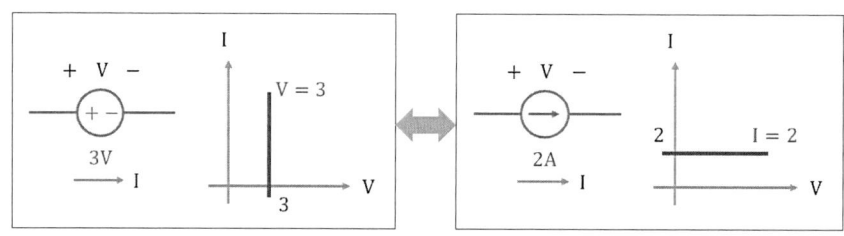

〈 그림 8. 전압원과 전류원의 회로 기호 및 전압-전류 특성 〉

그림 8에 나타낸 전압원과 전류원은 시간에 따라 특성값(전압 또는 전류)의 크기와 방향이 변하지 않으므로 직류전원 (DC - Direct Current - source)이라고 한다. 한편, 아래 그림처럼 크기와 방향이 주기적으로 바뀌는 전원도 존재하는데 이것을 교류전원 (AC - Alternating Current - source)라고 부른다. 쉽게 짐작할 수 있듯 직류전원으로 구동되는 회로의 해석이 교류전원보다 훨씬 쉽다. 그러나 교류전원으로 구동되는 회로도 직류전원 회로의 해석처럼 하게 해주는 놀라운 수학 기법을 앞으로 배우게 될 것이다.

1장. 회로이론이란 무엇인가

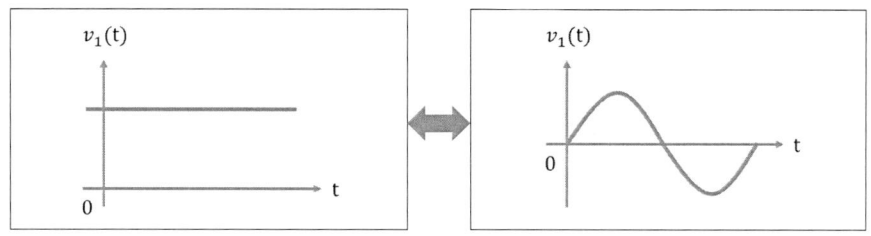

⟨ 그림 9. 직류전원(DC source)과 교류전원 (AC source) ⟩

5.2 저항 (resistor)

저항은 회로이론에서 가장 기본이면서 중요한 소자이다. 저항 회로의 해석은 매우 체계화되어 있고 쉽기 때문이다. 저항을 그렇게 유용한 소자로 만드는 이유는 저항의 전압-전류 특성식이 다음과 같이 서로 비례하는 관계를 만족하기 때문이다.

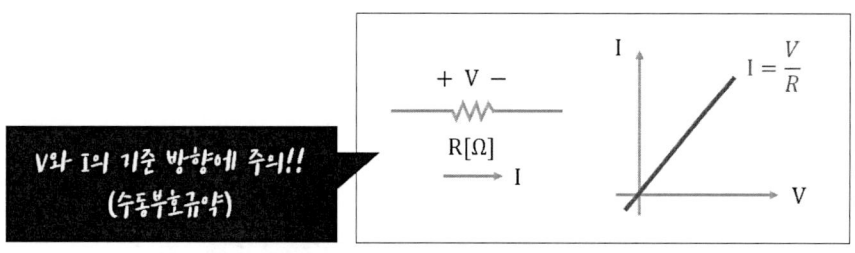

⟨ 그림 10. 저항의 전압-전류 특성 ⟩

옴의 법칙은 저항의 전압-전류 특성을 정의한다. 옴의 법칙을 수식으로 쓸 때, V 와 I 가 수동 부호 규약을 만족하는지 확인할 필요가 있다. 예를 들어 그림 10에서 전류 I 의 방향 화살표가 반대로 되어 있다면 $-I = \dfrac{V}{R}$ 이 올바른 특성식이 되는 것에 각별히 주의하자.

다음 그림은 기초회로 실습실에서 흔히 볼 수 있는 저항 소자와 저항색띠 읽는 법을 나타낸 표이다. 필자는 저항색띠를 읽는 것보다는 멀티미터를 이용하여 직접 측정하는 것을 선호하지만 이런 식의 저항값 표기가 가능하다는 것은 상식적으로 알 필요가 있으므로 살펴보기 바란다.

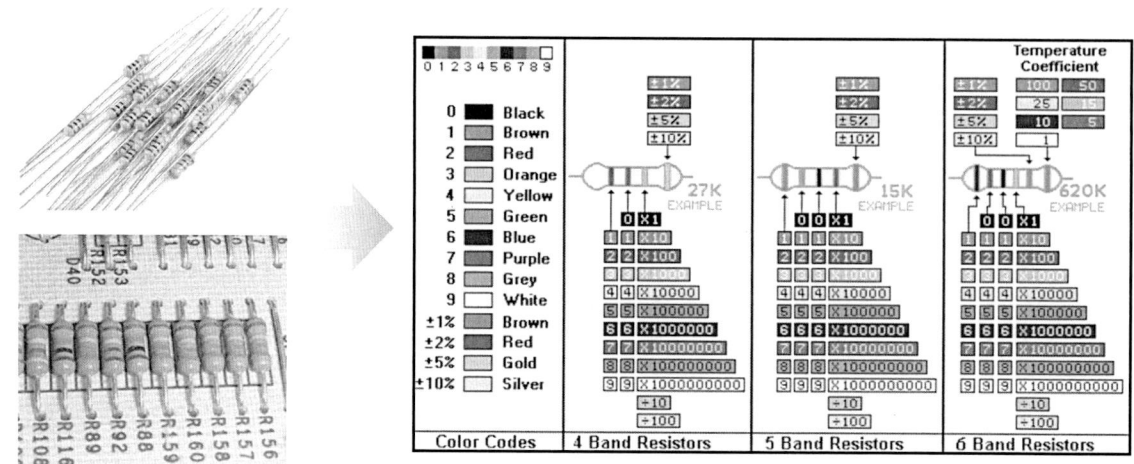

〈 그림 11. 저항의 예와 저항색 띠 읽는 법 〉

오늘날의 소형 전자회로에는 그림 11과 같은 덩치 큰 저항을 꽂을 공간 자체가 없다. 이런 경우에는 다음과 같이 SMD (surface-mounted-device, 표면실장소자) 형태의 저항을 사용한다. 못 쓰게 된 스마트폰을 열어보라. 엄청난 개수의 SMD 형태 저항 소자가 인쇄회로기판에 붙어 있음을 알게 될 것이다.

〈 그림 12. SMD 형태의 저항 〉

5.3 커패시터와 인덕터

커패시터(capacitor)와 인덕터(inductor)는 에너지를 소모하기만 하는 저항과 달리 에너지를 저장할 수 있는 소자들이다. 커패시터는 에너지를 전기장의 형태로 저장했다가 내 놓을 수 있고, 인덕터는 자기장의 형태로 에너지를 저장, 방출하는 능력이 있다. 이러한 에너지 저장-방출 특성은 회로 상태의 시간적인 변화를 해석하는데 결정적인 작용을 하게 된다.

저항, 커패시터, 인덕터를 대표적인 수동소자 3총사라고 부를 수 있는데 회로이론의 해석 대상은 대부분 전원에 이 수동소자 3종이 연결된 회로이다. 다음 그림은 수동소자 3총사의 실물과 회로 기호를 나타낸 것이다. 세 가지 소자 모두 2-단자의 극성(방향)이 없다는 것에 주목하자. 커패시터의 경우 극성이 있는 경우도 있지만 그것은 물리적으로 실제 회로를 구성할 때 고려해야 할 사항이고 회로이론에서는 세 가지 수동소자의 극성은 없다고 봐도 무방하다.

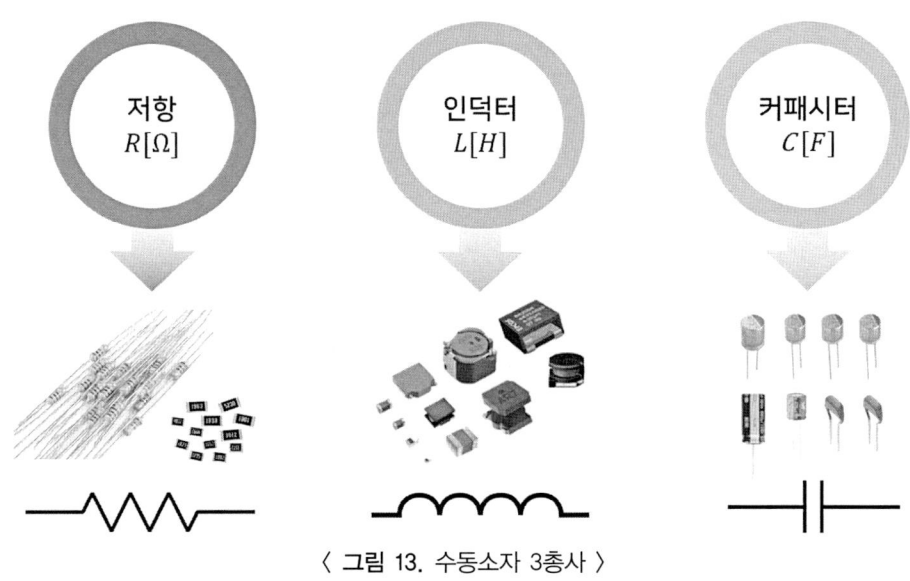

〈 그림 13. 수동소자 3총사 〉

5.4 반도체 소자

전자(electron)와 같이 물질을 구성하는 기본 미립자에 관한 성질을 연구하는 양자역학(Quantum Mechanics)의 비약적인 발달에 힘입어 인류는 반도체를 회로에 이용할 수 있게 되었다. 반도체 소자의 종류는 매우 많지만 대표적으로 다이오드와 트랜지스터를 들 수가 있다.

다이오드는 전류를 한 쪽 방향으로만 흐르게 하는 소자인데 특히 그때 빛이 나는 다이오드를 발광다이오드(LED: Light Emitting Diode)라고 한다. 조만간 대부분의 백열전구와 형광등은 발열과 전력 소모가 월등히 적은 LED로 교체될 것으로 전망된다.

트랜지스터는 작은 신호를 크게 만들거나(신호 증폭) 전기적인 스위치 역할을 하는 소자이다. 오늘날 대부분의 사람들이 사용하는 스마트폰의 내부에는 IC(Integrated Circuit - 집적회로)의 형태로 수십억개의 트랜지스터가 들어가 있다. 트랜지스터의 발명으로 전자혁명, 컴퓨터혁명이 이루어졌으니 트랜지스터는 20세기부터 시작된 인류의 폭발적 정보 문명 발달의 일등 공신이다.

아래 그림은 다이오드와 BJT (Bipolar Junction Transistor), FET (Field Effect Transistor)의 실물과 회로도를 나타낸 것이다. 지금까지 보아 왔던 수동소자 3총사와는 달리, 다이오드는 양 단자의 극성이 있어서 회로에 연결할 때 주의하여야 한다. 또한 트랜지스터는 다리(단자)의 갯수가 2개가 아닌 3개이며 각 단자에는 별도의 명칭과 역할이 있음을 기억하자.

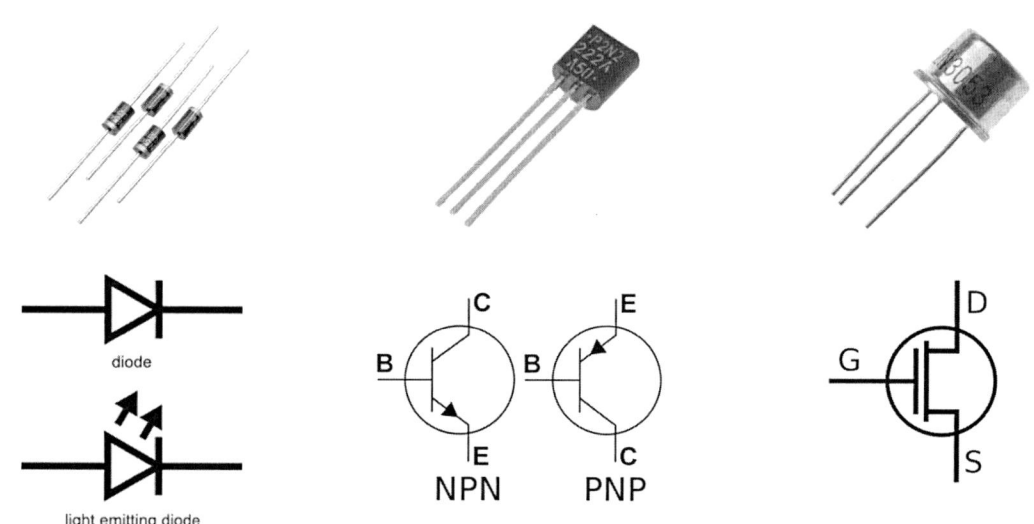

〈 그림 14. 대표적인 반도체 소자들: 다이오드와 트랜지스터(BJT, FET)
BJT의 단자 명칭: B(Base), E(Emitter), C(Collector)
FET의 단자 명칭: G(Gate), D(Drain), S(Source) 〉

본 교재에서 다룰 회로이론에서는 이러한 반도체 소자를 직접 다루지는 않지만 결국 반도체 소자의 특성을 해석하는데 회로이론의 다양한 기법들이 그대로 적용될 것이다. 반도체 소자는 다음의 그림과 같이 전압과 전류의 관계가 '비선형(non-linear)'이기 때문에 회로이론에서 배우게 될 선형회로 해석 기법을 그대로 적용할 수 없지만 해석을 하는 상황에 대한 몇 가지 가정을 하게 되면 반도체 소자도 선형회로로 모델링하여 충분히 해석이 가능하기 때문이다. 따라서 앞으로 전자회로를 잘 해석하려면 회로이론의 기초가 매우 탄탄해야 함을 잊지 말자.

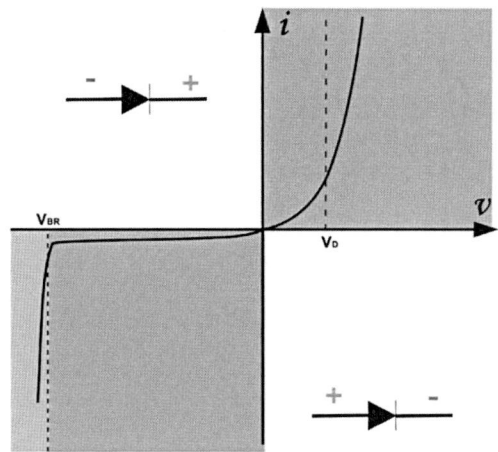

⟨ **그림 15.** PN 접합 다이오드의 비선형 전압-전류 특성 곡선 ⟩

6 회로이론이란?

이제, 이 책에서 여러분들이 배울 '회로이론'이 무엇이며 회로이론을 통해 무엇을 알아내고자 하는지 살펴볼 준비가 되었다. 회로이론이란 어떤 시간에서의 회로의 '상태(물리량)'를 예측하는 수학적 방법의 체계이다. 회로의 '상태'는 여러 가지 방법으로 표현할 수 있겠으나 가장 근본이 되며 이 책에서도 중요하게 다룰 것은 바로 각 노드의 전압과 각 지점을 통과하여 흐르는 전류의 크기이다. 즉, 회로이론은 어떤 시간 t에서 회로의 전압과 전류가 어떤 값을 갖는가를 계산하는 방법을 체계적으로 정리한 이론인 것이다. 회로이론을 통하여 물리학의 범주였던 복잡한 전자기적 성질이 몇 가지 가정에 의해[2] 단순한 수학 방정식으로 탈바꿈하게 되므로 물리학보다는 수학에 관심이 많은 독자들은 기뻐하기를, 그리고 수학에 관심이 없는 분들도 그리 어렵지 않은 수학으로 이론이 전개되므로 안심하기를 바란다!

---

[2] 이 가정을 회로이론의 근간을 이루는 '덩어리 물질 원칙 (lumped matter discipline)'이라고 하는데, 실용적인 범위에서 차이를 발생시키지 않는 범위에서 복잡한 (그러나 정확한) 전자기학적 묘사를 근사적인 (그러나 단순한) 수학적 방정식으로 바꾼 것을 의미한다.

단원 마무리

1. 전기현상의 근원
   - 전기현상은 정지하거나 움직이는 전하(electric charge)에 의해 나타난다.
   - 전하는 양전하와 음전하의 두 가지 종류가 있으며, 전자(electron)는 음전하를 띠는 대표적인 입자이다.
   - 전하를 띤 두 물질 사이에는 두 물질의 전하량의 곱에 비례하고, 두 물질이 떨어진 거리에 반비례하는 힘이 작용하는데 이것을 쿨롱의 힘이라고 한다.
   공간에 전하가 분포하면 쿨롱의 힘이 공간에 분포하며 이것을 전기장이라고 한다.
   전기장에 전하가 놓이면 전하는 움직일 수 있으며 전기회로는 이렇게 움직이는 전하를 이용하여 에너지나 신호를 전달하는 장치이다.

2. 전기회로의 정의
   - 전기회로는 회로를 구성하는 소자가 무엇인지 그 소자들의 연결상태는 어떠한지의 두 가지로 유일하게 정의된다.

3. 전압과 전류
   - 전기력이 존재하는 전기장의 각 지점 간에는 전기적인 위치에너지의 높낮이가 존재하며 이것을 전위(electric potential)라고 한다.
   - 회로에서는 두 지점간의 전기적인 위치에너지의 차이를 전압이라는 개념으로 표현하며 단위는 V(볼트) 사용한다.
   - 전압은 결국 회로 내부의 힘(전기력)의 분포를 에너지의 높낮이로 바꾸어 생각하는 물리량이다.
   - 전류는 회로의 어떤 단면을 단위 시간당 얼마나 많은 전하가 지나가는가로 정의하며, 단위는 A(암페어)를 사용한다.
   - 전압과 전류를 이용하면 회로 내부의 힘의 분포 및 그에 따르는 전하의 통계적인 움직임을 매우 간단하게 표현할 수 있다.

4. 전력과 에너지
   - 회로의 두 지점 간의 전압과 그 두 지점을 통과하여 흐르는 전류의 곱으로부터 두 지점 사이에서 소모되는 전력을 계산할 수 있다.
   수동부호규약으로 전압과 전류를 측정하거나 계산했을 때, 두 값의 곱이 양수이면 그 소자 또는 회로는 전력을 소모하고 있는 중이다.

5. 회로의 기본 소자
   - 전원은 회로에 에너지를 공급하는 기본 소자로서 전압을 일정하게 유지시켜주는 전압원과 일정한 전류를 흐르게 하는 전류원으로 나눈다.
   - 전원의 값은 시간에 따라 변할 수 있는데 특히 방향과 크기가 모두 변하는 전원을 교류전원이라고 한다.

- 저항, 커패시터, 인덕터는 대표적인 수동소자 3총사로서 전압과 전류의 관계가 선형적인 선형소자로 분류된다.
- 다이오드와 트랜지스터는 대표적인 반도체 소자로서 전압과 전류의 관계가 비선형적인 비선형소자들이다.

> **생각해 봅시다**
>
> - **질문**: 힘을 받으면 움직인다는 개념은 이해하기 쉬운데 전압과 전류의 개념은 쉽게 와 닿지 않는다. 이런 개념을 회로이론에서는 왜 중요하게 사용하는 것일까?
> - **의견**: 회로를 만들어 사용하는 목적은 전기적인 현상을 이용하여 에너지를 가공하거나 전달하는 것이지 전하 몇 개를 개별적으로 움직이는 것이 아니다. 그와 같은 회로의 목적에는 전하 하나하나가 받는 힘이나 운동 속도와 같은 1차적인 개념보다 전압과 전류의 개념이 훨씬 적합(단순)하므로 회로이론에서는 필수적으로 익혀야 한다. 당장 이해가 되지 않더라도 회로의 어떤 상태를 표현하는 값이라고 편하게 받아들이고 그 정의에 익숙해지도록 하자.

1장 개념정리 O, X 퀴즈

1 일상생활에서 느끼는 '높이'의 원인은 중력(만유인력) 때문이다.　　　　　　(O, ×)

2 전기회로에서의 '높이'는 '전류'로 정한다.　　　　　　(O, ×)

3 전기회로에서의 '높이'가 정의되는 근원은 '쿨롱의 힘'이다.　　　　　　(O, ×)

4 저항이 크면 똑같은 전압이 걸렸을 때 더 큰 전류가 흐른다.　　　　　　(O, ×)

5 양의 전류가 낮은 전압에서 높은 전압으로 흐르고 있다면 그 소자는 전력을 소모하고 있는 것이다.
　　　　　　(O, ×)

6 전류의 단위 $[A]$에는 시간(sec)이 포함되어 있다.　　　　　　(O, ×)

7 전력의 단위 $[W]$에는 시간(sec)이 포함되어 있다.　　　　　　(O, ×)

8 회로이론에서 회로를 구성하는 소자들의 연결상태에는 소자와 소자간의 거리도 포함된다.
　　　　　　(O, ×)

9 회로의 상태를 나타내는 전압과 전류는 시간에 따라 변할 수 있다.　　　　　　(O, ×)

10 회로의 어떤 소자가 에너지를 소모하고 있다면 회로 어딘가에서 에너지를 공급하는 소자가 반드시 존재한다.　　　　　　(O, ×)

11 회로이론에서 다루는 수동소자 3총사는 저항, 커패시터, 다이오드이다.　　　　　　(O, ×)

12 대표적인 반도체 소자인 다이오드는 전압-전류의 관계가 선형적인 선형소자이다.　　(O, ×)

[1장 퀴즈 정답 및 해설]

1	2	3	4	5	6	7	8	9	10	11	12
O	X	O	X	X	O	O	X	O	O	X	X

1. 우리는 일상생활에서 지구 중심방향으로 작용하는 중력을 느끼기 때문에 높다 낮다를 느끼게 된다.
2. 전기회로의 에너지 높낮이는 '전압'으로 나타낸다.
3. 중력이 일상생활에서의 높낮이를 만들어내듯 전기회로에서는 쿨롱의 힘이 전기장을 형성하고 이것이 전기적인 에너지의 높낮이를 결정하게 된다.
4. $I=\dfrac{V}{R}$이므로 동일한 전압이 걸렸을 때 저항이 작을수록 더 큰 전류가 흐른다.
5. 양의 전류가 높은 전압에서 낮은 전압으로 자연스럽게 떨어질 때 전력을 소모한다고 한다.
6. 전류는 시간당 흐르는 전하량이다 ($A=\dfrac{C}{\sec}$).
7. 전력은 시간당 소모하거나 공급되는 에너지이다 ($W=\dfrac{J}{\sec}$).
8. 회로이론에서 회로의 연결 상태는 '연결의 여부'만이 중요할 뿐 회로도에 그려진 연결 경로의 길이나 모양은 아무런 영향을 미치지 않는다.
9. 회로의 상태는 시간에 따라 언제든지 변할 수 있다. 다만, 시간적으로 변하지 않는 직류전원으로 구동되는 저항 회로의 상태는 시간에 따라 변하지 않는 상수값을 가진다.
10. 에너지 보존 법칙은 회로에서도 성립한다.
11. 수동소자 3총사는 저항, 커패시터, 인덕터로서 모두 선형소자로 분류된다.
12. 다이오드와 트랜지스터와 같은 반도체 소자의 전압-전류 관계는 비선형이다. 그러나 특정 조건이 만족되는 상황에서는 선형소자처럼 해석이 가능하다.

1장 연습문제

1 $q_1[C]$과 $q_2[C]$의 전하량을 갖는 두 입자 간에 10N의 인력이 작용한다면 $-2q_1[C]$과 $q_2[C]$의 전하량을 갖는 두 입자 간에 작용하는 힘은 얼마이며, 인력인지 척력인지 설명하시오.

2 어떤 소자를 통해 흘러들어가는 전하량이 $q(t) = 10\sin 5t\,[C]$와 같은 시간 t의 함수로 주어졌을 때 이 소자를 통해 흐르는 전류를 계산하시오.

3 수동부호규약에 따라 소자 양단의 전압과 소자를 통해 흐르는 전류를 측정했더니 각각 +3V, +2A였다. 이 소자의 전력 소모/생성 상태를 설명하시오.

4 5V의 전위차를 만들어내는 배터리를 통하여 0.1초당 100 mC 의 전하가 움직이고 있다. 이 배터리가 생성하는 전력을 계산하시오.

5 5A 직류 전류원의 전압-전류 관계식을 적으시오.

6 3Ω 저항의 전압-전류 관계식을 적으시오.

7 에너지 보존 법칙에 의하면 회로의 모든 소자가 소모하는 전력의 총합은 언제나 0이다. 즉, 전력을 생성하는 만큼 소모한다는 뜻이다. 다음 회로의 전압, 전류 상태가 그와 같은 에너지 보존 법칙을 만족하고 있는지 확인하시오.

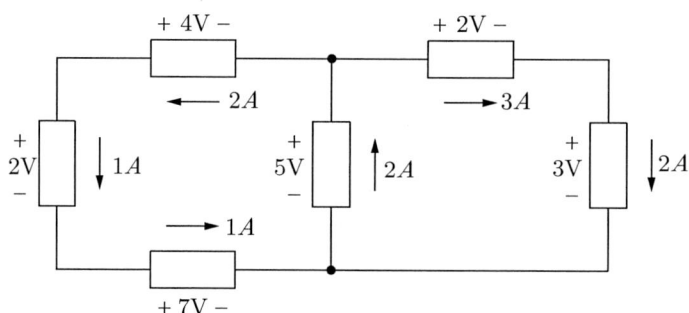

8 다음은 어떤 소자의 전압과 전류의 시간에 관한 그래프이다. 물음에 답하시오.

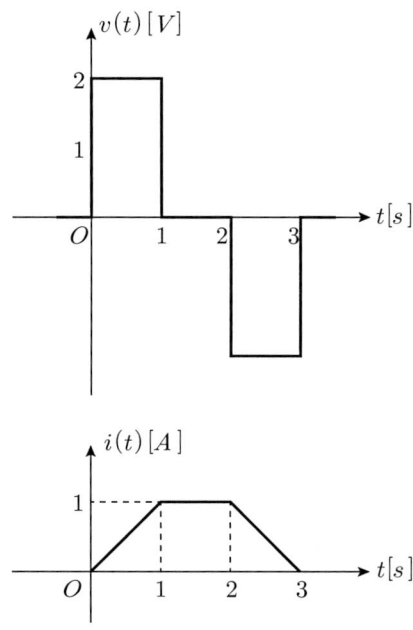

1) 이 소자가 소모하는 전력 $p(t)$의 모양을 스케치하시오. (전압과 전류의 방향은 수동부호규약을 따름)

2) $0 \leq t \leq 1$ 인 구간에서 이 소자는 전력을 생성하고 있는지 소모하고 있는지 설명하시오.

3) $0 \leq t \leq 3$ 인 구간동안 이 소자가 생성한 총 에너지는 얼마인가?

9 다음 4개의 회로 중 3개는 동일한 회로이다. 동일하지 않은 회로가 무엇인지 고르시오.

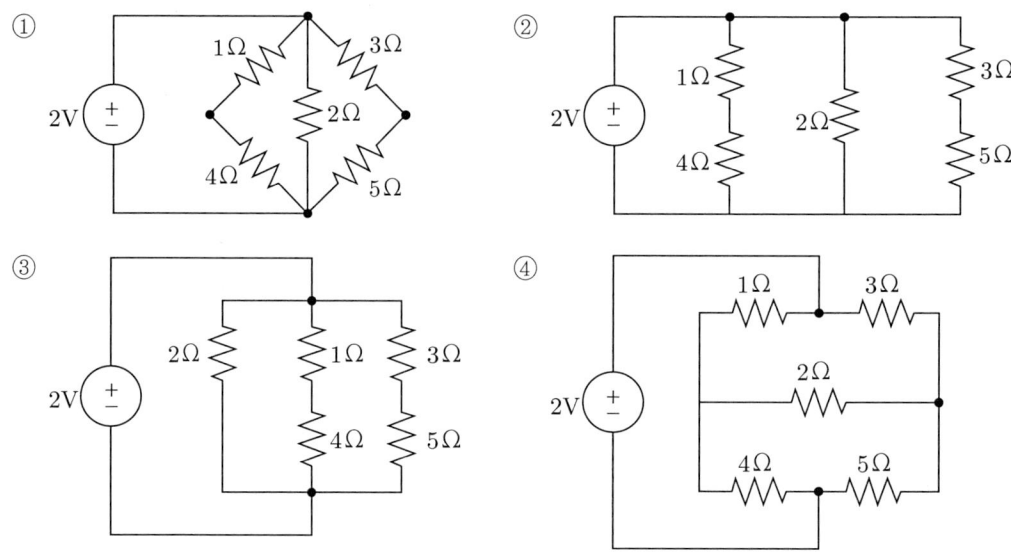

10 다음은 저항 R에 직류전압원 V_S와 직류전류원 I_S가 병렬로 연결된 회로이다. 물음에 답하시오.

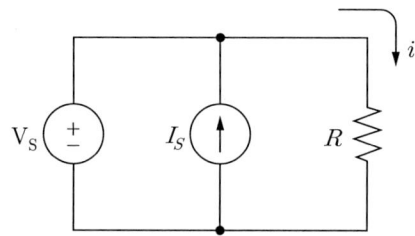

1) $V_S = 10[V]$, $I_S = 2[A]$, $R = 5[\Omega]$일 때 R에 흐르는 전류 i를 구하고 그 때 저항 R이 소모하는 전력을 계산하시오.

2) 1)에 비해 $I_S = 4[A]$로 두 배 커졌을 때 R에 흐르는 전류 i를 구하고 그 때 저항 R이 소모하는 전력을 계산하시오.

3) 1)과 2)의 결과로부터 저항에 흐르는 전류와 병렬로 연결된 전원과의 관계를 설명하시오.

2장
회로이론과 연립방정식

> **단원 목표**
> - 회로의 상태를 어떻게 정의하는지 이해한다.
> - 회로의 상태값으로 구성되는 연립방정식을 푼다는 회로이론의 1차 목표를 이해한다.
> - 회로에 존재하는 제약조건을 이해하고 이것을 이용하여 회로의 상태값에 대한 연립방정식을 세울 수 있다.

1 회로이론의 1차 목표

　회로이론은 주어진 회로에 대한 여러 가지 상태값을 해석하고 예측하는 것을 1차 목표로 한다. 다음 그림과 같이, 소자들 각각과 그것들의 연결상태가 명확한 명세로 주어지면 회로이론은 구하고자 하는 미지의 상태값(전압, 전류)이 포함된 연립방정식을 세우고 그것을 풀어 미지의 회로 상태를 구하게 된다. 이것이 회로이론이 문제를 접근하는 기본적인 얼개이다.

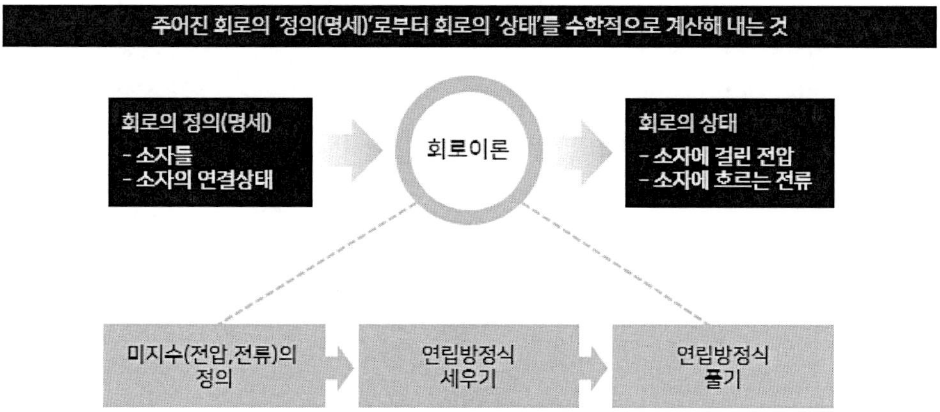

〈 그림 1. 회로이론의 1차 목표 〉

　여기서 회로의 '상태'라는 것은 매우 다양한 것들로 정의할 수 있겠으나 회로이론에서는 우선 각 소자들에 걸린 전압과 전류가 가장 중요한 회로의 상태로 간주된다. 예를 들어, 다음 그림의 회로에는 총

4가지의 소자가 서로 연결되어 있는데 따라서 각 소자의 전압, 전류로 구성되는 총 8개의 회로 상태값이 존재한다고 볼 수 있다.

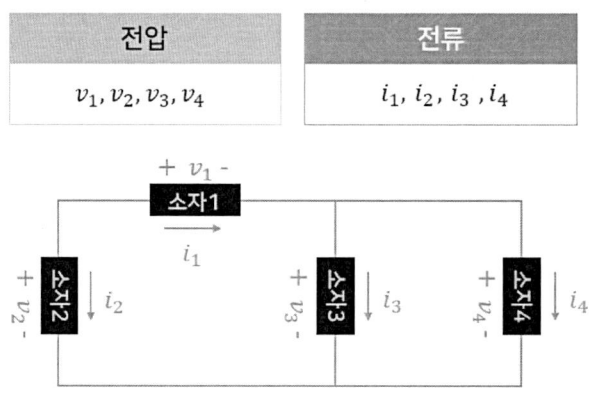

〈 그림 2. 회로의 상태값 - 소자의 전압과 전류 〉

2 (Review) 연립방정식의 개념

회로이론이 무엇인지 설명하는데 뜬금없이 연립방정식이라는 말이 나와서 당황했을 것이다. 회로이론은 회로의 상태, 즉, 각 소자의 전압과 전류가 미지수로 포함된 연립방정식을 어떻게 세우는가로부터 출발한다. 그리고 그것이 회로이론을 이해하는 거의 전부라고 해도 과언이 아니다. 나머지는 이로부터 파생되는 부수적인 성질에 이름을 붙이고 의미를 부여하는 과정이다. 일단 연립방정식이 세워지면, 그 풀이는 여러분들이 이미 알고 있을 기초적인 수학 기법을 이용하거나 계산기, 컴퓨터를 이용하면 된다.

잠깐 중학교 시절로 돌아가서, 다음과 같은 미지수 x, y에 대한 일차 연립방정식을 생각해 보자.

$$x + y = 1 \quad \cdots (1)$$

$$2x - y = 2 \quad \cdots (2)$$

(1)번 방정식을 만족하는 실수 x, y의 값은 (x=0, y=1), (x=1, y=0), (x=0.5, y=0.5)처럼 무수히 많다. (2)번 방정식을 만족하는 실수 x, y 또한 무수히 많다. 그런데 (1)과 (2)를 '동시에' 만족시키는 x

와 y의 값은 유일하게 한 가지, 즉, x=1, y=0 밖에 없다. 지금까지 이와 같은 연립방정식을 '어떻게' 풀이하는지에 집중하여 공부를 해 왔다면 이제는 이런 연립방정식이 문제 해결을 위해 도입되는 과정을 살펴본다. 이를 위해, 멀리 갈 것도 없이 역시 중학교 교과서에 나올만한 다음 문제를 생각해 보자.

> 나의 나이와 아버지의 나이의 차이는 30살이다. … 제약조건 1
> 나의 나이와 아버지의 나이를 합하면 90살이다. … 제약조건 2
> 나의 나이와 아버지의 나이는 각각 몇 살일까?

위의 문장들로부터 나와 아버지의 나이를 계산하기 위해 우리는 다음과 같은 식을 세운다.

> 나의 나이를 x 라고 하고, 아버지의 나이를 y 라고 하면 x와 y에 관해 다음의 식이 성립한다.
> $-x + y = 30$
> $x + y = 90$

이와 같이 세워진 x와 y에 관한 두 가지 서로 독립적인 식을 동시에 만족하는 x와 y의 값은 x = 30, y = 60으로 쉽게 풀 수가 있다. 즉, 위의 문장들을 '동시에' 만족하는 나의 나이는 30살, 아버지의 나이는 60살인 것이다. 다른 어떤 나이도 앞의 문장이 제시한 '제약 조건' 두 가지를 동시에 만족시킬 수 없다. 회로이론이 풀고자 하는 문제도 이와 동일하다. 회로에 존재하는 모든 전압과 전류라는 미지수에 대해, 그 값들이 가지는 '제약 조건'을 회로 그 자체로부터 찾고, 그것을 여러 개의 독립적인 방정식으로 표현하여 이 방정식들로 구성되는 연립방정식을 풀면 되는 것이다. 이 과정을 반드시 기억하기 바란다. 한 가지 첨언을 하자면, 연립방정식 이론에 의해, 회로에 존재하는 미지의 전압, 전류가 모두 합쳐 n개라면 이들로 구성되는 독립적인 방정식[3] 또한 n개가 필요하다.

3 회로에 존재하는 제약조건 3종 세트

회로를 구성하는 소자와 그 소자들의 연결 상태(topology)가 회로를 유일하게 결정한다. 따라서 회로에 존재하는 전압과 전류의 제약조건 또한 회로를 구성하는 소자들 그 자체와 소자들의 연결상태로부터 찾을 수 있어야 할 것이다. 소자들 그 자체로부터 발견되는 전압과 전류의 제약조건을 **소자의 전**

---

[3] 예를 들어, $x + y = 1$과 $2x + 2y = 2$는 완전히 동일한 제약조건을 표현하므로 서로 독립적인 방정식이 아니다.

압-전류 특성식이라고 하며, 소자들의 연결상태로부터는 **키르히호프의 전압법칙 및 전류법칙**을 이용하여 제약조건을 쉽게 구할 수 있다.

3.1 제약조건 1: 회로 소자의 전압-전류 특성식

회로 소자가 회로에 연결이 되면 그 소자의 각 단자[4])에 걸쳐서 나타나는 전압(전위차)과 각 단자로 흘러들어가거나 나오는 전류의 크기가 결정되는데 그 값 자체는 소자가 연결된 회로의 상태에 따라 여러 가지 값을 가질 수 있다. 아래 그림의 2단자 소자에 대하여, V와 I값 자체는 이 소자가 연결된 회로가 무엇인지에 따라 얼마든지 변할 수 있다는 뜻이다. 그러나, V와 I값 서로 간에는 그 소자의 물리적인 특성에 의하여 결정되는 제약조건이 존재하는데 이를 소자의 전압-전류 특성식이라고 한다.

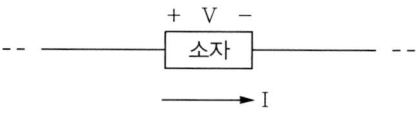

〈 그림 3. 일반적인 소자의 전압과 전류 〉

예를 들어 '저항(resistor)'이라는 소자는 다음의 전압-전류 특성식을 가지며, 이는 "저항이라는 소자는 어떤 회로에 연결되더라도 이 전압-전류 관계식이 항상 만족이 되게끔 저항 양단의 전압과 저항을 통과하는 전류값이 결정된다"는 뜻이다. (방금 한 말은 회로이론의 가장 근간이 되는 개념이라고 봐도 될 정도로 중요한 것이다.)

$$V = IR [5])$$

2-1

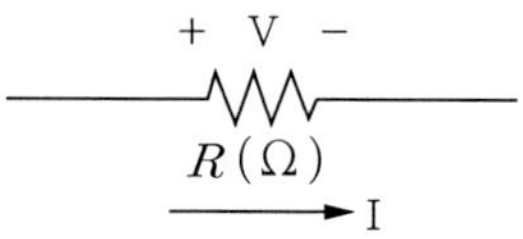

〈 그림 4. 저항 소자의 전압과 전류 〉

---

[4]) 다른 소자와 연결되는 접점을 의미한다. 흔히 '다리'가 몇 개다 라고 표현하는데, 다리가 두 개인 저항과 같은 소자를 '2단자 소자'라고 부른다. 다리가 세 개인 트랜지스터는 대표적인 '3단자 소자'이다. 물론 우리는 아직 저항과 트랜지스터가 무엇인지 논의를 안 했으니 그게 뭔지 몰라도 아직은 걱정할 필요가 없다.

[5]) 전압과 전류를 각각 V, I와 같이 알파벳 대문자로 표기하는 것은 그 값이 시간에 따라 변경되지 않음을 내포한다. 어떤 회로의 어떤 지점에서는 전압이나 전류가 시간에 관해 변하기도 하는데 이때는 $v(t)$, $i(t)$와 같은 '알파벳 소문자에 의한 시간에 관한 함수표현'을 사용하니 주의하기 바란다.

위 식(2-1)에서 R은 저항의 크기로서 전압과 전류의 비례상수이다.

아래의 표는 1장에서 소개한 기초 회로 이론의 대표 소자들의 전압-전류 특성식을 나타낸 것으로서 각 소자의 '수학적인 정의'라고 할 수가 있다. 이것은 앞에서 언급한 '덩어리 물질 원칙'을 적용한 이상적인 수학적 모델이라고 이해하면 된다. 이 전압-전류 특성식이 어떻게 나왔는지를 이해하는 것도 물리적으로는 매우 중요하지만 회로 이론의 체계를 이해하는 관점에서는 그냥 '그런 식을 만족하는 소자'가 주어졌다고 생각하는 것이 바람직하다. 회로이론은 수학과 물리의 경계를 아슬아슬하게 왔다 갔다 하는 분야이다. 너무 수학에 매몰되어서도 안 되지만 물리적 메커니즘을 너무 이해하려고 하면 한도 끝도 없게 된다. 전자와 도체, 부도체, 반도체라는 개념 자체도 물리적으로 엄밀히 정의하려면 양자역학을 도입하지 않을 수 없지만 회로이론에서는 그 영역까지 고민을 할 필요가 없다.

종류	회로 기호	전압-전류 특성식
직류 전압원 (DC Voltage Source)	+ V − (+−) 3V → I	$V=$ 상수
직류 전류원 (DC Current Source)	+ V − (→) 2A → I	$I=$ 상수
저항 (Resistor)	+ V − ⟋⟍ $R(\Omega)$ → I	$V=IR$ (R: 저항의 크기$[\Omega]$)

예제 2-1

아래의 회로에서, 직류 전압원 양단의 전위차는 이 전압원에 어떤 회로가 연결되더라도 5V로 일정하다. 단, 이 직류 전압원을 통과하여 흐르는 전류의 크기는 회로 전체를 분석하기 전에는 알 수가 없다. (전압원의 전압-전류 특성식에는 전류에 관한 정보가 전혀 없다. 그게 전압원이다.)

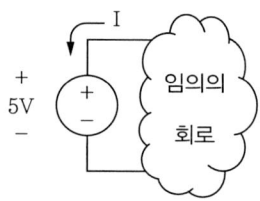

⟨ 그림 5. 5V 전압원과 임의의 회로 연결 ⟩

예제 2-2

아래의 회로에서, 직류 전류원을 통과하여 흐르는 전류의 크기는 이 전류원에 어떤 회로가 연결되더라도 3A로 일정하다. 단, 이 직류 전류원의 양단 전위차는 회로 전체를 분석하기 전에는 알 수가 없다. (전류원의 전압-전류 특성식에는 전압에 관한 정보가 전혀 없다. 그게 전류원이다.)

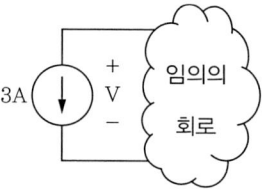

⟨ 그림 6. 3A 전류원과 임의의 회로 연결 ⟩

예제 2-3

아래의 회로에서, 저항 양단의 전압 V와 전류 I는 이 저항이 어떤 회로에 연결되더라도 항상 $V = 2I$ 라는 식을 만족한다. 단, 실제 V와 I가 어떤 값을 가질지는 이 저항이 연결된 회로 전체를 분석하기 전에는 알 수가 없다. (저항의 전압-전류 특성식은 전압과 전류의 '관계'만 나타내고 있을 뿐, 전압이나 전류의 값 자체를 정의하지는 않는다.)

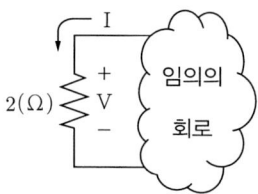

⟨ 그림 7. 2Ω 저항과 임의의 회로 연결 ⟩

3.2 제약조건 2: 키르히호프의 전압 법칙

키르히호프의 전압 법칙, 전류 법칙은 회로에 존재하는 소자들의 전압(단자간 전위차)과, 소자를 통과하여 흐르는 전류들이 만족하는 방정식을 찾기 위해 이용하는 중요한 물리 법칙이다. 키르히호프의 전압 법칙(Kirchoff's Voltage Law: KVL)은, 회로의 어떤 폐경로를 선택하더라도, 폐경로를 따라 하강된 전압의 총합은 언제나 0(zero)이 된다는 것이다. 폐경로란, 쉽게 말해 출발지점과 도착지점이 동일한 루프(loop)라고 생각하면 된다. 글로만 보면 감이 잘 안 올테니 다음의 회로에 대해 KVL을 적용해 보자.

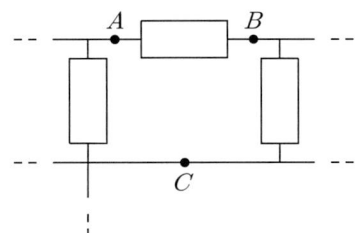

〈 그림 8. KVL의 적용 설명을 위한 회로도 〉

위 회로도에서, 폐경로 A → B → C → A를 거치면서 변경된(하강한) 전압을 모두 누적하면 언제나 0이 된다는 것이다. 재미있는 것은, 이것은 A, B, C 노드의 전압이 어떤 값이 되더라도 무조건 성립한다는 점이다.

(1) $V_A = 5V$, $V_B = 2V$, $V_C = 3V$인 경우:
A→B 전압 하강치 = 5-2 = 3V
B→C 전압 하강치 = 2-3 = -1V
C→A 전압 하강치 = 3-5 = -2V
→ 3 + -1 + -2 = 0.

(2) $V_A = 3V$, $V_B = 5V$, $V_C = 1V$인 경우:
A→B 전압 하강치 = 3-5 = -2V
B→C 전압 하강치 = 5-1 = 4V
C→A 전압 하강치 = 1-3 = -2V
→ -2 + 4 + -2 = 0.

위의 예에서 적용한 계산식을 일반적으로 쓰면 다음과 같다.

$$(V_A - V_B) + (V_B - V_C) + (V_C - V_A) = 0. \quad (V_A, V_B, V_C \text{의 값에 무관하게 성립}) \quad 2\text{-}2$$

여기서, $V_Y - V_X$ 는 X 노드에서 Y 노드로 갔을 때의 전압 상승분이며, 이것을 V_{YX} 라고 표기한다. 앞서 언급했던 단자간 전위차가 바로 여기에 해당한다. 그러면, 위 식(2-2)는 다음과 같이 쓸 수도 있으며, 여러분들은 바로 이 식을 뚫어져라 살펴보고 이해를 해야 한다.

$$V_{AB} + V_{BC} + V_{CA} = 0. \quad 2\text{-}3$$

이렇게 당연한 것을 '법칙'이라고까지 할 필요가 있을까 싶지만, 우리는 방금 대단히 중요한 가정을 하면서 위의 예를 체크한 것이다. A→B로 갈 때의 전압 상승치를 계산할 때 A의 전압값과, C→A로 갈 때의 전압 상승치를 계산할 때 A의 전압값은 불변이라는 것이 바로 그것이다 (위 예의 붉은색 값 참조). 이것은 마치 비유하자면, 어떤 높이에 있던 공이 하늘 높이 올라갔다가 다시 원래 지점(높이)으로 돌아왔을 때 그 공의 '위치 에너지'는 불변이라는 것과 동일한 현상이다. 전압은 전기적인 위치에너지와 관련이 있기 때문에 위와 같은 법칙이 성립한다고 이해하면 된다. 물리적인 의미에 너무 연연하지 말고, 회로라는 '연결상태'에 존재하는 어떠한 폐경로를 잡더라도 그 폐경로상에 존재하는 전압값 간에는 이와 같은 간단한 대수합의 법칙이 존재한다는 것만 명확히 기억을 하자.

예제 2-4

아래 회로에서, C 노드의 전압은 얼마인가?

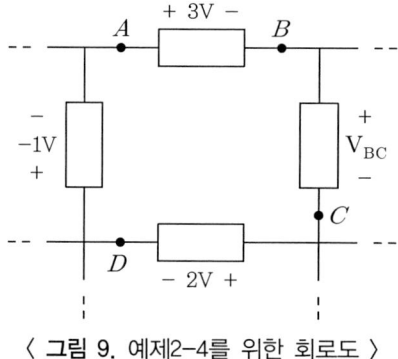

〈 그림 9. 예제2-4를 위한 회로도 〉

> **풀이**
> 주어진 회로도에서,
>
> $$V_{AB} = 3V,$$
> $$V_{CD} = 2V,$$
> $$V_{DA} = -1V$$이므로,
> $$V_{AB} + V_{BC} + V_{CD} + V_{DA} = 0$$으로부터,
> $$V_{BC} = -4V.$$
>
> 2-4
>
> 따라서 C노드에 비해 B노드의 전압이 -4V 높다(즉, +4V 낮다)는 것까지는 알 수가 있으나 이것만으로는 C노드의 전압을 유일하게 결정할 수 없다. B노드의 전압을 모르기 때문이다. 역으로, 위 회로에서 어느 한 노드의 전압만 알 수 있다면 나머지 노드의 전압은 도미노가 넘어가듯 쉽게 구할 수 있음에 주목하자.

3.3 제약조건 3: 키르히호프의 전류 법칙

키르히호프의 전류 법칙(Kirchoff's Current Law: KCL)은, 회로의 어떤 노드에서도, 노드로 흘러들어오는 전류의 총합은 언제나 0(zero)이 된다는 것이다. 다음의 회로에 대해 KCL을 적용해 보자.

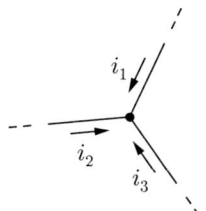

〈 그림 10. KCL의 적용 설명을 위한 회로도(1) 〉

위 회로의 노드 A에서 KCL을 적용한 식은 다음과 같다.

$$i_1 + i_2 + i_3 = 0. \qquad 2\text{-}5$$

위에서 주의할 점은, i_1, i_2, i_3 은 모두 노드로 흘러들어가는 전류의 크기라는 점이다. 만약 회로에서 찾고 싶은 전류의 방향과 크기를 다음 그림과 같이 표기했다면, 노드 A에서 KCL을 적용한 식은 다음과 같이 됨에 주의한다.

$$i_1 + i_2 - i_3 = 0. \qquad 2\text{-}6$$

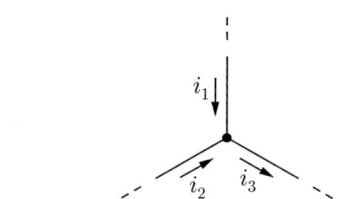

⟨ 그림 11. KCL의 적용 설명을 위한 회로도(2) ⟩

KCL을 다른 말로 표현하면, 어떤 노드로 흘러들어온 전류만큼 반드시 같은 크기의 전류가 흘러나 간다고 할 수 있는데, 이는 어떤 노드에서도 매 순간 전하가 쌓이거나 소멸되지 않는다는 것을 의미한다.

예제 2-5

아래 회로에서, i_3의 크기는 얼마인가? (단, $i_1 = 2A$, $i_2 = -1A$, $i_4 = 3A$ 이다.)

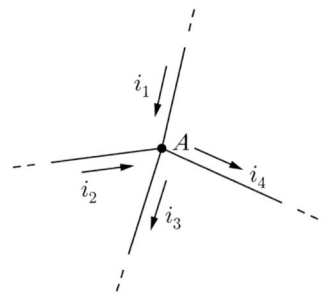

⟨ 그림 12. 예제 2-5를 위한 회로도 ⟩

풀이

노드 A로 흘러들어오는 전류의 합은 0임을 식으로 나타내면 다음과 같다.

$$i_1 + i_2 - i_3 - i_4 = 0. \qquad 2\text{-}7$$

위 식에 각 전류의 값을 대입하면,

$$2 - 1 - i_3 - 3 = 0. \qquad 2\text{-}8$$

따라서 $i_3 = -2A$이다.
참고로, 노드 A에서 흘러나가는 전류의 합을 0으로 놓고 풀어도 결과는 동일함을 확인하기 바란다.

4 | 회로의 제약조건을 이용한 연립방정식 세우기

이제, 회로에 존재하는 모든 소자의 양단자간 전압과 소자를 통과하는 전류를 미지수로 놓았을 때, 그 미지수들로 표현되는 방정식들을 찾을 준비가 끝났다. 앞서 설명한 3가지의 제약조건, 즉, "각 소자의 전압-전류 특성식, 각 폐경로에서의 KVL, 각 노드에서의 KCL"을 미지의 전압, 전류가 포함된 방정식으로 나타내면 되는 것이다. 미지의 전압, 전류의 개수가 n개라면, 독립된 방정식 또한 더도 덜도 말고 n개를 찾아야 함에 주의한다.

다음의 회로에 대하여 제약조건 3가지를 적용하여 미지의 전압, 전류에 대한 연립방정식을 세워보자.

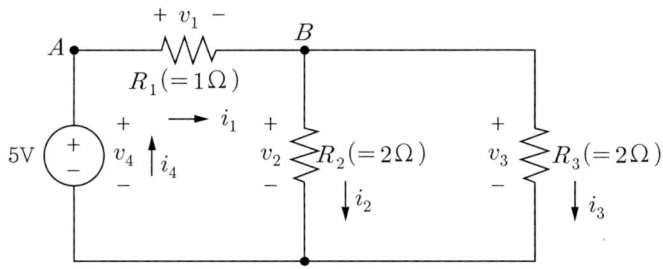

〈 그림 13. 전압원 1개, 저항 3개로 구성된 예시 회로 〉

위 회로는 총 4개의 소자, 즉, 1개의 전압원과 3개의 저항으로 구성되어 있다. 따라서 각 소자별로 소자 양단에 걸리는 전압 $v_1 \sim v_4$, 소자를 통과하여 흐르는 전류 $i_1 \sim i_4$ 가 이 회로에서 우리가 찾고 싶은 미지수가 되는 것이다. 총 8개의 미지수가 존재하므로 이 미지수를 한꺼번에 풀어내는 연립방정식은 다음과 같은 모양을 띠게 될 것이다.[6]

$$\bigcirc v_1 + \bigcirc v_2 + \bigcirc v_3 + \bigcirc v_4 + \bigcirc i_1 + \bigcirc i_2 + \bigcirc i_3 + \bigcirc i_4 = \triangle$$
$$\bigcirc v_1 + \bigcirc v_2 + \bigcirc v_3 + \bigcirc v_4 + \bigcirc i_1 + \bigcirc i_2 + \bigcirc i_3 + \bigcirc i_4 = \triangle$$
$$\bigcirc v_1 + \bigcirc v_2 + \bigcirc v_3 + \bigcirc v_4 + \bigcirc i_1 + \bigcirc i_2 + \bigcirc i_3 + \bigcirc i_4 = \triangle$$
$$\bigcirc v_1 + \bigcirc v_2 + \bigcirc v_3 + \bigcirc v_4 + \bigcirc i_1 + \bigcirc i_2 + \bigcirc i_3 + \bigcirc i_4 = \triangle$$
$$\bigcirc v_1 + \bigcirc v_2 + \bigcirc v_3 + \bigcirc v_4 + \bigcirc i_1 + \bigcirc i_2 + \bigcirc i_3 + \bigcirc i_4 = \triangle$$
$$\bigcirc v_1 + \bigcirc v_2 + \bigcirc v_3 + \bigcirc v_4 + \bigcirc i_1 + \bigcirc i_2 + \bigcirc i_3 + \bigcirc i_4 = \triangle$$
$$\bigcirc v_1 + \bigcirc v_2 + \bigcirc v_3 + \bigcirc v_4 + \bigcirc i_1 + \bigcirc i_2 + \bigcirc i_3 + \bigcirc i_4 = \triangle$$
$$\bigcirc v_1 + \bigcirc v_2 + \bigcirc v_3 + \bigcirc v_4 + \bigcirc i_1 + \bigcirc i_2 + \bigcirc i_3 + \bigcirc i_4 = \triangle$$

2-9

---
[6] 선형소자들로만 구성된 회로이기 때문에 미지 전압, 전류에 대한 선형방정식으로 나타난다.
예를 들어, $v_3^2 + v_2 i_3 + 3 = 0$과 같은 식은 선형식이 아니다.

위 식에서, 'O'는 각 방정식의 미지수에 곱해진 계수들을 의미하며, '△'는 방정식의 상수항들을 의미한다. 이 계수와 상수들은 0일 수도 있고 아닐 수도 있다.[7] 결국, 연립방정식을 세운다는 것은 이 계수들과 상수들을 모두 찾는다는 말과 동등하다.

이제, 이와 같은 8개의 방정식으로 구성된 8원1차 연립방정식을 세우기 위해 3가지의 제약조건을 차례로 적용해 보자.

(1) **소자들의 V-I 특성식**

$R_1(=1\Omega)$의 특성식: $v_1 = i_1 R_1 = i_1$ ∴ $v_1 - i_1 = 0$. 방정식 1

$R_2(=2\Omega)$의 특성식: $v_2 = i_2 R_2 = 2i_1$ ∴ $v_2 - 2i_2 = 0$. 방정식 2

$R_3(=2\Omega)$의 특성식: $v_3 = i_3 R_3 = 2i_3$ ∴ $v_3 - 2i_3 = 0$. 방정식 3

전압원(5V)의 특성식: $v_4 = 5$. 방정식 4

(2) **KVL** (폐경로를 따라서 하강한 전압의 총합은 0이다)

루프1을 따라 KVL 적용: $-v_4 + v_1 + v_2 = 0$. 방정식 5

루프2를 따라 KVL 적용: $-v_2 + v_3 = 0$. 방정식 6

(3) **KCL** (노드에 흘러들어가는 전류의 총합은 0이다)

노드A에서 KCL 적용: $i_4 - i_1 = 0$. 방정식 7

노드B에서 KCL 적용: $i_1 - i_2 - i_3 = 0$. 방정식 8

==> 8개의 독립방정식을 모두 찾았다. 이 방정식들을 식(2-9)와 같은 형태로 나타내면 다음과 같다.

$$\begin{aligned}
v_1 + 0.v_2 + 0.v_3 + 0.v_4 - i_1 + 0.i_2 + 0.i_3 + 0.i_4 &= 0 \\
0.v_1 + v_2 + 0.v_3 + 0.v_4 + 0.i_1 - 2i_2 + 0.i_3 + 0.i_4 &= 0 \\
0.v_1 + 0.v_2 + v_3 + 0.v_4 + 0.i_1 + 0.i_2 - 2i_3 + 0.i_4 &= 0 \\
0.v_1 + 0.v_2 + 0.v_3 + v_4 + 0.i_1 + 0.i_2 + 0.i_3 + 0.i_4 &= 5 \\
v_1 + v_2 + 0.v_3 - v_4 + 0.i_1 + 0.i_2 + 0.i_3 + 0.i_4 &= 0 \\
0.v_1 - v_2 + v_3 + 0.v_4 + 0.i_1 + 0.i_2 + 0.i_3 + 0.i_4 &= 0 \\
0.v_1 + 0.v_2 + 0.v_3 + 0.v_4 - i_1 + 0.i_2 + 0.i_3 + i_4 &= 0 \\
0.v_1 + 0.v_2 + 0.v_3 + 0.v_4 + i_1 - i_2 - i_3 + 0.i_4 &= 0
\end{aligned}$$

2-10

---

[7] 표기의 편의를 위해 동일한 기호를 썼다고 하여 모두 같은 값이라고 오해하지 말기 바란다.

위의 연립방정식을 8x8 행렬의 곱으로 나타내면 다음과 같다.

$$\begin{bmatrix} 1 & 0 & 0 & 0 & -1 & 0 & 0 & 0 \\ 0 & 1 & 0 & 0 & 0 & -2 & 0 & 0 \\ 0 & 0 & 1 & 0 & 0 & 0 & -2 & 0 \\ 0 & 0 & 0 & 1 & 0 & 0 & 0 & 0 \\ 1 & 1 & 0 & -1 & 0 & 0 & 0 & 0 \\ 0 & -1 & 1 & 0 & 0 & 0 & 0 & 0 \\ 0 & 0 & 0 & 0 & -1 & 0 & 0 & 1 \\ 0 & 0 & 0 & 0 & 1 & -1 & -1 & 0 \end{bmatrix} \begin{bmatrix} v_1 \\ v_2 \\ v_3 \\ v_4 \\ i_1 \\ i_2 \\ i_3 \\ i_4 \end{bmatrix} = \begin{bmatrix} 0 \\ 0 \\ 0 \\ 5 \\ 0 \\ 0 \\ 0 \\ 0 \end{bmatrix} \qquad 2\text{-}11$$

위와 같이 세워진 연립방정식은 수학적으로 무조건 풀 수 있지만 정작 손으로 직접 풀려면 여간 고통스러운 일이 아니다. 그러나 여기서 중요한 것은, 이와 같이 8개의 미지 전압, 전류에 대한 방정식 8개를 기계적으로 찾을 수가 있으며, 이 책에서 엄밀하게 증명하지는 않겠지만, n개의 전압, 전류에 대한 n개의 방정식은 언제나 찾을 수가 있다는 것이다. 풀이는? 컴퓨터에게 시키면 그만이다.

예제 2-6

아래 회로에 존재하는 6개의 미지수 $v_1, v_2, v_3, i_1, i_2, i_3$에 대한 6원 1차 연립방정식을 세우시오.

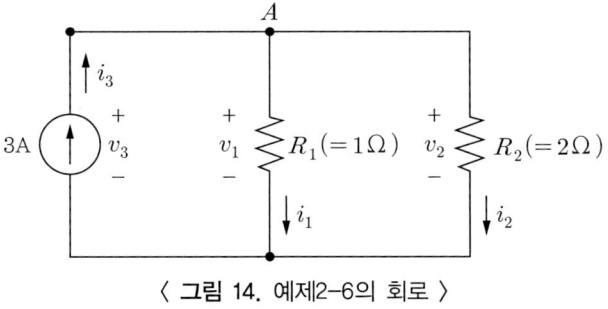

〈 그림 14. 예제2-6의 회로 〉

풀이

미지수가 6개이므로 독립방정식 6개를 찾으면 된다.
(1) 소자들의 전압-전류 특성식

  전류원(3[A])의 특성식: $i_3 = 3$.   방정식 1

  $R_1 (=1\Omega)$의 특성식: $v_1 = i_1 R_1 = i_1$ $\therefore v_1 - i_1 = 0$.   방정식 2

  $R_2 (=2\Omega)$의 특성식: $v_2 = i_2 R_2 = 2i_1$ $\therefore v_2 - 2i_2 = 0$.   방정식 3

(2) KVL (폐경로를 따라서 하강한 전압의 총합은 0이다)
    왼쪽 루프를 따라 KVL 적용: $-v_3+v_1=0$. 방정식4
    오른쪽 루프를 따라 KVL 적용: $-v_1+v_2=0$. 방정식5
(3) KCL (노드에 흘러들어가는 전류의 총합은 0이다)
    노드A에서 KCL 적용: $i_3-i_1-i_2=0$. 방정식6

==〉 6개의 독립방정식을 모두 찾았다. 이 방정식들로 구성된 6원1차 연립방정식을 풀면 이 회로를 구성하는 모든 소자의 전압, 전류를 찾을 수가 있다.

5 정리: 앞으로 공부할 것

이제, 우리는 회로가 주어지면 회로에 존재하는 모든 소자 양단의 전압과 소자를 통과하여 흐르는 전류를 '무조건' 구할 수 있는 방법을 알게 되었다. 3가지의 제약 조건을 총동원하면 되는 것이다. 그러나 뭔가 이상하지 않은가? 그림 11이나 12와 같이 간단한 회로를 푸는데 방정식이 왜 이리 복잡한가? 이 연립방정식이 풀린다는 것을 아는 것과 실제로 푸는 것에는 큰 차이가 있다. 특히, 회로에 대한 여러 측면에서의 분석을 해야 하는 경우 모든 미지수를 이와 같이 우직하게 한꺼번에 푸는 것은 사실 큰 도움이 되지 않을뿐더러, 가장 중요하게는 회로에 대한 직관적인 통찰을 하는데 방해가 된다. 회로에 대한 직관적 통찰이 없이는 주어진 회로의 분석은 할 수 있을지 모르나 새로운 회로는 절대로 설계할 수가 없다. 그래서 회로의 상태는 3가지 제약조건을 적용하여 어떻게든 풀어낼 수 있다는 점에서 일단 안도를 하고 앞으로는 위와 같이 연립방정식을 한꺼번에 찾지 않고 조금씩 나누어서 (때로는 일부만) 매우 체계적으로 풀이하는 방법을 탐구하게 될 것이다. 또한 그렇게 전압과 전류를 구하는 것에 그치지 않고 전압이나 전류의 시간적 변화, 소자들간의 관계, 에너지의 소모 등 다각적인 측면에서 회로를 분석하고 이해하는 것을 계속 공부하게 될 것이다.

단원 마무리

1. 회로이론의 1차 목표
   - 회로의 상태는 각 소자의 단자간 전압과 소자를 통해 흐르는 전류에 의해 1차적으로 정의된다.
   - N개의 소자로 구성된 회로는 N개의 전압과 N개의 전류로 상태가 정의된다.
   - 회로이론의 1차 목표는 회로의 정의(명세)로부터 회로의 상태, 즉, 각 소자의 전압과 전류를 계산하는 것이다.
   - 이 목표를 달성하기 위해 각 소자의 전압, 전류를 미지수로 하는 연립방정식을 세워야 한다.
2. (Review) 연립방정식의 개념
   - N개의 미지수를 유일하게 결정하려면 N개의 독립된 방정식이 필요하다.
   - N개의 독립방정식은 전체 미지수 또는 그 일부 몇 개가 만족하는 '제약조건'을 수식으로 나타낸 것이다.
3. 회로에 존재하는 제약조건 3종 세트
   - 회로의 정의(명세)로부터 찾을 수 있는 전압과 전류의 제약조건은 (1)소자들의 전압-전류특성, (2) 키르히호프 전압법칙, (3) 키르히호프 전류법칙의 3종으로 구성된다.
   - 소자들의 전압-전류특성은 소자들이 어떻게 연결되었는가와 무관하게 언제나 성립하는 방정식을 제공한다.
   - 소자들의 연결상태로부터 키르히호프 전압/전류법칙을 적용하여 방정식을 도출할 수 있다.
4. 회로의 제약조건을 이용한 연립방정식 세우기
   - N개의 2-단자 소자로 구성된 회로는 N개의 소자 전압과 N개의 소자 전류라는 상태를 가진다.
   - N개의 2-단자 소자로 구성된 회로에서는 총2N개의 독립방정식을 찾을 수 있다.
   - 2N개의 독립방정식은 제약조건 3가지를 적용하여 찾을 수 있다.
   - 2N개의 독립방정식으로 구성되는 연립방정식은 행렬을 이용하면 기계적으로 풀 수가 있다.
5. 정리: 앞으로 공부할 것
   - 회로의 상태인 전압과 전류를 단순히 계산하는 것으로 그쳐서는 안 되며, 왜 그런 값이 나오는지를 이해하고 설계에 응용할 수 있어야 한다.
   - 전압, 전류로부터 파생되는 회로의 여러 가지 유용한 성질을 이해하여야 한다.

생각해 봅시다

- 질문: 회로의 정의(명세)로부터 전압과 전류를 찾아주는 컴퓨터 시뮬레이션 소프트웨어가 많이 있다 (예: PSpice). 그럼에도 불구하고 회로이론을 통해 직접 전압과 전류를 계산하는 법을 배우는 이유는 무엇일까?

- **의견**: 주어진 회로의 전압과 전류는 시뮬레이터를 이용하여 더 빨리 찾을 수 있지만 왜 그런 값이 나오는지는 알려주지 못하므로 회로를 설계하거나 문제점을 찾아 수정할 수 없게 된다. 또, 회로에는 전압, 전류만으로는 나타내기 힘든 다양한 특성이 있는데 이런 특성들을 활용하려면 회로를 직접 해석하는 능력을 키워야 한다. 간단한 회로는 연필과 계산기만으로 꼼꼼이 해석하여 회로의 속성을 체득해야 하고, 그렇게 하는 것이 불가능하거나 너무 비효율적인 경우에는 컴퓨터에게 해석을 맡기고 그 결과를 활용하도록 하자.

2장 개념정리 O, X 퀴즈

1 미지수 N개를 유일하게 정하기 위해 필요한 독립방정식의 개수는 N개이다. (O, ×)

2 회로를 구성하는 소자의 전압-전류 관계식을 모르면 그 회로를 완전히 해석할 수는 없다.
(O, ×)

3 키르히호프의 전류 법칙은 회로라는 닫힌 시스템 내부에서 에너지가 보존되기 때문에 성립한다.
(O, ×)

4 전원과 저항만으로 구성된 회로의 전압, 전류의 연립방정식에는 전압과 전류의 곱이 나타날 수 없다. (O, ×)

5 키르히호프의 전압, 전류 법칙을 적용한 방정식은 회로의 연결상태(topology)로부터 찾을 수 있다. (O, ×)

6 키르히호프의 전류 법칙을 적용하여 방정식을 세우려면 회로의 각 가지에서 흐르는 양의 전류의 방향을 미리 짐작하고 있어야 한다. (O, ×)

7 회로의 소자와 소자를 연결하는 한 선분 위의 모든 점에서의 전압은 동일하다. (O, ×)

8 회로의 어떤 지점의 전압(전위)은 절대적으로 정할 수 없다. (O, ×)

[2장 퀴즈 정답 및 해설]

1	2	3	4	5	6	7	8
O	O	X	O	O	X	O	O

1. 미지수 N개는 독립방정식 N개로 유일하게 결정된다.
2. 회로를 해석하기 위해서는 회로를 구성하는 소자들의 연결상태와 각 소자의 전압-전류 특성식을 반드시 알아야 한다.
3. 키르히호프의 전류 법칙은 전하는 한 지점에서 쌓이거나 소멸되지 않는다는 전하량 보존 법칙 때문에 성립한다. 에너지 보존과 관련있는 것은 키르히호프의 전압 법칙이다.
4. 전원과 저항만으로 구성된 회로의 전압, 전류의 연립방정식에서는 전압, 전류의 모든 계수가 상수로서 선형 방정식을 형성한다.
5. 키르히호프의 법칙들을 적용한 방정식은 회로의 연결상태에 따라 달라진다.
6. 전류의 실제 방향(양의 전류가 흐르는 방향)을 사전에 알 필요는 없으나 내가 미지수로 설정한 전류가 어떤 방향의 값인지는 명확히 하고 방정식을 세워야 한다.
7. 회로도에서 소자와 소자를 연결하는 선분은 사실 하나의 점과 동등하다.
8. 전압(전위)은 상대적인 것으로서, 회로에서는 가장 낮은 전위를 갖는 지점을 회로의 그라운드라고 설정하고 다른 모든 지점의 전압은 그라운드 대비 몇 V가 높은가로 표시한다.

2장 연습문제

1 다음 중 회로 소자의 특성식에 관한 설명으로 틀린 것은?
① 회로 소자에 걸린 전압과 전류에 관한 관계식을 의미한다.
② 저항의 특성식을 결정하는 것은 옴의 법칙이다.
③ 전압원의 특성식으로부터는 전압원에 흐르는 전류가 포함된 식을 찾을 수 없다.
④ 저항의 특성식을 V-I 평면에 그래프로 그리면 2차 곡선이 된다.

2 다음 회로에서 소자들의 특성식으로부터 찾을 수 있는 회로 상태의 제약조건이 아닌 것은?

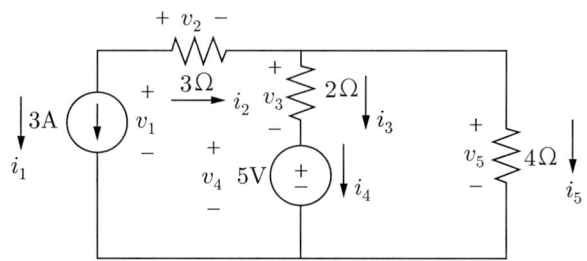

① $v_1 = 3\,i_1$
② $i_3 = \dfrac{v_3}{2}$
③ $v_4 = 5$
④ $v_5 = 4\,i_5$

3 다음 회로에서 키르히호프 전압법칙을 적용하여 찾을 수 있는 제약조건식이 아닌 것은?

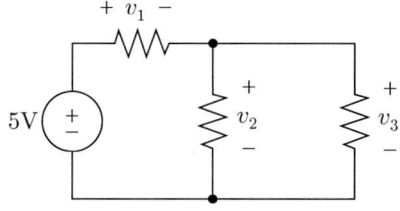

① $-5 + v_1 + v_3 = 0$
② $v_1 + v_2 + v_3 = 0$
③ $-5 + v_1 + v_2 = 0$
④ $-v_2 + v_3 = 0$

4 다음 회로의 노드 a에서 성립하는 키르히호프 전류 법칙을 올바르게 쓴 것은?

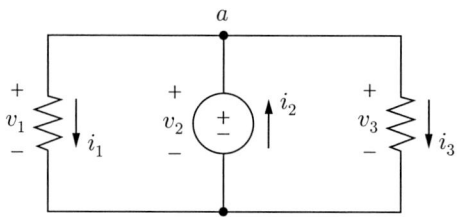

① $i_1 + i_2 + i_3 = 0$
② $i_1 - i_2 - i_3 = 0$
③ $i_1 - i_2 + i_3 = 0$
④ $i_1 = i_2 + i_3$

5 아래의 회로에 존재하는 3개의 전압 v_1, v_2, v_3 과 3개의 전류 i_1, i_2, i_3 가 만족하는 6개의 방정식을 나타내었다. 빈 칸에 알맞은 식을 적으시오.

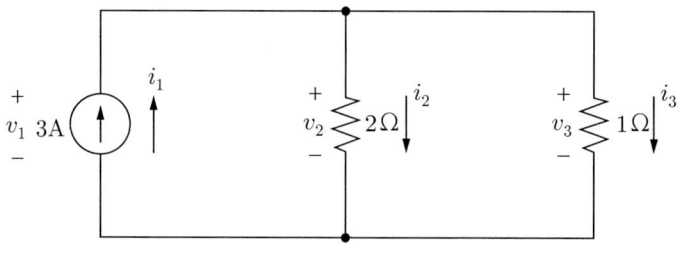

$v_2 = 2i_2$
$v_3 = i_3$
((a))
$-v_1 + v_2 = 0$
$-v_2 + v_3 = 0$
((b))

6 아래의 회로에서 '다' 소자 양단의 전압 v 와 '마' 소자에 흐르는 전류 i를 각각 구하고, '다'와 '마'소자가 소모하는 전력을 계산하시오.

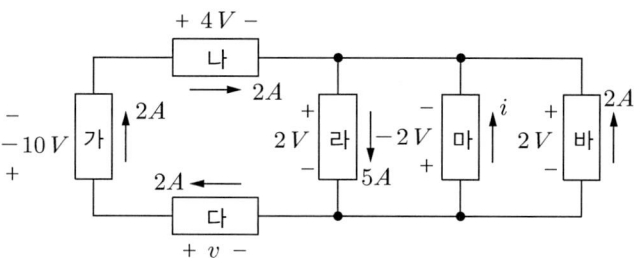

7 아래의 회로에 대하여 물음에 답하시오.

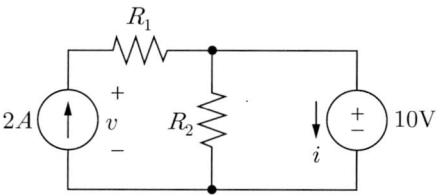

1) $R_1 = 3[\Omega], R_2 = 2[\Omega]$일 때, v와 i의 값을 각각 구하시오.

2) 전류원과 전압원이 공급하는 전력을 각각 구하시오.

3) 두 저항 R_1 과 R_2가 소모하는 전력을 각각 구하시오.

8 다음의 회로는 저항 3개와 전원 3개로 구성되어 있으므로 각 소자의 전압, 전류를 모두 구하기 위해 필요한 방정식의 개수는 총 12개이다. 전원의 경우 전압 또는 전류의 값이 이미 주어져 있으므로 필요한 방정식의 개수는 9개로 줄어든다. 다음의 물음에 답하시오.

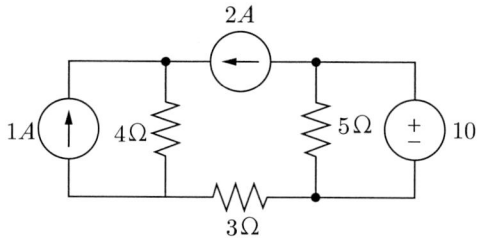

1) 9개의 미지수를 회로도에 표시하시오. (전류는 방향, 전압은 극성을 명확하게 표시할 것)

2) 9개 미지수로 구성되는 연립방정식을 세우시오.

3) 2)와 같이 모든 미지수에 대한 방정식을 세우지 말고 3개의 저항에 걸린 전압과 전류를 구하시오.

4) 3)의 결과로부터 각 저항이 소모하는 전력을 계산하시오.

9 다음의 회로는 저항 3개와 전원 5개로 구성되어 있으므로 각 소자의 전압, 전류를 모두 구하기 위해 필요한 방정식의 개수는 총 16개이다. 전원의 경우 전압 또는 전류의 값이 이미 주어져 있으므로 필요한 방정식의 개수는 11개로 줄어든다. 다음의 물음에 답하시오.

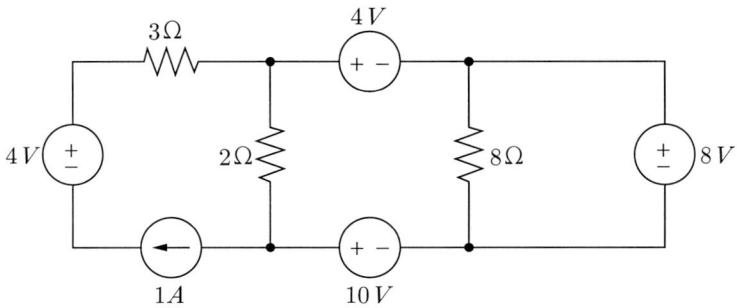

1) 11개의 미지수를 회로도에 표시하시오. (전류는 방향, 전압은 극성을 명확하게 표시할 것)

2) 11개 미지수로 구성되는 연립방정식을 세우시오.

3) 2)와 같이 모든 미지수에 대한 방정식을 세우지 말고 3개의 저항에 걸린 전압과 전류를 구하시오.

4) 3)의 결과로부터 각 저항이 소모하는 전력을 계산하시오.

10 다음 회로에서 단자 $A-B$ 사이의 전압은 $4V$, 단자 $C-D$ 사이의 전압은 $6V$로 각각 측정되었다. 이것을 이용하여 저항 R_1과 R_2의 값을 구하시오.

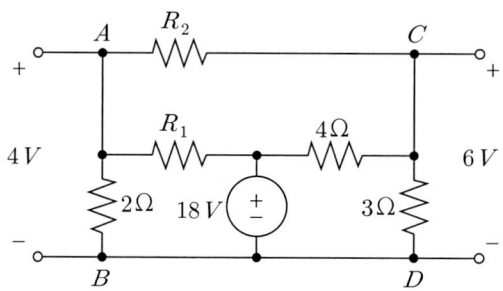

3장
저항회로의 해석

> **단원 목표**
> - 저항의 직렬연결회로와 병렬연결회로에 대한 등가저항의 개념을 이해하고 적용할 수 있다.
> - 저항회로의 전압분배와 전류분배의 개념을 이해하고 적용할 수 있다.
> - 개방회로와 단락회로의 개념을 이해하고 저항과의 관계를 설명할 수 있다.
> - 회로에 존재하는 노드와 노드 전압의 정의를 설명할 수 있다.
> - 노드 해석법의 개념 및 적용 순서를 이해하고 실제 회로 해석에 적용할 수 있다.
> - 회로에 존재하는 메쉬와 메쉬 전류의 정의를 설명할 수 있다.
> - 메쉬 해석법의 개념 및 적용 순서를 이해하고 실제 회로 해석에 적용할 수 있다.

1 등가저항의 개념

2장에서 회로에 존재하는 소자들의 전압과 전류를 구하는 개괄적인 과정을 살펴보았다. 그 과정에서 우리는 회로에 직류 전원(전압원 또는 전류원)과 저항만이 존재하는 경우를 살펴보았는데 3장에서는 그와 같은 경우 보다 효율적이고 체계적인 회로 해석 방법을 살펴본다. 이를 위해, 우선 저항이 여러 개 직병렬로 연결된 '덩어리'를 2단자 저항 소자 하나로 볼 수 있다는 '등가저항'의 개념에 대해 알아보기로 하자.

1.1 저항의 직렬 연결과 병렬 연결

아래 그림 1과 같이, R_1과 R_2의 한쪽 끝만 서로 연결하고, 나머지 다른 쪽 끝 두 개를 '연결된 덩어리의 각 단자'로 삼도록 하는 것을 저항의 직렬연결이라고 한다. 이 경우 직렬로 연결된 저항의 값이 무엇이건 각 저항에는 키르히호프의 전류 법칙에 의해 서로 똑같은 크기의 전류가 흐르게 된다 ($i_1 = i_2$). 거꾸로, 두 저항에 흐르는 전류가 항상 같도록 연결되었다면 그것은 그 두 저항이 직렬로 연결되었다는 것과 동등하다고 할 수 있다. 물론, 그 전류의 크기는 각 저항값과 저항 덩어리가 연결된 회로 A의 내용(소자 및 그들의 연결 상태)으로부터 도출되는 연립방정식에 의해 결정된다.

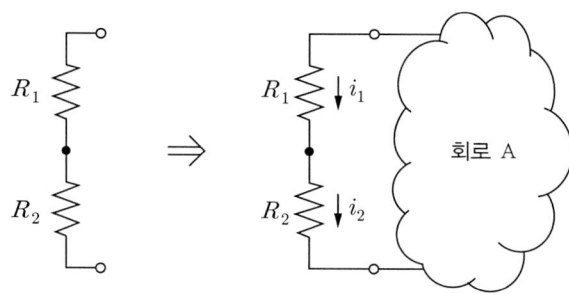

〈 그림 1. 저항의 직렬 연결 〉

반면, 아래 그림 2와 같이, R_1과 R_2의 양쪽 끝을 각각 서로 연결하고, 연결된 두 지점을 그 덩어리의 두 단자로 삼는 것을 저항의 병렬연결이라고 한다. 이 경우 병렬로 연결된 저항의 값이 무엇이건 상관없이 각 저항의 양단에는 키르히호프의 전압 법칙에 의해 똑같은 크기의 전압이 걸리게 되므로 $v_1 = v_2$가 된다. 거꾸로, 두 저항의 양단에 걸린 전압이 항상 같도록 연결되었다면 그것은 그 두 저항이 병렬로 연결되었다는 것과 동등하다고 할 수 있다. 물론, 그 전압의 크기는 각 저항값과 저항 덩어리가 연결된 회로 B의 내용(소자 및 그들의 연결 상태)으로부터 도출되는 연립방정식에 의해 결정된다.

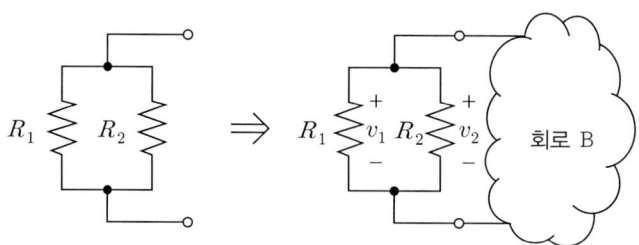

〈 그림 2. 저항의 병렬 연결 〉

예제 3-1

아래 회로에서, 직렬로 연결된 저항의 쌍과 병렬로 연결된 저항의 쌍을 모두 적으시오.

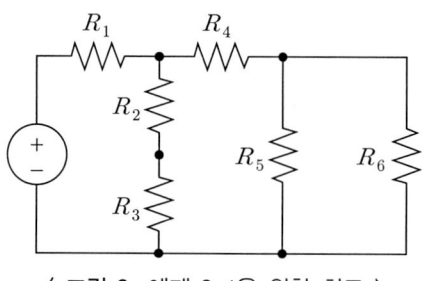

〈 그림 3. 예제 3-1을 위한 회로 〉

> **풀이**
> 직렬로 연결된 저항의 쌍: R_2, R_3 (두 저항에 흐르는 전류가 무조건 동일한 형태이다.)
> 병렬로 연결된 저항의 쌍: R_5, R_6 (두 저항 양단에 걸린 전압이 무조건 동일한 형태이다.)
> ← R_1과 R_4는 직렬인가, 병렬인가? : 직렬도 병렬도 아니다. 직렬이라면 두 저항에 흐르는 전류가 무조건 같아야 하는데 R_2 쪽으로 전류가 흐를 수 있는 경로가 있으므로 직렬은 아니다. 병렬이라면 두 저항 양단에 걸린 전압이 무조건 같아야 하는데 회로의 형태만으로는 그렇다고 단정 지을 근거가 없으므로 병렬도 아니다.

1.2 직렬 저항(들)의 등가 저항

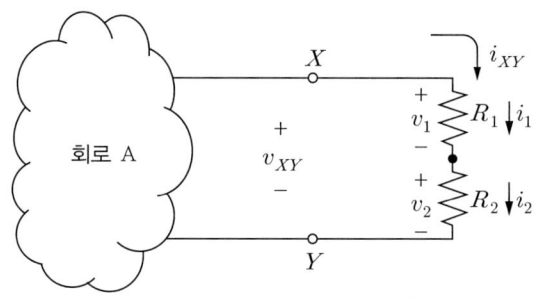

〈 **그림 4.** 직렬 저항이 연결된 회로 〉

위 그림은 전원을 포함하고 있는 회로 A의 단자 X, Y에 두 저항 R_1 과 R_2 이 직렬 연결된 상태를 나타낸다. 여기서, 단자 X, Y에 직렬 저항 R_1과 R_2가 연결되었을 때 단자 X, Y 사이의 전압이 v_{XY}이고 단자 X에서 Y로 흐르는 전류가 i_{XY}로 결정되었다고 하자. 이때 두 저항 R_1, R_2는 직렬로 연결되어 있으므로 저항을 통과하여 흐르는 전류 i_1과 i_2는 같은 값, 즉, i_{XY}가 된다. 그렇다면, 저항의 전압-전류 관계식(옴의 법칙)에 의하여 v_{XY}와 i_{XY}, R_1, R_2 간에는 다음의 식이 성립한다.

$$
\begin{aligned}
v_{XY} &= v_1 + v_2 && (\because \text{키르히호프 전압법칙}) \\
&= i_1 R_1 + i_2 R_2 && (\because \text{옴의 법칙}) \\
&= i_{XY} R_1 + i_{XY} R_2 && (\because \text{키르히호프 전류법칙}) \\
&= i_{XY}(R_1 + R_2) \\
&= i_{XY} R_T. && (\text{여기서, } R_T = R_1 + R_2)
\end{aligned}
$$

3-1

v_{XY}와 i_{XY}는 회로 A와 거기에 연결된 두 저항 R_1과 R_2으로부터 도출되는 연립방정식의 해의 일부이다. 그렇다면, 만약 회로 A의 두 단자 X, Y에 저항값이 $R_1 + R_2$인 하나의 저항 R_T를 연결하였다면, 그 때 두 단자 X, Y에 걸리는 전압과 단자 X로 흘러들어가는 전류의 값은 어떻게 될까? 직렬 연결된 두 저항 R_1과 R_2가 단자 X, Y에 연결된 경우의 v_{XY} 및 i_{XY}와 같을까, 다를까? 정답은 '같다' 이다. '다를 이유가 없다'고 하는 것이 더 정확할 수도 있겠다. v_{XY}와 i_{XY}를 결정하기 위한 연립방정식이 달라지지 않기 때문이다. 이와 같이, 회로A에 직렬연결된 저항 R_1과 R_2를 연결하나 $R_1 + R_2$값을 갖는 저항 하나를 연결하나 회로A의 상태에는 전혀 변함이 없는 경우, $R_T = R_1 + R_2$ 를 '직렬 연결된 두 저항 R_1과 R_2의 등가저항'이라고 한다. 직렬 연결된 저항의 개수를 두 개가 아닌 N개로 일반화하면, 다음 식이 성립함을 쉽게 알 수 있다.

직렬 연결된 N개의 저항 $R_1, R_2, ..., R_N$의 등가 저항 $= R_1 + R_2 + ... + R_N$. 3-2

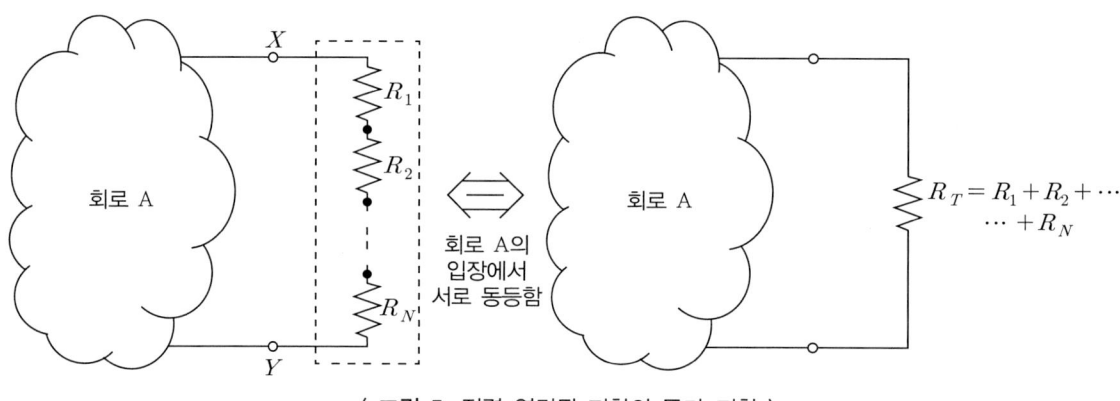

〈 그림 5. 직렬 연결된 저항의 등가 저항 〉

여기서 주의해야 할 점이 있다. 위의 그림에서 등가 저항이라는 것은 회로 A 입장에서는 등가저항으로 치환 (바꿔치기) 하기 전과 후를 구별할 수 없다는 뜻이지 회로 A와 거기에 연결된 저항으로 구성된 회로 자체가 '똑같다'는 뜻은 아니라는 것이다. 공학에서 '똑같다(equal)'와 '동등하다(equivalent)'는 반드시 구별해야 한다.

예제 3-2

아래 회로에서, 점선 부분을 제외한 나머지 회로의 상태에 변경이 없도록 하기 위한 R_T의 값을 구하시오.

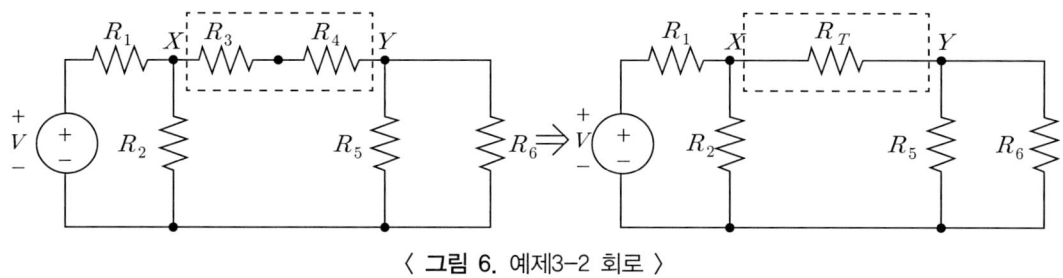

〈 그림 6. 예제3-2 회로 〉

풀이

위 그림의 왼쪽 회로는 직렬로 연결된 두 저항 R_3와 R_4가 단자 X, Y에 연결된 형태이다. 따라서 단자 X, Y에 이와 동등한 저항 $R_T = R_3 + R_4$을 연결하면 R_3와 R_4를 제외한 나머지 회로 소자들에 걸리는 전압과 전류는 변함이 없게 된다.

1.3 병렬 저항(들)의 등가 저항

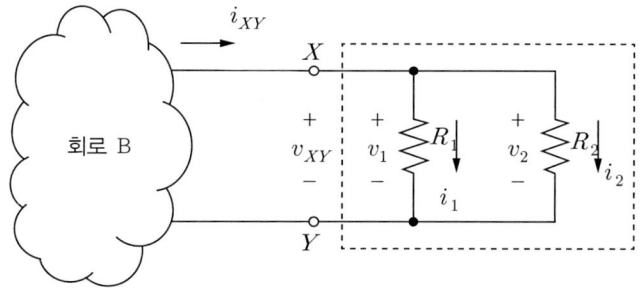

〈 그림 7. 병렬 저항이 연결된 회로 〉

위 그림은 전원을 포함하고 있는 회로 B의 단자 X, Y에 두 저항 R_1과 R_2가 병렬로 연결된 상태를 나타낸다. 여기서, 단자 X, Y에 병렬 저항 R_1과 R_2가 연결되었을 때 단자 X, Y 사이의 전압이 v_{XY}이고 단자 X를 빠져 나와 흐르는 전류가 i_{XY}로 결정되었다고 하자. 이때 두 저항 R_1, R_2는 병렬로 연결되어 있으므로 양단의 전압 v_1과 v_2는 같은 값, 즉, v_{XY}가 된다. 그렇다면, 저항의 전압-전류 관계식(옴의 법칙)에 의하여 v_{XY}와 i_{XY}, R_1, R_2 간에는 다음의 식이 성립한다.

$$i_{XY} = i_1 + i_2 \qquad (\because \text{키르히호프 전류법칙})$$

$$= \frac{v_1}{R_1} + \frac{v_2}{R_2} \qquad (\because \text{옴의 법칙})$$

$$= \frac{v_{XY}}{R_1} + \frac{v_{XY}}{R_2} \qquad (\because \text{키르히호프 전압법칙}) \qquad 3\text{-}3$$

$$= v_{XY}(\frac{1}{R_1} + \frac{1}{R_2})$$

$$= \frac{v_{XY}}{R_T}. \qquad (\text{여기서, } \frac{1}{R_T} = \frac{1}{R_1} + \frac{1}{R_2} \text{이므로 } R_T = \frac{R_1 R_2}{R_1 + R_2})$$

v_{XY}와 i_{XY}는 회로 B와 거기에 연결된 두 저항 R_1과 R_2으로부터 도출되는 연립방정식의 해의 일부이다. 그렇다면, 만약 회로 B의 두 단자 X, Y에 저항값이 $\frac{R_1 R_2}{R_1 + R_2}$인 하나의 저항 R_T를 연결하였다면, 그 때 두 단자 X, Y에 걸리는 전압과 단자 X로 흘러들어가는 전류의 값은 어떻게 될까? 병렬 연결된 두 저항 R_1과 R_2이 단자 X, Y에 연결된 경우의 v_{XY} 및 i_{XY}와 같을까, 다를까? 정답은 이 경우에도 '같다' 이다. v_{XY}와 i_{XY}를 결정하기 위한 연립방정식이 달라지지 않기 때문이다. 이와 같이, 회로 B에 병렬 연결된 저항 R_1과 R_2를 연결하나 $\frac{R_1 R_2}{R_1 + R_2}$값을 갖는 저항 하나를 연결하나 회로B의 상태에는 전혀 변함이 없는 경우, $\frac{R_1 R_2}{R_1 + R_2}$를 '병렬 연결된 두 저항 R_1과 R_2의 등가저항'이라고 한다. 병렬 연결된 저항의 개수를 두 개가 아닌 N개로 일반화하면, 다음 식이 성립함을 쉽게 알 수 있다.

병렬 연결된 N개의 저항 $R_1, R_2, ..., R_N$의 등가 저항을 R_T라고 할 때,

$$\frac{1}{R_T} = \frac{1}{R_1} + \frac{1}{R_2} + \cdots + \frac{1}{R_N}. \qquad 3\text{-}4$$

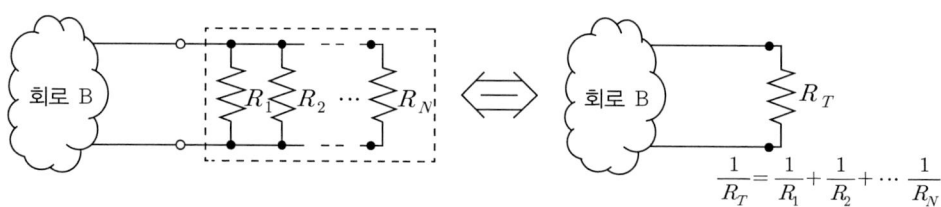

〈 그림 8. 병렬 연결된 저항의 등가 저항 〉

예제 3-3

아래 회로에서, 점선 부분을 제외한 나머지 회로의 상태에 변경이 없도록 하기 위한 R_T 의 값을 구하시오.

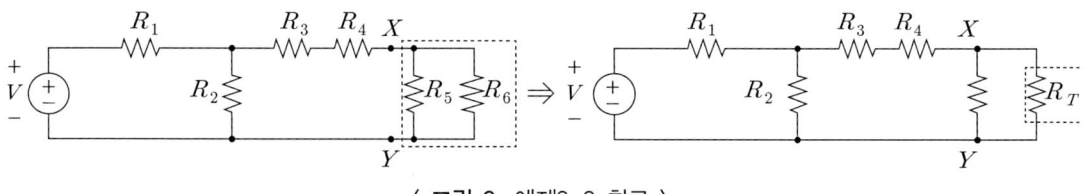

〈 그림 9. 예제3-3 회로 〉

풀이

위 그림의 왼쪽 회로는 병렬로 연결된 두 저항 R_5와 R_6가 단자 X, Y에 연결된 형태이다. 따라서 단자 X, Y에 이와 동등한 저항 $R_T = \dfrac{R_5 R_6}{R_5 + R_6}$을 연결하면 R_5와 R_6를 제외한 나머지 회로 소자들에 걸리는 전압과 전류는 변함이 없게 된다.

예제 3-4

아래 회로에서, 점선 부분을 제외한 나머지 회로의 상태에 변경이 없도록 하기 위한 R_T 의 값을 구하시오.

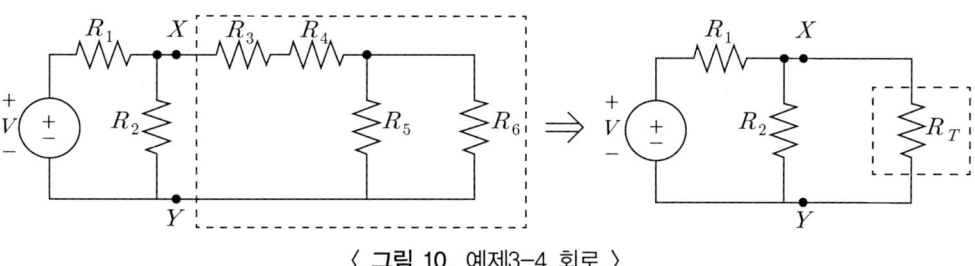

〈 그림 10. 예제3-4 회로 〉

풀이

위 그림의 왼쪽 회로는 단자 X, Y에 R_3, R_4, R_5, R_6의 덩어리가 연결된 형태이다. (아래 그림의 (a)) 여기서, R_5, R_6는 병렬로 연결되어 있으므로 하나의 등가 저항 R_{T1}으로 바꿀 수 있다.

$$R_{T1} = R_5 \parallel R_6 = \dfrac{R_5 R_6}{R_5 + R_6}. \qquad 3\text{-}5$$

병렬연결된 R_5, R_6를 하나의 등가 저항 R_{T1}으로 바꾸면 직렬 연결된 R_3, R_4, R_{T1}이 X, Y 단자에 연결된 회로가 된다 (아래 그림의 (b)). 따라서 이 세 개의 저항을 하나의 최종적인 등가 저항 R_T로 바꿀 수 있으며, 그 값은 다음과 같다.

$$R_T = R_3 + R_4 + R_{T1}$$
$$= R_3 + R_4 + \frac{R_5 R_6}{R_5 + R_6}.$$

3-6

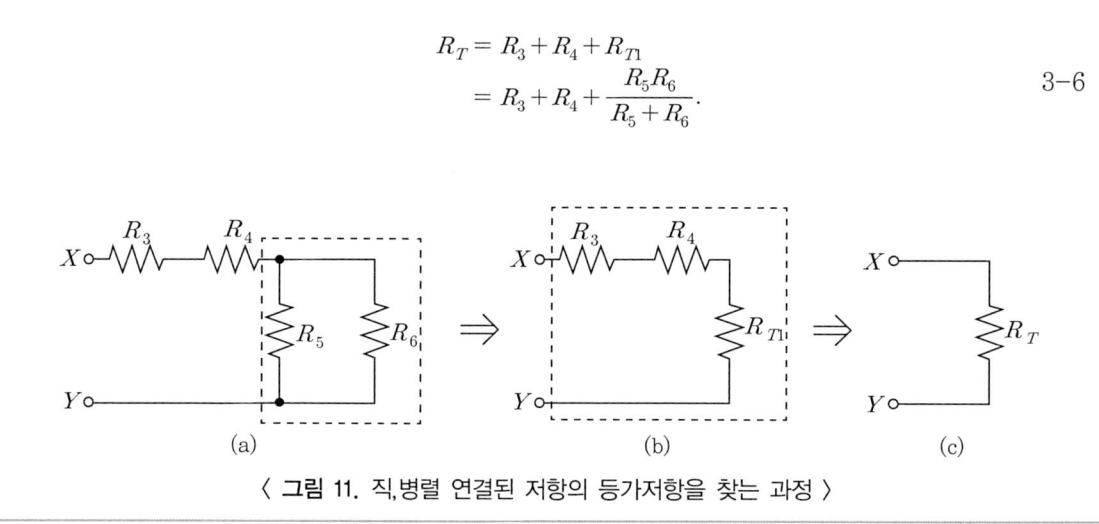

⟨ 그림 11. 직,병렬 연결된 저항의 등가저항을 찾는 과정 ⟩

1.4 개방회로와 단락회로

연결되지 않은 두 단자를 개방회로(open circuit)라고 하고 연결된 두 단자를 단락회로(short circuit)라고 한다. 개방회로는 끊어진 것이므로 '회로'가 아니지만 무한대의 저항이 연결된 상태로 보아 회로의 일부로 취급함으로써 회로의 해석이 용이한 경우가 많다. 마찬가지로 단락회로는 이미 연결된 상태이므로 '소자의 연결'이 회로라는 측면에서 특별하게 취급할 필요가 없어 보이지만 0Ω의 저항이 연결된 상태로 보아 회로의 일부로 취급하면 회로해석에 편리한 경우가 있다.

다음의 그림들과 같이 개방회로는 무한대의 저항이 연결된 것이므로 전류가 흐를 수 없지만 ($i_{OC} = 0[A]$) 양단 간에 전압은 얼마든지 나타날 수 있음에 주의하자. 마찬가지로 단락회로는 이미 연결된 상태이므로 양단 간의 전압은 언제나 0V 이지만 ($v_{OC} = 0[V]$) 전류는 얼마든지 흐를 수 있다.

3장. 저항회로의 해석

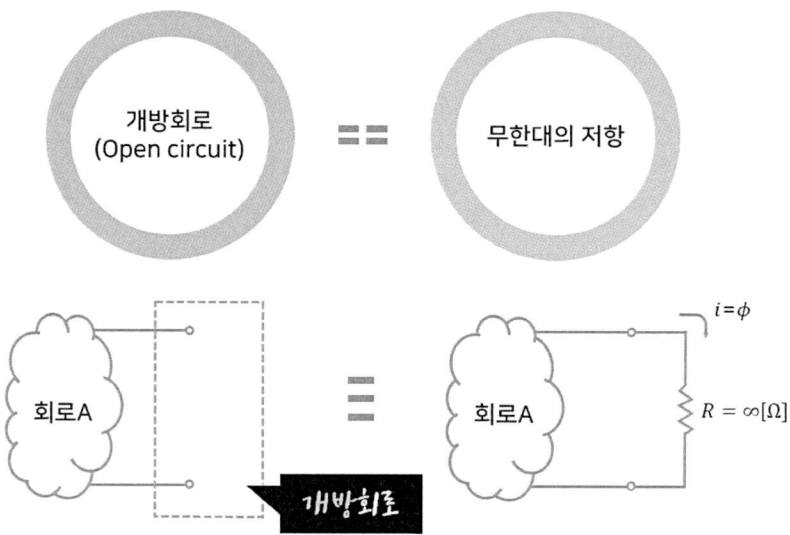

〈 그림 12. 개방회로(open circuit)의 개념 〉

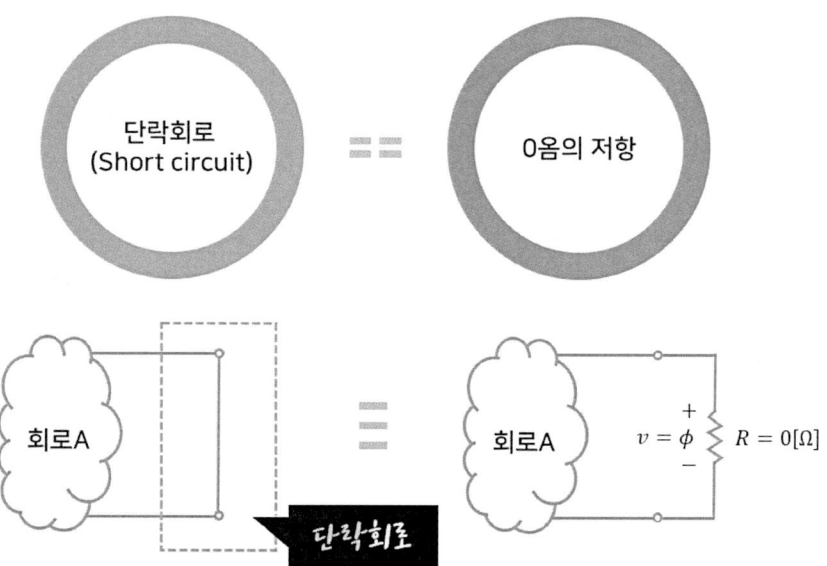

〈 그림 13. 단락회로(short circuit)의 개념 〉

2 저항회로의 전압분배와 전류분배

2.1 전압분배

직렬로 저항이 연결되면, 각 저항에는 키르히호프의 전류 법칙에 따라 동일한 전류가 흐를 수밖에 없고, 이에 따라 각 저항의 양단에 걸리는 전압 (또는 전압 강하)의 크기는 옴의 법칙에 따라 각 저항값에 비례하게 된다. 즉, 아래 그림에서 R_1의 크기가 R_2보다 3배 크다면, R_1 양단에 걸리는 전압의 크기 또한 R_2 양단에 걸린 전압보다 3배 크다는 뜻이다.

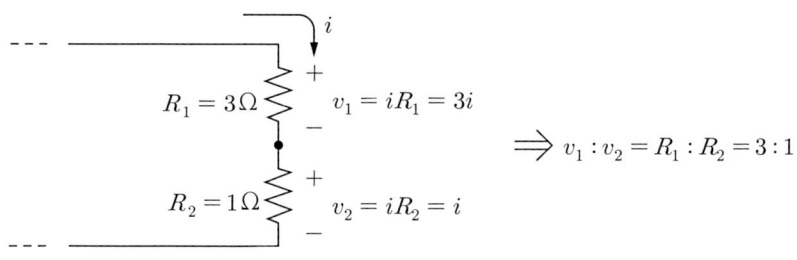

〈 그림 14. 직렬 연결된 저항에 걸리는 전압의 크기 비교 〉

일반적으로, 직렬로 연결된 저항들의 양단에 걸리는 전압은 저항의 크기에 비례하며, 이를 전압분배의 법칙이라고 한다. 전압분배의 법칙은 회로의 직관적인 해석에 매우 중요한 개념이므로 꼭 익히기 바란다.

> **예제 3-5**
> 아래의 회로에서 단자 X-Y에 걸린 전압 v_{XY}가 20V로 측정되었다. 이때 세 저항 R_1, R_2, R_3의 양단에 걸리는 전압은 각각 얼마인가? (단, $R_1 = 3\Omega, R_2 = 6\Omega, R_3 = 1\Omega$ 이다.)

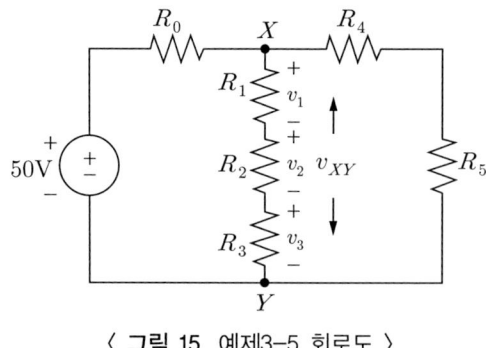

〈 그림 15. 예제3-5 회로도 〉

> **풀이**
> 저항 R_1, R_2, R_3은 직렬로 연결되어 있으므로, 이 세 저항에 흐르는 전류의 크기는 동일할 것이다. 따라서 이 세 저항의 양단에 각각 걸리는 전압은 저항의 크기에 비례하게 되므로 (전압분배) 다음 식이 성립한다.
>
> $$v_1 : v_2 : v_3 = 3 : 6 : 1 \qquad \text{3-7}$$
>
> 한편, 단자 X-Y에 걸린 전압은 각 세 저항에 걸린 전압의 총합과 같으므로 다음 식이 성립한다 (단, 전압의 극성에 주의).
>
> $$v_{XY} = v_1 + v_2 + v_3 = 20\,V. \qquad \text{3-8}$$
>
> 위 식(3-7, 8)을 함께 생각하여 풀면, 세 저항에 걸린 전압은 다음과 같이 계산된다.
>
> $$\begin{aligned} v_1 &= 20 \times \frac{3}{3+6+1} = 6\,[V], \\ v_2 &= 20 \times \frac{6}{3+6+1} = 12\,[V], \\ v_3 &= 20 \times \frac{1}{3+6+1} = 2\,[V]. \end{aligned} \qquad \text{3-9}$$

2.2 전류분배

저항이 병렬 연결되면, 각 저항에는 키르히호프의 전압 법칙에 따라 동일한 전압이 걸릴 수밖에 없고, 이에 따라 각 저항을 통과하여 흐르는 전류의 크기는 옴의 법칙에 따라 각 저항값의 역수에 비례하게 된다. 즉, 아래 그림에서 R_1의 크기가 R_2보다 3배 크다면, R_1을 통과하여 흐르는 전류의 크기는 R_2를 흐르는 전류의 $\frac{1}{3}$이 된다는 뜻이다.

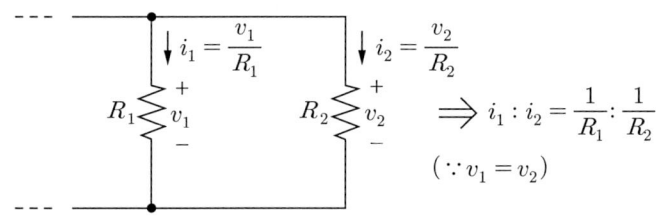

〈 그림 16. 병렬 연결된 저항에 흐르는 전류의 크기 비교 〉

일반적으로, 병렬로 연결된 저항들을 통과하여 흐르는 전류는 저항의 역수에 비례하며, 이를 전류분배의 법칙이라고 한다. 전류분배의 법칙은 앞서 언급한 전압분배의 법칙과 마찬가지로 회로의 직관적인 해석에 매우 중요한 개념이다.

> **예제 3-6**
>
> 아래의 회로에서 단자 X로 흘러들어가는 전류 i가 36A로 측정되었다. 이때 세 저항 R_1, R_2, R_3를 통과하여 흐르는 전류 i_1, i_2, i_3는 각각 얼마인가? (단, $R_1 = 4\Omega, R_2 = 6\Omega, R_3 = 3\Omega$ 이다.)
>
>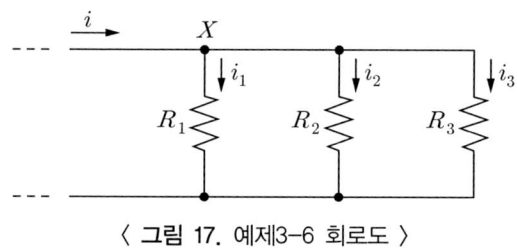
>
> 〈 그림 17. 예제3-6 회로도 〉
>
> **풀이**
>
> 저항 R_1, R_2, R_3은 병렬로 연결되어 있으므로, 이 두 저항의 양단에는 같은 크기의 전압이 걸릴 것이다. 따라서 이 두 저항을 통과하여 흐르는 전류는 저항의 역수에 비례하게 되어 (전류분배) 다음 식이 성립한다.
>
> $$i_1 : i_2 : i_3 = \frac{1}{4} : \frac{1}{6} : \frac{1}{3} = 3 : 2 : 4. \qquad 3\text{-}10$$
>
> 한편, 단자 X로 흘러들어가는 전류의 크기는 각 세 저항에 흐르는 전류의 총합과 같으므로 다음 식이 성립한다 (단, 전류의 방향에 주의).
>
> $$i = i_1 + i_2 + i_3 = 36A. \qquad 3\text{-}11$$
>
> 위 식(3-10,11)을 함께 생각하여 풀면, 세 저항에 흐르는 전류는 다음과 같이 계산된다.
>
> $$\begin{aligned} i_1 &= 36 \times \frac{3}{3+2+4} = 12[A], \\ i_2 &= 36 \times \frac{2}{3+2+4} = 8[A], \\ i_3 &= 36 \times \frac{4}{3+2+4} = 16[A]. \end{aligned} \qquad 3\text{-}12$$

3 저항회로의 체계적인 해석 방법

2장에서 살펴봤듯이, 회로를 해석하는 것은 회로 소자들의 양단에 걸리는 전압과 그 소자를 통과하여 흐르는 전류를 모두 찾아내는 것이다. 그와 같은 전압, 전류는 소자들 자체의 전압-전류 특성식과 그 소자들의 연결상태로부터 생기는 전압과 전류의 제약조건식으로부터 도출되는 연립방정식을 세우면 계산할 수 있다. 그러나 회로에 존재하는 모든 전압과 전류 미지수를 한꺼번에 푸는 것은 계산적으로 번잡할 뿐 아니라, 회로의 성질을 직관적으로 이해하는데 큰 도움을 주지 못한다. 그래서 많은 경우 회로의 해석은 회로에 존재하는 노드의 전압을 먼저 계산하고 나머지 미지수를 필요에 따라 구하는 '노드 해석법'과 회로의 가지에 흐르는 전류를 먼저 계산하고 나머지 미지수를 구하는 '메쉬 해석법'을 활용한다.

3.1 노드 해석법

회로에는 소자와 소자가 연결되는 접점, 즉 노드가 여러 개 존재할 수 있는데, 그 노드의 전압을 모두 알게 되면 소자 양단의 전압은 노드 전압의 차이로부터 쉽게 알 수 있고, 소자의 전압-전류 특성식으로부터 소자를 통과하여 흐르는 전류 또한 원하는 대로 구할 수 있다. 이와 같이, 회로에 존재하는 모든 소자의 전압, 전류를 한꺼번에 구하지 않고, 각 노드의 전압을 우선적으로 구하여 회로를 해석하는 방법을 '노드 해석법(node analysis method)'이라고 한다. 노드 해석법은 풀어서 얘기하자면 '노드 전압 우선 해석법'이라고 할 수도 있겠다.

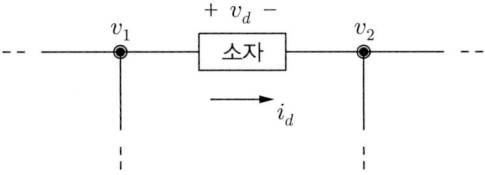

〈 그림 18. 노드 해석법의 개념: 노드 전압 (v_1, v_2)를 먼저 계산하고 그로부터 소자 양단의 전압(v_d), 소자를 통과하여 흐르는 전류(i_d)를 필요에 따라 계산한다. 〉

노드 해석법은 회로에 존재하는 미지의 노드 전압을 미지수로 놓고, 이를 풀기 위한 연립방정식을 체계적으로 세우는 방법으로서 다음과 같은 순서로 회로를 해석한다.

> 1단계: 회로에 존재하는 모든 미지의 노드 전압 $v_1, v_2, ..., v_n$ 을 표시한다.
> 2단계: n개의 노드 각각에서, 소자의 전압-전류 특성 및 키르히호프 전류법칙을 적용하여 $v_1, v_2, ..., v_n$이 포함된 방정식을 세운다.
> 3단계: 2단계에서 세워진 n개의 연립방정식을 풀이하여 $v_1, v_2, ..., v_n$을 모두 구한다.
> ---- 여기까지가 노드 해석법의 끝 ----
> 4단계: 1~3에서 계산된 $v_1, v_2, ..., v_n$을 이용하여 각 소자의 전압과 전류를 필요한 만큼 계산한다.

노드 해석법을 쓰는 이유는 위의 1 ~ 3 단계에서 세워지는 연립방정식이 회로에 존재하는 모든 소자의 전압, 전류에 관한 연립방정식보다 간단하기 때문이다. 사실, 노드 해석법이 뭔가 마술을 부려서 풀이가 수월해지는 것은 아니며, 총체적으로 필요한 계산량은 완전히 동일하다. 그러나 문제를 체계적으로 분할하여 풀게 되므로 단계별 풀이가 수월해지고 회로의 속성을 이해하기가 편리하다는 장점이 매우 크다. (이 장점은 뒤에서 다룰 메쉬 해석법에도 동일하게 적용된다.)

노드 해석법을 이용하여 아래 회로의 전류 i를 구하는 과정을 살펴보자.

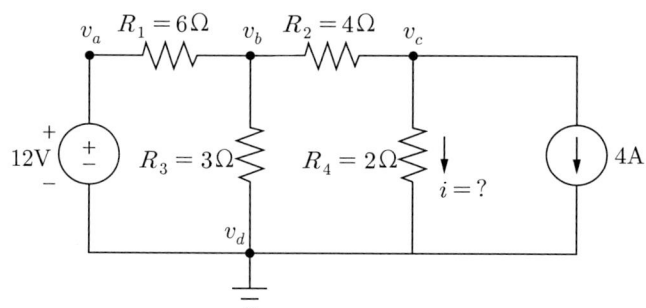

〈 그림 19. 노드 해석법의 예를 위한 회로 〉

1단계: 회로에 존재하는 모든 미지의 노드 전압 $v_1, v_2, ..., v_n$ 을 표시한다.

주어진 회로는 총6개의 소자(= 전원 2개, 저항 4개)로 이루어져 있으므로 각 소자의 전압, 전류는 모두 12개이다. 따라서 곧이곧대로 연립방정식을 세워 풀려면 총 12개의 연립방정식이 필요하다. 노드 해석법은 노드의 전압을 먼저 풀겠다는 것이므로 1단계에서는 그렇게 풀고자 하는 노드의 전압이 모두 몇 개이며 어디에 위치하는지를 표시하면 된다. 주어진 회로에 존재하는 노드는 총 4개로서 각 노드의 전압을 v_a, v_b, v_c, v_d로 그림에 표시하였다. 여기서 중요한 것은, 특수한 노드의 전압은 계산을 하기 전에 이미 알 수 있다는 것이다. 특수한 노드는 바로 전압원의 단자와 회로의 기준 전압 지점인 그라운드(ground)로서 위 회로에서는 v_a, v_d가 여기에 해당한다. 즉,

$$v_a = 12\,[V],$$
$$v_d = 0\,[V].$$
3-13

가 성립하므로 v_a, v_d는 더 이상 미지수가 아니다. 따라서 본 회로에서 풀어야 할 진짜 미지의 노드 전압은 v_b, v_c만 남게 되며 그 위치는 위 회로도에 나타낸 바와 같다. 미지수가 2개이므로 앞으로 세워야 할 방정식도 2개면 충분하다.

2단계: n개의 노드 각각에서, 소자의 전압-전류 특성 및 키르히호프 전류법칙을 적용하여 $v_1, v_2, ..., v_n$이 포함된 방정식을 세운다.

이제, 미지의 노드 전압 v_b, v_c가 포함된 방정식을 2개 구해야 하는데 이 과정은 매우 기계적으로 진행되므로 많은 연습을 통해 숙달되어야 한다. 방정식을 구하는데 사용되는 도구는 두 가지로서, 각 노드로부터 흘러나가는 전류의 합이 0이라는 키르히호프 전류법칙과 그 노드에 연결된 소자의 전압-전류 특성식이다. 우선, 노드 b에서 이 두 가지의 도구를 적용하여 방정식을 세워보자.

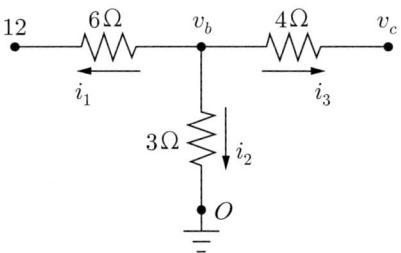

⟨ 그림 20. 노드 b 에서 키르히호프 전류 법칙 적용하기 ⟩

위 그림은 전체 회로에서 노드 b와 관련된 부분만을 나타낸 것으로서, 노드 b로부터 흘러나가는 전류 세 가지가 i_1, i_2, i_3 로 표시되어 있다. 이 세 개의 전류에 대한 키르히호프 전류법칙은 다음의 식으로 표현된다.

$$i_1 + i_2 + i_3 = 0.$$
3-14

그런데, 이 세 개의 전류는 노드 b에 연결된 소자의 전압-전류 특성식으로부터 다음의 식을 또한 만

족하게 된다.

$$i_1 = \frac{v_b - 12}{6},$$
$$i_2 = \frac{v_b}{3},$$
$$i_3 = \frac{v_b - v_c}{4}.$$

3-15

식(3-14,15)를 결합하면 다음의 식이 최종적으로 성립하며, 이것이 노드 b에서 찾은 미지수 v_b, v_c에 관한 방정식이 된다.

$$\frac{v_b - 12}{6} + \frac{v_b}{3} + \frac{v_b - v_c}{4} = 0 \Rightarrow 간단히\ 정리하면,\ 3v_b - v_c = 8.$$

3-16

마찬가지 방법으로 노드 c에서 v_b, v_c가 포함된 방정식을 세워보자.

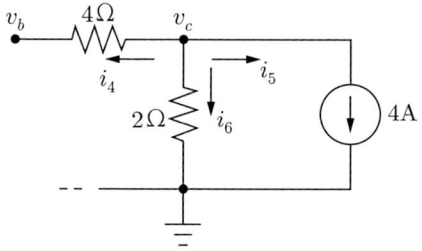

〈 그림 21. 노드 c 에서 키르히호프 전류 법칙 적용하기 〉

위 그림은 전체 회로에서 노드 c와 관련된 부분만을 나타낸 것으로서, 노드 c로부터 흘러나가는 전류 세 가지가 i_4, i_5, i_6로 표시되어 있다. 이 세 개의 전류에 대한 키르히호프 전류법칙은 다음의 식으로 표현된다.

$$i_4 + i_5 + i_6 = 0.$$

3-17

그런데, 이 세 개의 전류는 노드 c에 연결된 소자의 전압-전류 특성식으로부터 다음의 식을 또한 만족하게 된다.

$$i_4 = \frac{v_c - v_b}{4},$$
$$i_5 = 4,$$
$$i_6 = \frac{v_c}{2}.$$

3-18

식(3-17,18)을 결합하면 다음의 식이 최종적으로 성립하며, 이것이 노드 c에서 찾은 미지수 v_b, v_c에 관한 방정식이 된다.

$$\frac{v_c - v_b}{4} + \frac{v_c}{2} + 4 = 0 \Rightarrow \text{간단히 정리하면, } v_b - 3v_c = 16.$$

3-19

이제 목표로 했던 바와 같이 미지수 v_b, v_c가 포함된 독립 방정식 2개가 식(3-16,19)로 도출되었으며 다시 정리하면 아래와 같다.

$$3v_b - v_c = 8,$$
$$v_b - 3v_c = 16.$$

3-20

3단계: 2단계에서 세워진 n개의 연립방정식을 풀이하여 $v_1, v_2, ..., v_n$을 모두 구한다.

위의 식(3-20)으로부터 미지수 v_b, v_c를 유일하게 결정하는 것은 중등수학 수준의 2원1차 연립방정식 풀이로 가능하며, 그 결과는 다음과 같다.

$$v_b = 1[V], \quad v_c = -5[V].$$

3-21

독립방정식의 개수가 2개를 넘어가면 손으로 직접 풀이하기가 힘들어지는데 행렬을 이용한 풀이를 도입하거나 컴퓨터에게 시키면 되니 걱정할 필요 없다. 여기서는 노드 해석법의 흐름을 이해하는 것이 중요하므로 지엽적인 계산 자체에 너무 연연하지 않았으면 한다.

4단계: 1~3에서 계산된 $v_1, v_2, ..., v_n$을 이용하여 각 소자의 전압과 전류를 필요한만큼 계산한다.

사실, 3단계까지 수행하면 노드 해석법으로 풀고자 한 미지의 노드 전압은 모두 계산이 끝난다. 이제 남은 것은, 문제가 요구하는 최종적인 미지수를 구하는 것이다. 본 예에서는 노드 c에서 $R_4(=2\Omega)$를 통해 노드 d (그라운드)로 흐르는 전류의 크기 i가 거기에 해당한다. R_4 양단에 걸린 전압의 크기와 방향을 알면 저항의 전압-전류특성, 즉, 옴의 법칙에 의해 R_4에 흐르는 전류를 다음과 같이 쉽게 알 수 있다.

$$i = \frac{v_c - 0}{R_4} = \frac{-5}{2} = -2.5\,[A].\qquad\text{3-22}$$

3.2 메쉬 해석법

회로에는 소자들의 연결 상태에 따라 여러 개의 루프가 존재할 수 있다. 아래 그림의 회로에는 총 6개의 루프가 존재한다.

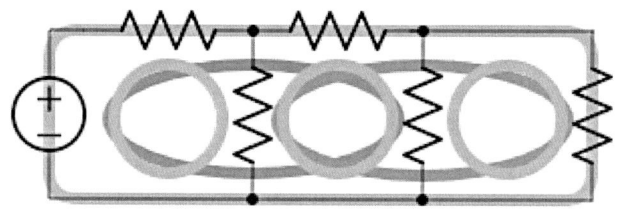

〈 그림 22. 6개의 루프가 존재하는 회로의 예 〉

이러한 루프들 중, 내부에 루프가 더 이상 존재하지 않는 루프를 '메쉬(mesh)'라고 부른다. 메쉬 해석법은 그러한 메쉬에 흐르는 전류를 미지수로 놓고 먼저 계산하는 회로 해석법이다. 아래 그림에는 3개의 메쉬가 존재하며, 각각의 메쉬에 흐르는 전류를 i_1, i_2, i_3로 방향과 함께 표시하였다. (방향은 임의로 표시해도 상관없다. 그 방향대로 실제로 양의 전류가 흐르고 있다면 i 값은 양수로 계산될 것이고 그렇지 않으면 음수가 될 것이다.)

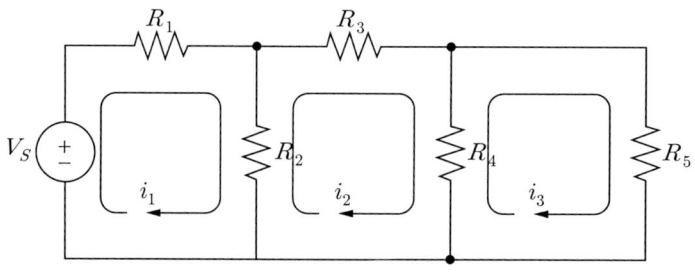

〈 그림 23. 3개의 메쉬가 있는 회로의 예 〉

위 그림 21에서, 메쉬 전류에 관해 다음의 기술을 할 수가 있다.

(1) R_1에는 i_1이 우측으로 흐른다.
(2) R_3에는 i_2가 우측으로 흐른다.

(3) R_5 에는 i_3가 아래로 흐른다.
(4) R_2 에는 $i_1 - i_2$가 아래로 흐른다.
(5) R_4 에는 $i_2 - i_3$가 아래로 흐른다.

짐작했겠지만, 위에서 중요한 것은 (4), (5)이다. R_2 또는 R_4 는 두 가지 인접한 메쉬에 공통으로 속해 있으므로 이 저항들에는 인접한 메쉬 전류가 동시에 흐르며 이것을 방향을 고려한 하나의 전류로 나타낸 것임을 이해하기 바란다.

메쉬 해석법은 회로에 존재하는 메쉬 전류를 미지수로 놓고, 이를 풀기 위한 연립방정식을 체계적으로 세우는 방법으로서 다음과 같은 순서로 회로를 해석한다.

> 1단계: 회로에 존재하는 모든 미지의 메쉬 전류 $i_1, i_2, ..., i_n$ 를 방향과 함께 표시한다.
> 2단계: n개의 메쉬 각각에서, 소자의 전압-전류 특성 및 키르히호프 <u>전압법칙</u>을 적용하여 $i_1, i_2, ..., i_n$ 이 포함된 방정식을 세운다.
> 3단계: 2단계에서 세워진 n개의 연립방정식을 풀이하여 $i_1, i_2, ..., i_n$ 을 모두 구한다.
> ---- 여기까지가 메쉬 해석법의 끝 ----
> 4단계: 1~3에서 계산된 $i_1, i_2, ..., i_n$을 이용하여 각 소자의 전압과 전류를 필요한 만큼 계산한다.

메쉬 해석법을 이용하여 아래 회로의 저항 R_2 양단에 걸리는 전압 v를 구하는 과정을 살펴보자.

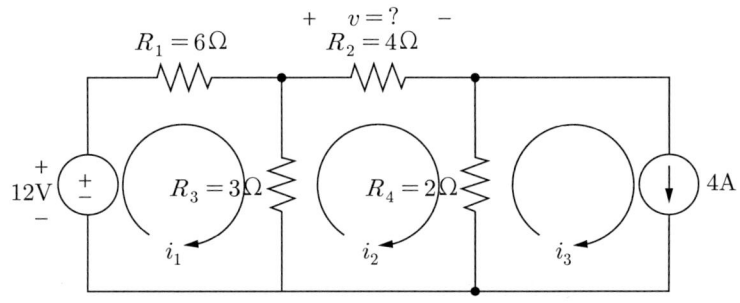

〈 그림 24. 메쉬 해석법의 예를 위한 회로 〉

1단계: 회로에 존재하는 모든 미지의 메쉬 전류 $i_1, i_2, ..., i_n$ 을 표시한다.

주어진 회로는 총6개의 소자(= 전원 2개, 저항 4개)로 이루어져 있으므로 각 소자의 전압, 전류는 모두 12개이다. 따라서 곧이곧대로 연립방정식을 세워 풀려면 총 12개의 연립방정식이 필요하다. 메쉬 해석법은 메쉬의 전류를 먼저 풀겠다는 것이므로 1단계에서는 그렇게 풀고자 하는 메쉬의 전류가 모두 몇 개이며 어디에 위치하는지를 표시하면 된다. 주어진 회로에 존재하는 메쉬는 총 3개로서 각 메쉬의 전류를 위 그림에 i_1, i_2, i_3 로 표시하였다. 여기서 중요한 것은, 특수한 메쉬의 전류는 계산을 하기 전에 이미 알 수 있다는 것이다. 특수한 메쉬는 바로 전류원이 메쉬 전류를 결정하는 부분으로서 위 회로에서는 i_3가 여기에 해당한다. 즉,

$$i_3 = 4[A] \qquad 3\text{-}23$$

가 성립하므로 i_3는 더 이상 미지수가 아니다. 따라서 본 회로에서 풀어야 할 진짜 미지의 메쉬 전류는 i_1, i_2만 남게 되며 그 위치는 위 회로도에 나타낸 바와 같다. 미지수가 2개이므로 앞으로 세워야 할 방정식도 2개면 충분하다.

2단계: n개의 메쉬 각각에서, 소자의 전압-전류 특성 및 키르히호프 전압법칙을 적용하여 $i_1, i_2, ..., i_n$ 이 포함된 방정식을 세운다.

이제, 미지의 메쉬 전류 i_1, i_2가 포함된 방정식을 2개 구해야 하는데 이 과정은 노드 해석법과 마찬가지로 기계적으로 진행되므로 많은 연습을 통해 숙달되어야 한다. 방정식을 구하는데 사용되는 도구는 두 가지로서, 각 메쉬 (루프)를 한 바퀴 돌았을 때 전압강하(또는 상승)의 합이 0이라는 키르히호프 전압법칙과 그 메쉬에 포함된 소자의 전압-전류 특성식이다. 우선, 메쉬 1에서 이 두 가지의 도구를 적용하여 방정식을 세워보자.

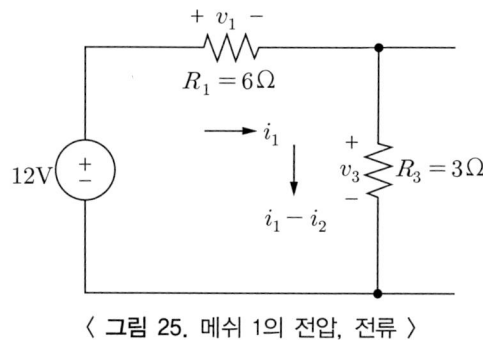

〈 그림 25. 메쉬 1의 전압, 전류 〉

12V 전압원의 음극부터 시계방향으로 메쉬 1을 한바퀴 돌면서 키르히호프 전압법칙을 적용하면 다

음과 같다.

$$-12 + v_1 + v_3 = 0. \qquad 3\text{-}24$$

여기서, R_1과 R_3 양단에 나타나는 전압 v_1과 v_3는 다음 식을 만족한다.

$$v_1 = 6i_1,$$
$$v_3 = 3(i_1 - i_2). \qquad 3\text{-}25$$

식(3-24)와 식(3-25)를 결합하면 다음의 식이 최종적으로 성립하며, 이것이 메쉬 1에서 찾은 미지수 i_1, i_2에 관한 방정식이 된다.

$$-12 + 6i_1 + 3(i_1 - i_2) = 0 \implies \text{간단히 정리하면, } 3i_1 - i_2 = 4. \qquad 3\text{-}26$$

마찬가지 방법으로 메쉬 2에서 i_1, i_2가 포함된 방정식을 세워보자.

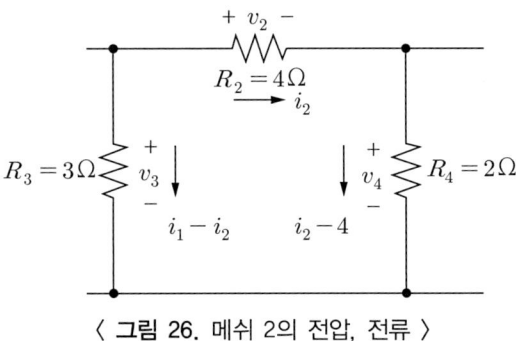

⟨ 그림 26. 메쉬 2의 전압, 전류 ⟩

위 그림은 전체 회로에서 메쉬 2와 관련된 부분만을 나타낸 것으로서, 저항 R_2, R_3, R_4의 양단에 걸린 전압이 v_2, v_3, v_4로 표시되어 있다. 이 세 개의 전압에 대한 키르히호프 전압법칙은 다음의 식으로 표현된다.

$$-v_3 + v_2 + v_4 = 0. \qquad 3\text{-}27$$

그런데, 이 세 개의 전압은 R_2, R_3, R_4 전압-전류 특성식으로부터 다음의 식을 또한 만족하게 된다.

$$v_2 = 4i_2,$$
$$v_3 = 3(i_1 - i_2),$$
$$v_4 = 2(i_2 - 4).$$
3-28

식(3-27)과 식(3-28)을 결합하면 다음의 식이 최종적으로 성립하며, 이것이 메쉬 2에서 찾은 미지수 i_1, i_2에 관한 방정식이 된다.

$$-3(i_1 - i_2) + 4i_2 + 2(i_2 - 4) = 0 \implies \text{간단히 정리하면, } -3i_1 + 9i_2 = 8.$$
3-29

이제 목표로 했던 바와 같이 미지수 i_1, i_2가 포함된 독립 방정식 2개가 식(3-26, 29)로 도출되었으며 다시 정리하면 아래와 같다.

$$3i_1 - i_2 = 4,$$
$$-3i_1 + 9i_2 = 8.$$
3-30

3단계: 2단계에서 세워진 n개의 연립방정식을 풀이하여 $i_1, i_2, ..., i_n$을 모두 구한다.

위의 식(3-30)으로부터 미지수 i_1, i_2를 유일하게 결정하는 것은 역시 중등수학 수준의 2원1차 연립방정식 풀이로 가능하며, 그 결과는 다음과 같다.

$$i_1 = \frac{11}{6}[A], \quad i_2 = \frac{3}{2}[A].$$
3-31

4단계: 1~3에서 계산된 $i_1, i_2, ..., i_n$을 이용하여 각 소자의 전압과 전류를 필요한만큼 계산한다.

위 3단계까지 수행하면 메쉬 해석법으로 풀고자 한 미지의 메쉬 전류는 모두 계산이 끝난다. 이제 남은 것은, 문제가 요구하는 최종적인 미지수를 구하는 것이다. 본 예에서는 메쉬 2에서 $R_2 (= 4\Omega)$에 걸리는 전압의 크기 v가 거기에 해당한다. R_2에 흐르는 전류의 크기와 방향을 알면 저항의 전압-전류특성, 즉, 옴의 법칙에 의해 R_2에 걸리는 전압을 다음과 같이 쉽게 알 수 있다.

$$v = 4i_2 = 4 \times \frac{3}{2} = 6[V].$$
3-32

참고로, 위의 결과는 식(3-21)의 결과와 정확히 일치하는 것을 알 수 있다. 동일한 회로에 대해 노드 해석법을 적용하건 메쉬 해석법을 적용하건 당연히 그 결과는 동일하여야 한다.

3장. 저항회로의 해석

예제 3-7

다음 회로의 노드 전압을 노드 해석법으로 풀고 1Ω 양단에 걸린 전압 v_o를 구하시오.

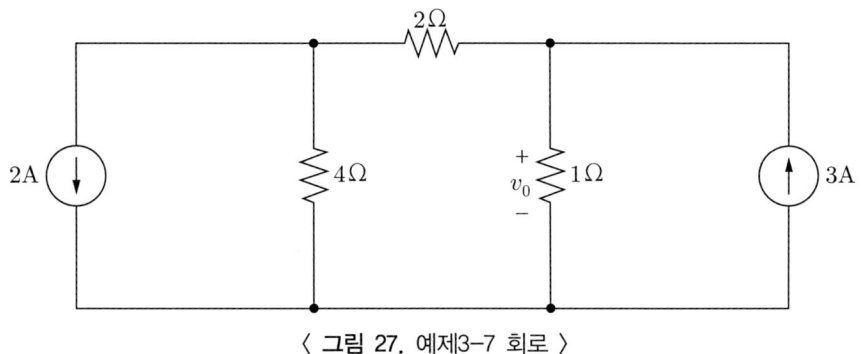

〈 그림 27. 예제3-7 회로 〉

이 회로에는 총 3개의 노드가 존재하지만, 제일 아래쪽 노드는 전압의 기준점, 즉, 그라운드로 삼으면 되므로 이 노드의 전압은 0V가 된다. 즉, 우리가 풀어야 할 노드의 전압은 총 2개이며, 그 전압을 각각 v_1, v_2라 칭하고 아래 그림에 표시하였다.

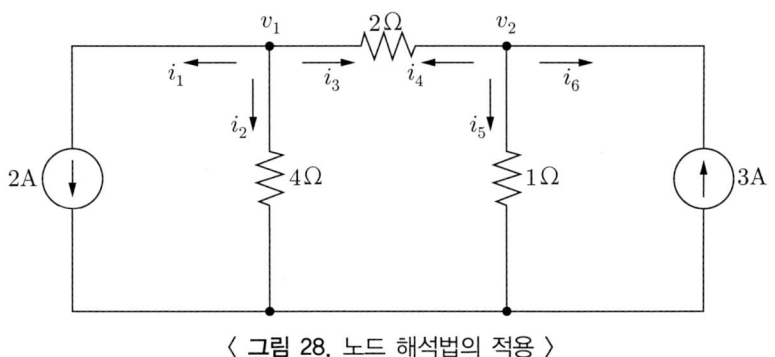

〈 그림 28. 노드 해석법의 적용 〉

이제, 각 노드에서 키르히호프 전류법칙을 수식으로 쓰면 각 노드에서 방정식을 하나 찾는 셈이 된다. 노드 1 (전압이 v_1인 노드)에서 밖으로 나가는 전류를 각각 i_1, i_2, i_3라고 하면 키르히호프 전류법칙에 의해 다음 식이 만족된다.

$$i_1 + i_2 + i_3 = 0. \qquad 3\text{-}33$$

이 식에서, 각 전류는 다음과 같이 쓸 수 있다.

$$i_1 = 2,$$
$$i_2 = \frac{v_1}{4},$$
$$i_3 = \frac{v_1 - v_2}{2}.$$

3-34

따라서 노드 1에서 세워지는 방정식은 다음과 같다.

$$2 + \frac{v_1}{4} + \frac{v_1 - v_2}{2} = 0 \Rightarrow \text{간단히 정리하면, } 3v_1 - 2v_2 = -8.$$

3-35

마찬가지 방법으로 노드 2(전압이 v_2인 노드)에서 방정식을 세우면 다음과 같다.

$$\frac{v_2 - v_1}{2} + \frac{v_2}{1} - 3 = 0 \Rightarrow \text{간단히 정리하면, } -v_1 + 3v_2 = 6.$$

3-36

이상으로부터, 다음과 같이 미지의 값 v_1, v_2에 관한 연립방정식을 세워 v_1, v_2이 값을 풀 수가 있다.

$$3v_1 - 2v_2 = -8$$
$$-v_1 + 3v_2 = 6$$
$$\therefore v_1 = -\frac{12}{7}[V], v_2 = \frac{10}{7}[V].$$

3-37

구하고자 하는 1Ω 양단의 전압 v_o는 결국 노드 2의 전압이므로 $v_o = v_2 = \frac{10}{7}[V]$임을 알 수가 있다.

예제 3-8

다음 회로의 메쉬 전류를 메쉬 해석법으로 풀고 4Ω 저항 양단의 출력 전압 v_o 를 구하시오.

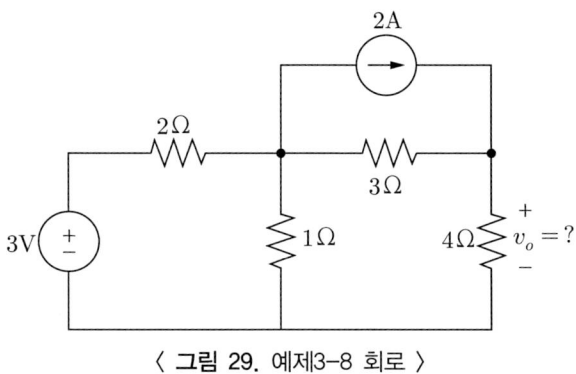

〈 그림 29. 예제3-8 회로 〉

주어진 회로는 3개의 메쉬로 구성되어 있으며, 각 메쉬 전류 i_1, i_2, i_3 를 회로에 표시하면 다음과 같이 된다.

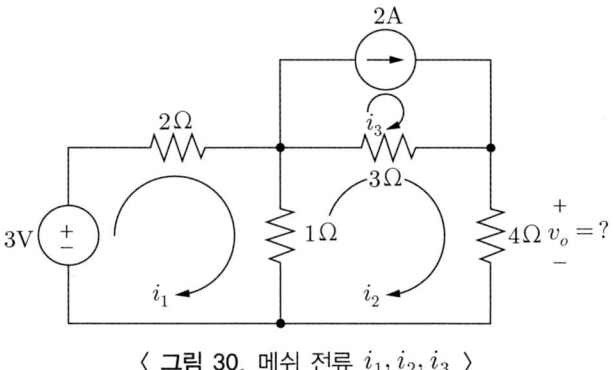

〈 그림 30. 메쉬 전류 i_1, i_2, i_3 〉

그런데, 여기서 i_3는 2A 전류원에 흐르는 전류와 같으므로 그 값은 계산하나 마나 2A이다. 따라서 이 회로에서 실제로 방정식을 세워 계산해야 할 미지의 메쉬 전류는 i_1과 i_2만 남는다.

이제, 메쉬 1과 2 (메쉬 전류가 각각 i_1, i_2인 메쉬)에서 키르히호프 전압법칙을 적용하면 다음의 방정식 2개를 얻으며, 이 2개 방정식을 연립하여 푼 결과는 다음과 같다.

메쉬1: $-3 + 2i_1 + 1(i_1 - i_2) = 0$ ⇒ 간략히 정리하면 $3i_1 - i_2 = 3$,

메쉬2: $(i_2 - i_1) + 3(i_2 - 2) + 4i_2 = 0$ ⇒ 간략히 정리하면 ,

$-i_1 + 8i_2 = 6.$ 3-38

$$\therefore i_1 = \frac{30}{23}[A], \quad i_2 = \frac{21}{23}[A].$$

이로서 메쉬 해석법에 의한 메쉬 전류 계산은 끝이 났고, 이를 이용하여 4Ω 저항 양단에 걸린 전압 v_o를 계산하면 다음과 같다.

$$v_o = 4i_2 = \frac{84}{23}[V].$$ 3-39

단원 마무리

1. 등가저항의 개념
   - 어떤 저항들의 연결을 등가저항으로 바꾼다는 것은, 등가저항으로 대체를 했을 때 나머지 회로의 상태(전압,전류)가 전혀 변하지 않는다는 것을 의미한다.
   - 직렬로 연결된 저항들의 등가저항은 각 저항에 동일한 전류가 흐른다는 성질을 이용하여 구할 수 있다.
   - 병렬로 연결된 저항들의 등가저항은 각 저항에 동일한 전압이 걸린다는 성질을 이용하여 구할 수 있다.
   - 무한대의 저항은 개방회로와 동등하고, 개방회로에는 전류가 흐르지 않는다.
   0Ω인 저항은 단락회로와 동등하고, 단락회로 양단의 전압은 언제나 0V 이다.
2. 저항회로의 전압분배와 전류분배
   - 직렬로 연결된 저항 각각에 걸린 전압의 비는 저항의 비와 같다.
   - 전압분배법칙은 직렬로 연결된 저항에는 동일한 전류가 흐르기 때문에 성립한다.
   - 병렬로 연결된 저항 각각에 흐르는 전류의 비는 저항의 역수의 비와 같다.
   - 전류분배법칙은 병렬로 연결된 저항에는 동일한 전압이 걸리기 때문에 성립한다.
3. 저항회로의 체계적인 해석 방법 - 노드 해석법
   - 회로에 존재하는 노드의 ground에 대한 전위를 노드 전압이라고 한다.
   - 따라서 반드시 ground 노드를 정의하고 나머지 노드에 대한 전압을 정의한다.
   - 노드 해석법이란 회로의 상태(모든 소자의 전압, 전류)를 구하기 위하여 회로에 존재하는 모든 노드의 전압을 먼저 구하는 회로 해석법이다.
   - 노드 전압을 구한 후, 특정 소자의 전압, 전류는 소자의 전압-전류 특성식으로부터 구할 수 있다.
   - 노드 해석법은
     1. 노드 전압의 정의
     2. 각 노드에서 KCL을 적용하여 노드 전압의 연립방정식 세우기
     3. 연립방정식 풀기
     의 순서로 적용한다.
   - 노드 해석법은 ground 노드와 전압원에 의한 노드와 같이 그 값을 미리 알 수 있는 노드가 무엇인지부터 판단하여 최소한의 노드에 대하여 적용한다.
4. 저항회로의 체계적인 해석 방법 - 메쉬 해석법
   - 회로에 존재하는 메쉬에 흐르는 전류를 메쉬 전류라고 한다.
   - 소자에 흐르는 전류는 소자가 속한 모든 메쉬의 메쉬 전류를 모두 합한 것임에 주의한다.

> **생각해 봅시다**
>
> - **질문1**: 회로를 구성하는 저항 네트워크의 일부를 '등가저항'으로 바꾸면 원래 회로에 비하여 소자의 개수나 연결 상태가 다른 회로가 된다. 그럼에도 불구하고 등가저항의 개념이 중요한 이유는 무엇일까?
> - **의견**: 저항 네트워크의 일부를 등가저항으로 바꾸더라도 나머지 회로의 상태(전압, 전류)는 전혀 변화가 없는 반면 등가저항으로 바꿈에 따라 회로는 더 단순해진다. 등가저항은 회로해석에 매우 유용한 기법으로서 정확히 알지 못하면 앞으로 소개될 많은 회로의 성질들을 이해하는데 큰 어려움을 겪을 수 있으니 그 개념과 방법을 반드시 익혀야 한다.
> - **질문2**: 회로에 존재하는 모든 소자의 전압, 전류를 미지수로 놓고 풀었을 때 필요한 계산량과 노드 해석법 또는 메쉬 해석법을 적용하여 모든 소자의 전압, 전류를 구할 때의 계산량은 어떤 쪽이 더 많을까?
> - **의견**: 어떤 쪽으로 계산하더라도 총 계산량은 차이가 없다. 그러나 노드 해석법이나 메쉬 해석법을 적용하면 복잡한 연립방정식 문제를 단계적으로 나누어 풀 수 있으므로 다루기가 쉽고 언제나 동일한 방법을 적용할 수 있다는 큰 장점이 있다. 노드 해석법을 쓸 것인지 메쉬 해석법을 쓸 것인지는 회로의 구조나 개인적인 취향에 따라 적절히 정하면 되며 노드 해석법에 유리한 회로와 메쉬 해석법에 유리한 회로를 기계적으로 분류할 필요는 없다. 일반적으로는 노드 해석법의 적용이 편리한 경우가 더 많다.

3장 개념정리 O, X 퀴즈

1 직렬로 연결된 저항들에 흐르는 전류는 모두 동일하다. (O, ×)

2 병렬로 연결된 저항들의 양단에 걸린 전압은 모두 동일하다. (O, ×)

3 저항들이 연결된 상태는 모두 직렬 아니면 병렬로 분류될 수 있다. (O, ×)

4 노드 해석법은 회로의 노드 전압을 미지수로 설정하여 체계적으로 계산하는 방법이다. (O, ×)

5 노드 해석법에서는 각 노드에서 키르히호프 전류 법칙을 적용하여 방정식을 찾는다. (O, ×)

6 메쉬 해석법은 회로의 메쉬 전류를 미지수로 설정하여 체계적으로 계산하는 방법이다. (O, ×)

7 메쉬 해석법에서는 각 메쉬 전류간에 성립하는 키르히호프 전류 법칙을 적용하여 방정식을 찾는다. (O, ×)

8 동일한 회로에 대하여 노드 해석법으로 찾은 방정식의 개수는 메쉬 해석법으로 찾은 방정식의 개수보다 항상 적다. (O, ×)

9 노드 해석법에서 세운 방정식에서 풀어야 할 미지수는 각 노드로 흘러들어가는 전류이다. (O, ×)

10 전압분배법칙은 병렬로 연결된 저항 네트워크에서 성립한다. (O, ×)

11 전류분배법칙에 의하면 더 작은 저항으로 더 큰 전류가 흐르게 된다. (O, ×)

12 N개의 저항으로 구성된 회로를 노드 해석법으로 풀려면 N개의 방정식을 찾아야 한다.

(O, ×)

13 회로에서 0V의 전압을 갖는 지점은 임의로 정할 수 있다. (O, ×)

14 메쉬 해석법에서 회로의 모든 메쉬 전류의 방향은 동일하게 설정해야 한다. (O, ×)

15 노드 해석법이나 메쉬 해석법을 통해 찾은 노드전압, 메쉬전류는 음수가 될 수 있다. (O, ×)

[3장 퀴즈 정답 및 해설]

1	2	3	4	5	6	7	8	9	10	11	12	13	14	15
O	O	X	O	O	O	X	X	X	X	O	X	O	X	O

1. 직렬로 연결된 저항에 흐르는 전류가 모두 동일하다는 것은 직렬 연결의 정의 그 자체이다. 직렬로 연결되었기 때문에 동일한 전류가 흐르는 것이 아니라 언제나 동일한 전류가 흐르도록 연결된 상태를 직렬 연결이라고 정의한다는 것이다.
2. 병렬로 연결된 저항의 양단 전압이 모두 동일하다는 것은 병렬 연결의 정의 그 자체이다. 병렬로 연결되었기 때문에 동일한 전압이 걸리는 것이 아니라 언제나 동일한 전이 걸리도록 연결된 상태를 병렬 연결이라고 정의한다는 것이다.
3. 저항의 직렬연결과 병렬연결의 정의를 살펴보면 이 연결들은 매우 특수한 경우에 해당함을 알 수 있다. 즉, 저항들이 연결된 상태는 직렬도 병렬도 아닌 경우가 얼마든지 있다.
4. 노드 해석법이 찾고자 하는 미지수는 노드의 전압들이다.
5. 노드 해석법은 각 노드에서 키르히호프 전류법칙을 적용함으로써 연립방정식을 세운다.
6. 메쉬 해석법이 찾고자 하는 미지수는 메쉬의 전류들이다.
7. 메쉬 해석법은 각 메쉬를 한 바퀴 돌면서 키르히호프 전압법칙을 적용함으로써 연립방정식을 세운다.
8. 노드 해석법과 메쉬 해석법이 세우는 연립방정식의 개수는 회로의 형태에 따라 달라질 수 있다. 보다 적은 연립방정식이 세워지는 해석법을 선택하는 것이 계산량을 줄이는데 도움이 되지만 기계적으로 어떤 해석법이 유리한 회로를 정의하는 것은 큰 의미가 없다.
9. 노드 해석법이 세운 방정식의 미지수는 각 노드의 미지 전압이다.
10. 전압분배법칙은 직렬연결된 저항 회로에는 같은 전류가 흐른다는 사실에서 유도된다.
11. 병렬연결된 저항에는 같은 전압이 걸리므로 옴의 법칙을 적용하면 저항이 작을수록 더 큰 전류가 흐른다. 이것을 정리한 것이 전류분배법칙이다.
12. 노드 해석법이 찾아내는 방정식의 개수는 미지의 노드 전압의 개수와 일치한다. 저항의 개수와는 아무런 상관이 없다.
13. 회로에서 0V 의 전압값을 갖는다고 가정하는 지점, 즉, 그라운드(ground)는 임의로 지정할 수 있다. 일반적으로는 회로도의 가장 아래쪽 노드를 그라운드로 삼는 것이 자연스러운데 회로도에 명시가 되어 있지 않으면 반드시 명확히 표시를 해 주어야 한다.
14. 메쉬 전류의 방향은 임의로 설정하면 된다. 단, 각 메쉬에서 키르히호프 전압법칙을 적용할 때 소자의 전압과 전류의 방향이 수동부호규약을 만족하는지 여부에 따라 적절한 식을 적용하여야 한다.
15. 노드 해석법과 메쉬 해석법에서 찾은 노드 전압, 메쉬 전류는 얼마든지 음수가 될 수 있다.

3장 연습문제

1 다음 회로에서 X-Y 단자로 바라본 등가저항 R_T는 얼마인가?

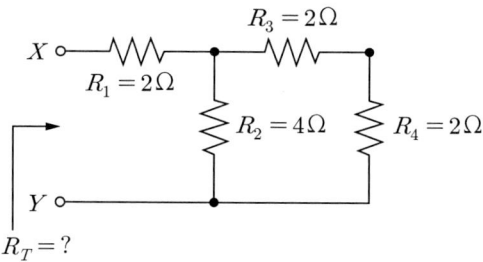

2 다음 회로에서 R_1, R_2, R_3에 각각 걸린 전압의 크기 v_1, v_2, v_3의 비는 얼마인가?

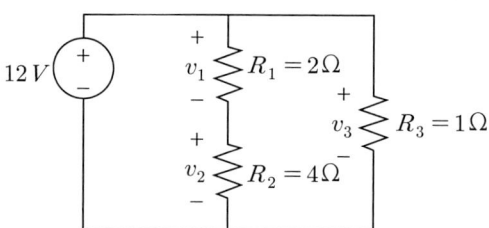

3 다음과 같이 $10\,V$ 전압원과 저항 R_1, R_2로 구성된 회로의 R_1 양단의 전압을 전압계로 측정하였더니 $6\,V$가 읽혀졌다. 다음의 물음에 답하시오.

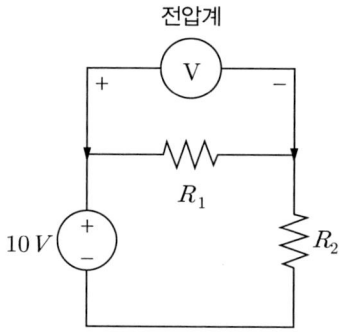

1) $R_1 = 12[\Omega]$ 일 때 R_2의 값을 구하시오.

2) $R_2 = 6[\Omega]$ 일 때 R_1의 값을 구하시오.

3) 전압원이 공급하는 전력이 $10[W]$일 때 R_1, R_2의 값을 각각 구하시오.

4 다음의 회로에서 노드 a와 노드 b 사이의 전압 V_{ab}를 구하시오.

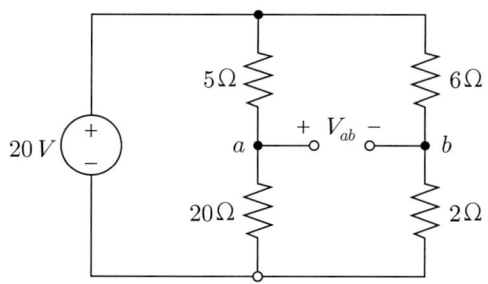

5 다음 회로에서 R_1, R_2, R_3 에 각각 흐르는 전류의 크기 i_1, i_2, i_3의 비는 얼마인가?

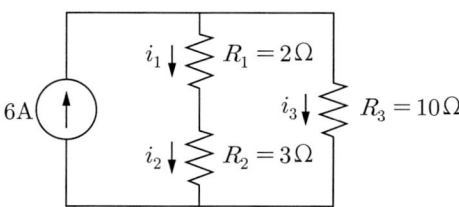

6 다음과 같이 $10A$ 전류원과 저항 R_1, R_2로 구성된 회로의 R_2 양단의 전압을 전압계로 측정하였더니 $20V$가 읽혀졌다. 다음의 물음에 답하시오.

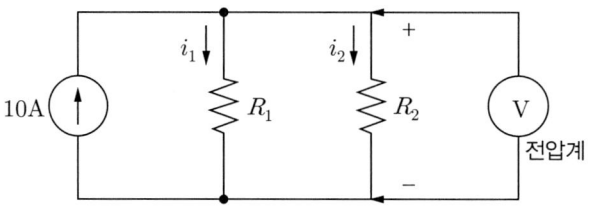

1) $R_1 = 10[\Omega]$ 일 때 R_2의 값을 구하고 그 때 R_1과 R_2에 흐르는 전류 i_1, i_2를 각각 구하시오.

2) $R_2 = 4[\Omega]$ 일 때 R_1의 값을 구하고 그 때 R_1과 R_2에 흐르는 전류 i_1, i_2를 각각 구하시오.

7 다음 회로의 전류 i를 구하시오.

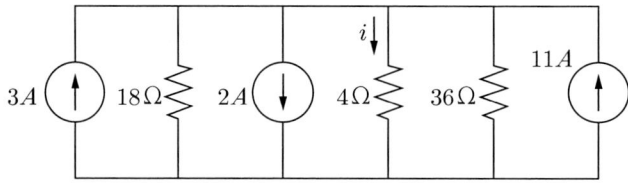

8 다음 회로의 전류 i를 구하시오.

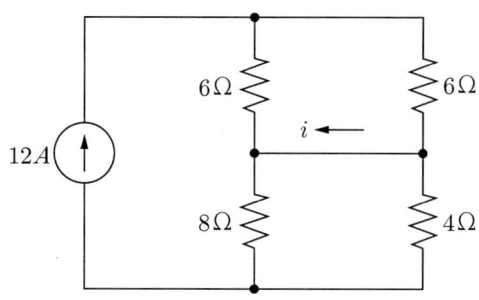

9 다음 회로에 대하여 물음에 답하시오.

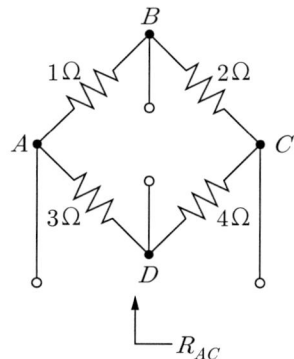

1) B-D 단자를 개방회로로 유지시키는 경우 A-C 단자에서 바라본 저항 R_{AC}는 몇 Ω 인가?

2) B-D 단자를 단락회로로 만든 경우 A-C 단자에서 바라본 저항 R_{AC}는 몇 Ω 인가?

10 다음 (a) 회로에 흐르는 전류 i_1과 i_2를 구하기 위해 $a-b$ 단자 우측의 저항 회로를 (b)회로와 같이 저항 R로 대체하여 해석하고자 한다. 물음에 답하시오.

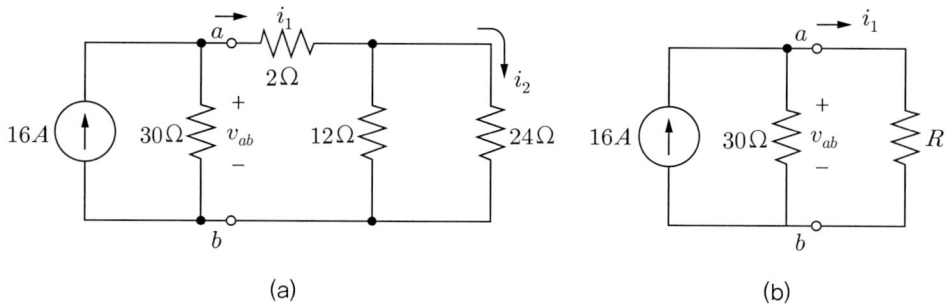

(a)　　　　　　　　　(b)

1) $a-b$ 단자 우측의 저항 3개를 하나의 저항 R로 바꾸어도 i_1과 v_{ab}는 변함이 없게 만들 수가 있다. 이 때 R 값을 구하시오.

2) 1)에서 구한 R 값을 이용하여 i_1과 v_{ab}를 구하시오.

3) 2)에서 구한 i_1을 이용하여 (a)회로의 i_2를 구하시오.

11 다음 회로에 대하여 물음에 답하시오.

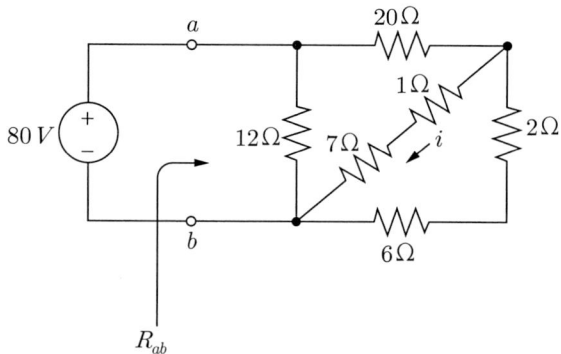

1) $a-b$ 단자 우측의 저항 회로에 대한 등가 저항 R_{ab} 를 구하시오.

2) 1)의 결과를 활용하여 전류 i 를 구하시오.

12 다음 회로에 존재하는 노드는 모두 몇 개인가?

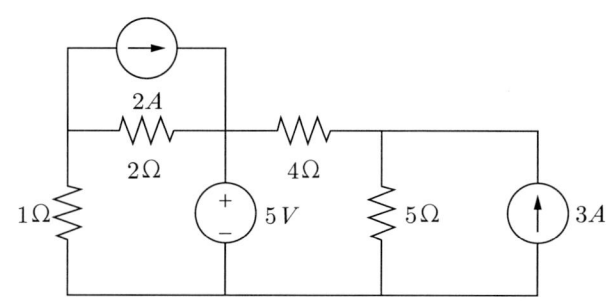

13 다음 중 노드 해석법에 관한 설명으로 틀린 것은?
① 키르히호프의 전압법칙을 활용한다.
② 노드 전압을 미지수로 방정식을 세운다.
③ 소자의 전압-전류 특성식을 활용한다.
④ 0V가 되는 기준 노드(그라운드)를 정해야 한다.

14 다음은 노드 전압 v_a, v_b, v_c, v_d 와 이 노드전압이 정의되는 회로를 나타낸 것이다. 노드전압이 v_a 인 노드에서 얻을 수 있는 노드 전압의 방정식을 구하시오.

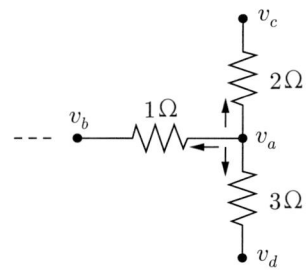

15 다음 회로의 3Ω 저항에 흐르는 전류 i 를 노드 해석법으로 구하고자 할 때, 다음 물음에 답하시오.

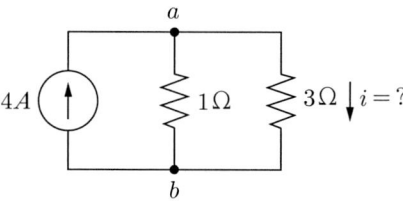

1) 노드 b를 ground로 삼으면 이 회로에 존재하는 노드는 노드 a 밖에 없다. 노드 a에서 세운 노드 전압 v_a에 관한 방정식을 구하시오.

2) 1)에서 세운 식으로 노드 전압 v_a를 찾아 최종적으로 원하는 전류 i의 값을 구하시오.

16 다음 회로의 노드 전압 v_a, v_b, v_c를 노드 해석법을 이용하여 구하시오.

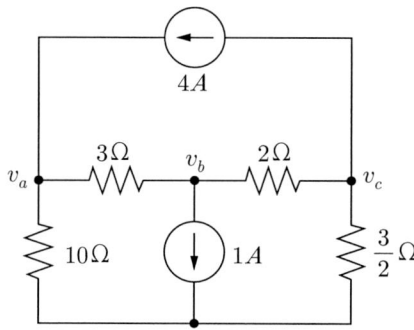

17 다음 회로의 전압 v를 노드 해석법을 이용하여 구하시오.

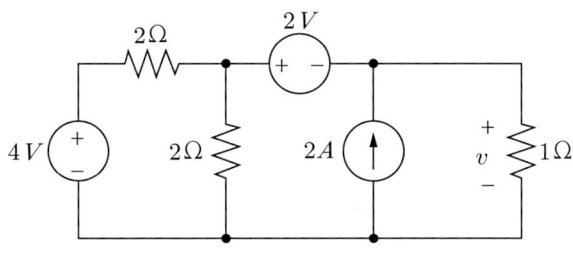

18 다음 회로에 존재하는 메쉬는 모두 몇 개인가?

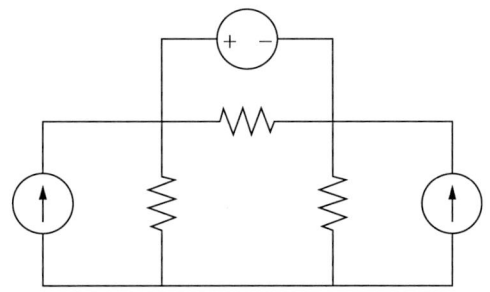

19 다음 중 메쉬 해석법에 관한 설명으로 틀린 것은?
① 키르히호프의 전류법칙을 활용한다.
② 메쉬 전류를 미지수로 방정식을 세운다.
③ 소자의 전압-전류 특성식을 활용한다.
④ 0A가 되는 기준 메쉬를 정해야 한다.

20 다음은 메쉬 전류 i_1, i_2가 정의되는 두 개의 메쉬 m_1, m_2를 나타낸 것이다. 메쉬 m_1에서 얻을 수 있는 메쉬 전류의 방정식을 구하시오.

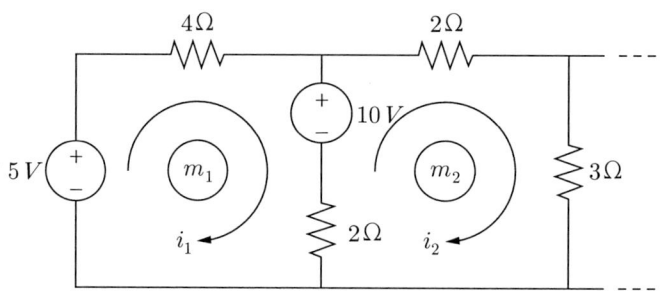

21 다음 회로의 1Ω 저항 양단에 걸린 전압 v_o를 메쉬 해석법으로 구하고자 할 때, 다음 물음에 답하시오.

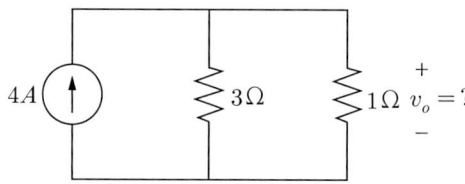

1) $4A$ 전류원이 포함된 왼쪽 메쉬의 메쉬 전류는 $4A$임을 즉시 알 수 있다. 3Ω과 1Ω 저항이 포함된 오른쪽 메쉬에서 세운 메쉬 전류 i에 관한 방정식을 구하시오.

2) 1)에서 세운 식으로 메쉬 전류 i를 찾아 최종적으로 원하는 전압 v_o의 값을 계산하시오.

22 다음 회로에 대하여 물음에 답하시오.

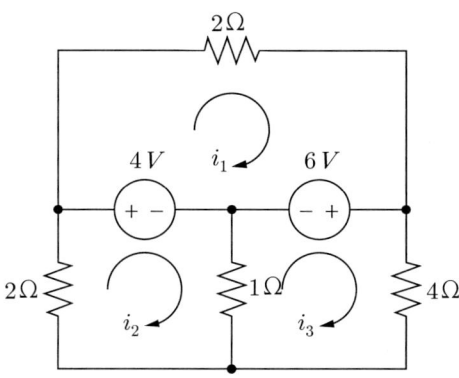

1) 위 회로의 메쉬 전류 i_1, i_2, i_3를 메쉬 해석법으로 구하시오.

2) 1)의 결과로부터, $4\,V$ 전압원과 $6\,V$ 전압원이 회로에 공급하고 있는 전력의 합을 구하시오.

3) 1)의 결과로부터, 4개의 저항이 소모하는 전력의 합을 구하시오. 이 값이 2)의 값과 일치하는지 확인하시오.

4장
회로해석 관련 여러 가지 정리

단원 목표

- 전압원과 전류원을 등가적으로 상호변환하는 원리를 이해하고 적용할 수 있다.
- 전압원의 병렬 연결 회로를 하나의 등가 전압원으로 변형하는 밀만의 정리를 이해하고 적용할 수 있다.
- 독립전원 중첩의 원리를 이해하고 독립전원이 다수 포함된 회로의 해석에 적용할 수 있다.
- 테브난의 정리와 노턴의 정리를 이해하고 설명할 수 있다.
- 전원과 저항으로 구성된 회로를 테브난의 등가회로와 노턴의 등가회로로 단순화시킬 수 있다.
- 테브난의 등가회로로부터 최대의 전력을 전달할 수 있는 부하의 크기를 정할 수 있다.

1 회로해석 관련 여러 가지 정리의 의미

3장까지 학습함으로써 이제 직류 전압원, 직류 전류원, 저항으로 구성된 어떤 회로도 해석할 수 있는 준비를 마쳤다. 여러분이 컴퓨터 프로그래밍을 할 수 있다면, 회로의 구성을 적당한 자료구조로 표현하고 3장에서 학습한 내용과 행렬 계산 방법을 적용함으로써 회로를 자동으로 해석할 수 있는 프로그램을 작성할 수 있을 정도로 회로의 기계적인 해석 방법은 이미 이해를 했다는 뜻이다. 그렇다면, 더 이상의 회로 해석 방법을 학습하는 것은 크게 의미가 없어 보이는데 회로해석 관련 여러 가지 정리(定理, theorem)을 추가로 학습하는 이유는 무엇인가? 그 이유는 그 정리들이 바로 회로의 '성질' 또는 '특징'을 알아내거나 표현하는데 유용하기 때문이다. 물론, 이 장에서 배울 내용으로 회로 해석 자체를 편리하게 할 수도 있지만 그것이 1차적인 목표는 아님에 유념하기 바란다. 계속 강조하지만, 직류 전압원, 직류 전류원, 저항으로 구성된 직류 회로는 노드 해석법이나 메쉬 해석법으로 언제나 풀이가 가능하다.

2. 전원의 상호 변환

회로이론을 공부하면 이내 깨달을 수 있겠지만, 회로이론에서 전압과 전류는 서로 거울과 같은 것이어서, 전압에 관해 회로 해석의 어떤 성질(또는 법칙)이 존재하면 그에 상응하는 전류에 관한 성질이나 법칙이 존재하는 경우가 많다. 전원의 상호 변환도 마찬가지 성질로서, 그 의미는 다음의 그림으로 설명할 수 있다.

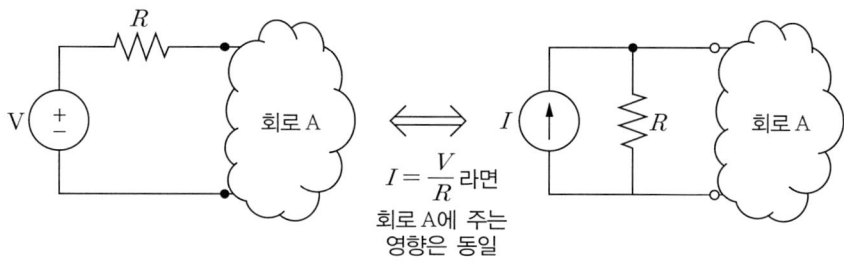

〈 그림 1. 전원의 상호 변환 〉

위 그림에서, 전압원과 저항 R이 직렬로 연결된 2-단자 회로를 전류원과 저항 R이 병렬로 연결된 2-단자 회로로 바꾸었을 때, $I = \dfrac{V}{R}$를 만족한다면 회로 A는 전원부가 바뀐 것을 알 수가 없으며 따라서 위 그림에서 왼쪽의 회로 A의 상태 (모든 소자의 전압, 전류)는 오른쪽의 회로 A의 상태와 완전히 동등하다. 이와 같이 전압원(전류원)과 저항으로 구성된 전원회로를 전류원(전압원)과 저항으로 구성된 전원회로로 변환하여도 나머지 회로에 주는 영향은 동등하게 만들 수 있는 성질을 '전원이 상호 변환'이라고 일컫는다.

예제 4-1

아래 그림의 (a)회로와 (b)회로의 '회로 A'의 상태가 동등하게 만들기 위한 전류원과 저항의 크기를 정하시오.

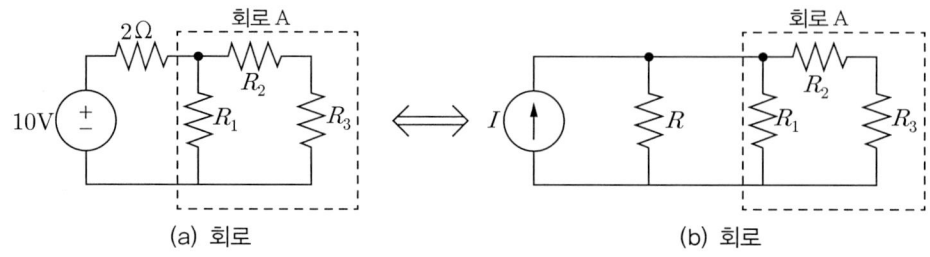

〈 그림 2. 예제4-1 회로 〉

풀이

(a)회로와 (b)회로의 '회로 A' 부분은 완전히 동일하다. 이 동일한 회로에 연결된 전원 회로를 서로 변환하였을 때 회로 A의 세 저항에 걸리는 전압과 전류는 완전히 동일하게 만들 수 있으며 그렇게 하기 위한 전류원의 크기 I와 전류원에 병렬연결된 저항 R의 크기는 다음과 같다.

$$I = \frac{10V}{2\Omega} = 5[A], \quad R = 2\Omega. \tag{4-1}$$

3 밀만의 정리

우리가 일상적으로 사용하는 배터리는 회로이론에서 정의한 이상적인 직류 전압원과 유사하지만 동일하지는 않다. 실제로 물리적으로 구현되는 배터리는 내부적으로 반드시 저항성분이 존재하기 때문인데 이것을 '내부 저항'이라고 한다. 배터리는 오래 사용할수록 이 내부 저항값이 커져서 실제 회로에 연결하였을 때 +/- 단자간 전압이 배터리의 이상적인 전압값 - 이것을 기전력이라고 한다- 보다 작아진다. 다음 그림과 같이, 우리가 테브난 등가회로로 알고 있는 이상적인 직류전압원과 저항의 직렬연결은 사실 물리적으로 구현하는 직류 전압원의 실제 모델과도 동일한 형태이다.

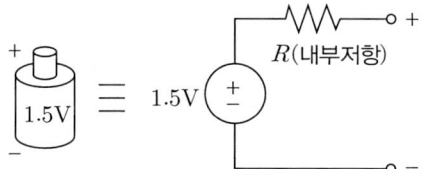

〈 그림 3. 실제 배터리의 내부 회로 모델 〉

밀만의 정리는 서로 다른 기전력과 내부저항이 존재하는 배터리들을 병렬로 연결한 경우 이상적인 전압원과 내부저항이 직렬 연결된 배터리 하나로 모델링하는 방법에 관한 것으로서, 아래 그림에서 V_M과 R_M 값을 어떻게 찾을 수 있는가를 설명해준다.

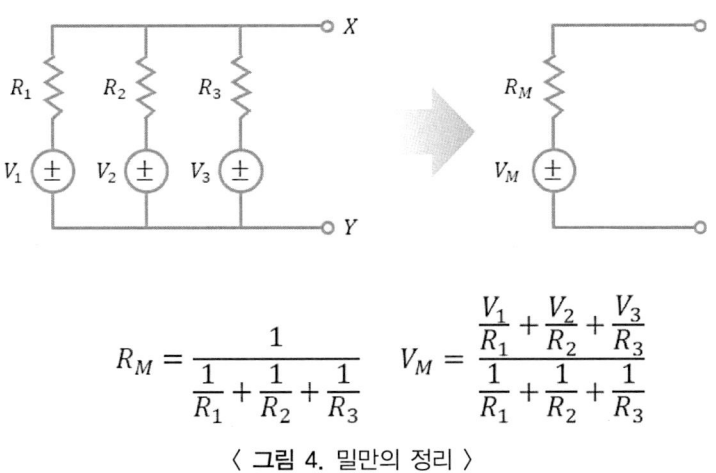

〈 그림 4. 밀만의 정리 〉

그림 4와 같은 결론은 바로 앞서 살펴본 전원의 상호 변환 원리를 적용하여 쉽게 유도할 수 있다. 병렬 연결된 배터리 내부 회로 하나하나는 전압원과 저항의 직렬연결 회로인데, 우리는 이것을 전류원과 저항의 병렬연결 회로로 대치할 수 있음을 이미 알고 있다. 즉, 아래 그림과 같이 그림 4에서 예로 든 3개의 배터리는 3개의 전류원 회로로 바꿀 수 있는 것이다.

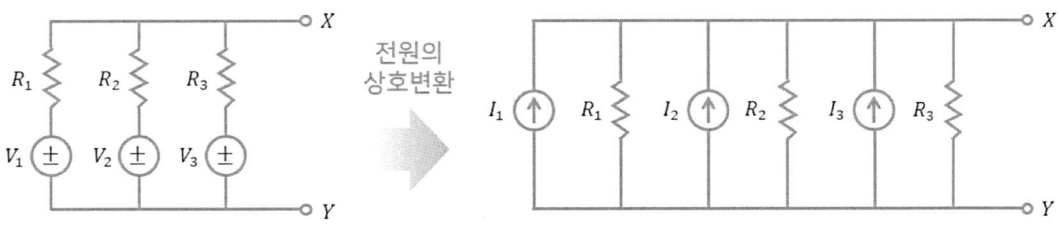

〈 그림 5. 전원의 상호 변환을 적용한 결과 〉

이렇게 변경된 전류원의 병렬연결 회로는 다음과 같이 하나의 전류원과 거기에 병렬연결된 저항으로 바꿀 수가 있다.

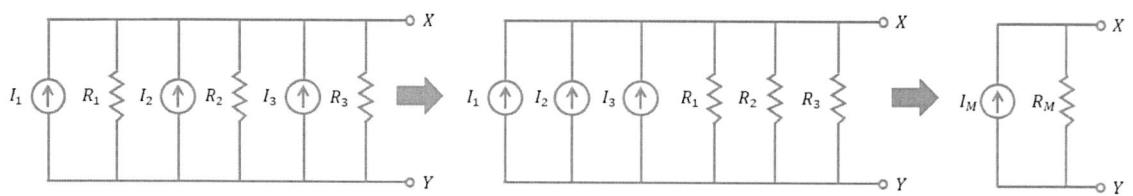

〈 그림 6. 병렬연결된 전류원 회로의 합성 〉

그림 6으로부터, I_M 과 R_M 은 다음가 같이 계산된다.

$$I_M = I_1 + I_2 + I_3 = \frac{V_1}{R_1} + \frac{V_2}{R_2} + \frac{V_3}{R_3},$$
$$R_M = \frac{1}{\frac{1}{R_1} + \frac{1}{R_2} + \frac{1}{R_3}}$$

4-2

한 편, 전원 변환 원리에 의해 다음 그림과 같이 전류원 I_M 과 저항 R_M 의 병렬회로는 전압원 V_M 과 저항 R_M 의 직렬회로와 동등하며 그 때 V_M 와 I_M 은 $V_M = I_M R_M$ 을 만족한다.

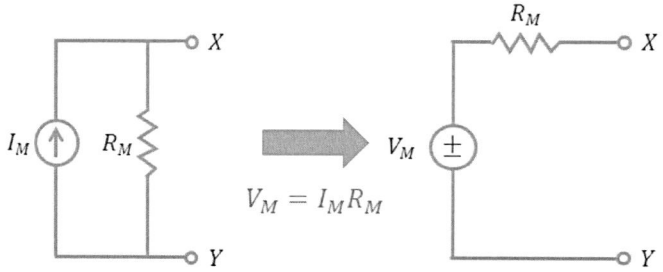

〈 그림 7. 전류원을 전압원으로 변환 〉

따라서 밀만의 정리의 최종 결론인 V_M 과 R_M 은 다음의 식으로 표현된다.

$$V_M = I_M R_M = \frac{\frac{V_1}{R_1} + \frac{V_2}{R_2} + \frac{V_3}{R_3}}{\frac{1}{R_1} + \frac{1}{R_2} + \frac{1}{R_3}},$$
$$R_M = \frac{1}{\frac{1}{R_1} + \frac{1}{R_2} + \frac{1}{R_3}}.$$

4-3

4장. 회로해석 관련 여러 가지 정리

밀만의 정리는 자체로도 의미가 있으나 전압원과 저항의 직렬연결회로를 전류원과 저항의 병렬연결 회로로 바꿀 수 있다는 전원 변환 원리가 적용된 좋은 예로 결과를 기억하기 바란다.

예제 4-2

아래의 왼쪽 회로를 오른쪽의 등가 회로로 변경하고자 한다. V_M 과 R_M 의 값을 구하시오.

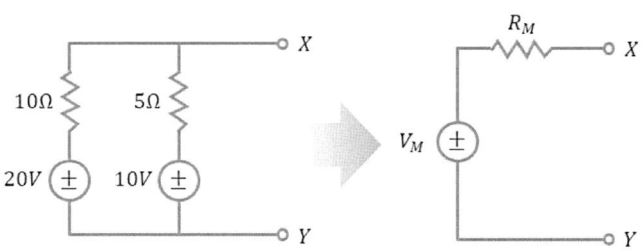

〈 그림 8. 예제4-2 회로 〉

풀이

밀만의 정리의 결론을 이용하면 쉽게 계산할 수 있으나 전압원을 전류원으로 변형한 후 다시 하나의 전압원 회로로 변경하는 과정을 꼭 연습하기 바란다. 즉, 다음의 과정을 거쳐 최종 결론이 도출됨을 반드시 설명할 수 있어야 한다.

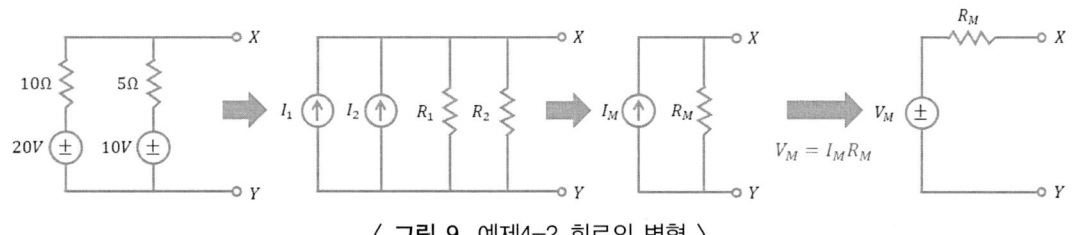

〈 그림 9. 예제4-2 회로의 변형 〉

그림 9에서 I_1, I_2, R_1, R_2 는 다음과 같다.

$$I_1 = \frac{20}{10} = 2[A],$$
$$I_2 = \frac{10}{5} = 2[A],$$
$$R_1 = 10[\Omega],$$
$$R_2 = 5[\Omega].$$

4-4

여기서 두 개의 전류원을 하나의 전류원으로 바꾸었을 때 I_M, R_M 은 다음과 같다.

$$I_M = I_1 + I_2 = 2 + 2 = 4\,[A],$$
$$R_M = R_1 \parallel R_2 = 10 \parallel 5 = \frac{10 \times 5}{10 + 5} = \frac{10}{3}\,[\Omega].$$

4-5

따라서 최종적인 전압원 등가회로의 전압원 V_M의 값은 다음과 같다.

$$V_M = I_M R_M = 4 \times \frac{10}{3} = \frac{40}{3}\,[V]$$

4-6

4 독립전원 중첩의 원리

4.1 연립방정식에서 상수항의 의미

독립전원 중첩의 원리를 설명하기 위하여, 잠시 연립방정식에서 '상수항'의 역할에 대해 생각해 보기로 하자. 아래의 식은 미지수 x, y 에 대한 일차 연립방정식의 예이다.

$$\begin{aligned} x + y &= 6 \\ x - y &= 2 \end{aligned}$$

4-7

위의 방정식의 해는 $x = 4, y = 2$ 이다. 이제 위 방정식의 첫 번째 상수항 6을 4+2라고 생각하고, 두 번째 상수항 2를 2+0 이라고 생각하여 아래의 두 가지 연립방정식을 만들었다고 가정하자.

$$\begin{aligned} x_1 + y_1 &= 4 & x_2 + y_2 &= 2 \\ x_1 - y_1 &= 2 & x_2 - y_2 &= 0 \end{aligned}$$

4-8

위 두 방정식의 해는 각각 $(x_1 = 3, y_1 = 1), (x_2 = 1, y_2 = 1)$ 이다. 여기서 우리가 알 수 있는 것은, 연립방정식의 상수항을 '쪼개어' 두 개의 연립방정식을 만들었을 때 얻는 두 가지의 해를 서로 더하면, 상수항을 쪼개기 전의 연립방정식의 해를 얻을 수 있다는 것이다. 즉, 식(4-7)의 해는 식(4-8)의 해를 각각 더한 것과 같음을 알 수가 있다. ($x = 6 = x_1 + x_2, \; y = 2 = y_1 + y_2$) 이것이 바로 본 절에서 얘기하고자 하는 독립전원 중첩의 원리가 성립하는 이유가 된다.

4.2 회로방정식의 상수항과 독립전원 중첩의 원리

회로 방정식에서 상수항을 결정하는 것은 바로 회로에 존재하는 독립전원의 값이다. 이것은 노드 해석법이나 메쉬 해석법에서 독립전원의 값이 어떤 역할을 하는지 생각해보면 잘 알 수가 있다. 그렇다면, 회로에 존재하는 어떤 독립전원의 값을 '0'으로 만들면 연립방정식의 상수값에서 그 독립전원의 영향만큼이 사라지므로 그 때 그 연립방정식을 풀었을 때의 해는 바로 그 독립전원의 영향이 없을 때의 해가 된다고 할 수 있다. 이 사실을 일반화시키면 다음과 같은 독립전원 중첩의 원리를 쉽게 유도할 수가 있다.

> ▶ 독립전원 중첩의 원리
> 주어진 회로의 해 (모든 소자의 전압, 전류)는 그 회로에 존재하는 독립전원을 하나씩 켰을 때의 해를 모두 더한 것과 같다.

위에서 독립전원을 '켠다(ON)'는 것은 주어진 회로에서 그 독립전원을 그대로 둔다는 뜻이고, '끈다(OFF)'는 것은 해당 전원의 값을 '0'으로 만든다는 뜻이다. 즉, 전압원을 끈다는 것은 전압원의 값을 0V로 만든다는 것이며 전류원을 끈다는 것은 전류원의 값을 0A로 만든다는 것이다. 이것은 결국 아래 그림과 같이 "전압원을 끈다는 것은 전압원 양단을 단락(short)시키는 것과 동등하고 전류원을 끈다는 것은 전류원 양단을 끊는(open) 것과 동등하다"고 볼 수 있다.

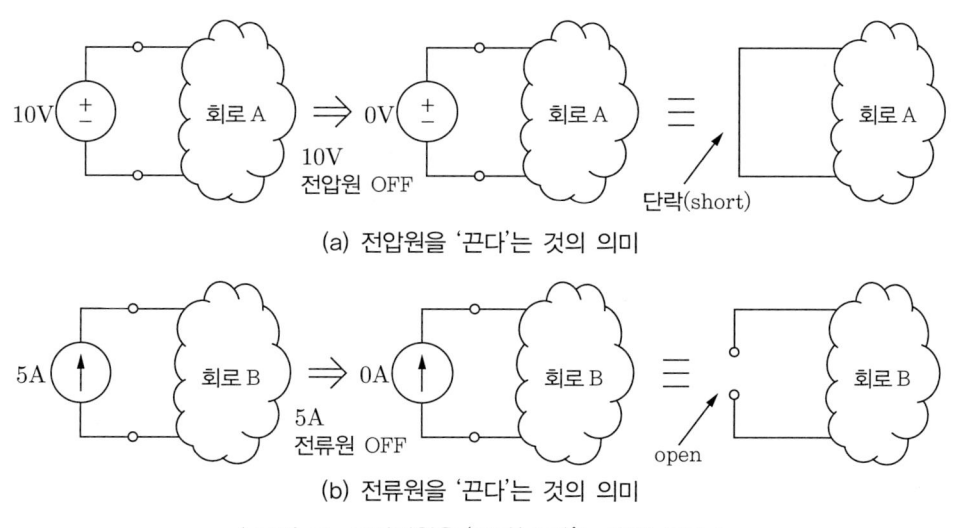

(a) 전압원을 '끈다'는 것의 의미

(b) 전류원을 '끈다'는 것의 의미

〈 그림 10. 독립전원을 '끈다(OFF)'는 것의 의미 〉

이제, 아래와 같이 전압원, 전류원이 각각 하나씩 존재하는 회로를 독립전원 중첩의 원리를 이용하여 해석해보자.

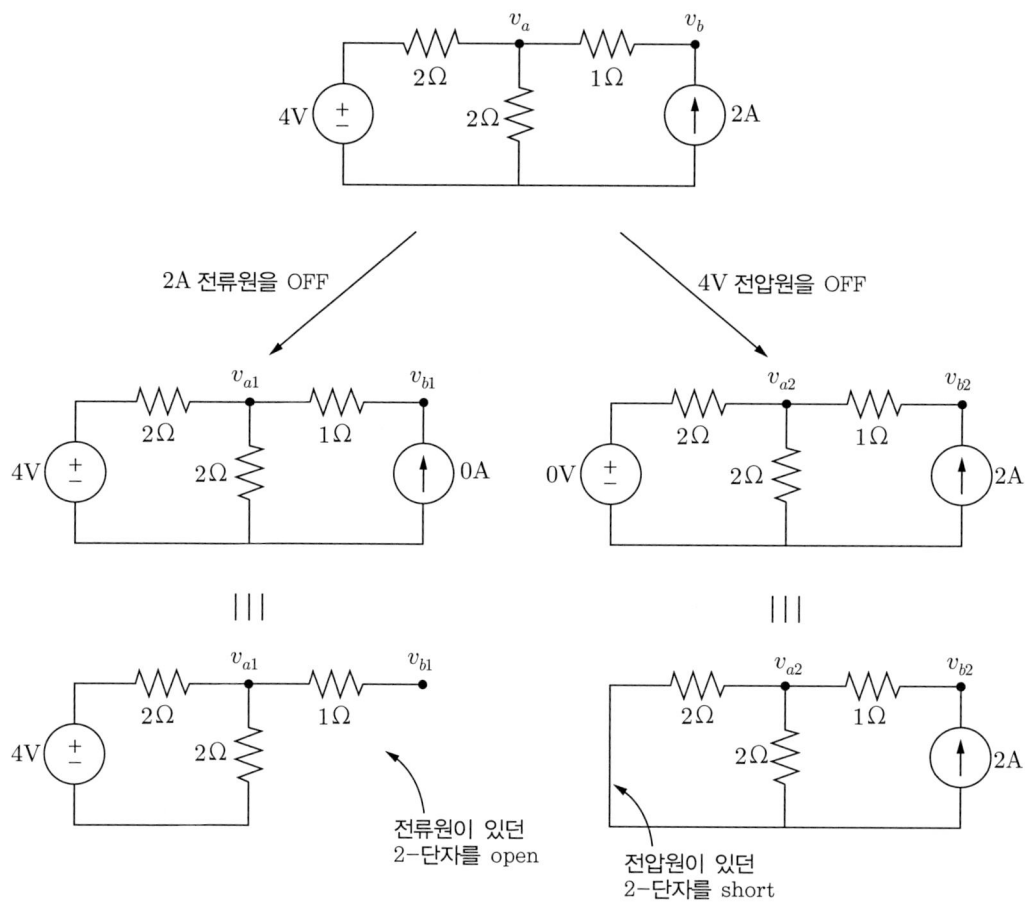

〈 그림 11. 중첩의 원리 적용 예 〉

위 회로의 노드 전압 v_a, v_b 를 구하기 위해 우선, 노드 해석법을 적용해 보자. 노드 a (노드 전압이 v_a 인 노드)에서 키르히호프 전류 법칙을 적용하여 다음과 같이 v_a, v_b 의 방정식을 찾는다.

$$\frac{v_a-4}{2}+\frac{v_a}{2}+v_a-v_b=0 \Rightarrow 2v_a-v_b=2. \qquad 4\text{-}9$$

마찬가지로 노드 b 에서 키르히호프 전류 법칙을 적용하면 다음의 방정식을 찾을 수 있다.

$$\frac{v_b - v_a}{1} - 2 = 0 \Rightarrow -v_a + v_b = 2. \qquad 4\text{-}10$$

위의 두 가지 방정식을 연립하여 풀면 전압원과 전류원이 동시에 존재하는 원래 회로의 노드 전압을 다음과 같이 구할 수 있다.

$$v_a = 4[V], \; v_b = 6[V]. \qquad 4\text{-}11$$

이제, 동일한 회로에 대해 독립전원 중첩의 원리를 적용해 보자. 이 회로에는 $4[V]$의 크기를 갖는 전압원과 $2[A]$의 크기를 갖는 전류원이 존재한다. 이 회로를 해석하기 위해 전압원을 ON, 전류원을 OFF시킨 경우와 전압원을 OFF, 전류원을 ON시킨 경우의 회로를 각각 그려보면 위의 그림과 같이 된다. 즉, 전류원을 OFF 시킨다는 것은 전류원이 있던 2-단자를 개방회로로 대치하는 것과 동등하고, 전압원을 OFF 시킨 경우에는 전압원이 있던 2-단자를 단락회로로 대치하는 것과 동등하다.

전압원을 ON, 전류원을 OFF시킨 회로에 대해 노드 해석법을 적용하면 다음과 같은 연립방정식을 얻을 수 있다.

$$\frac{v_{a1} - 4}{2} + \frac{v_{a1}}{2} + v_{a1} - v_{b1} = 0 \Rightarrow 2v_{a1} - v_{b1} = 2. \qquad 4\text{-}12$$

$$-v_{a1} + v_{b1} = 0. \qquad 4\text{-}13$$

위의 두 방정식을 연립하여 풀면 전압원만 켜진 경우의 노드 전압을 다음과 같이 구할 수 있다.

$$v_{a1} = 2[V], \; v_{b1} = 2[V]. \qquad 4\text{-}14$$

마찬가지로, 전압원을 OFF, 전류원을 ON시킨 회로에 대해 노드 해석법을 적용하면 다음과 같은 연립방정식을 얻을 수 있다.

$$\frac{v_{a2} - 0}{2} + \frac{v_{a2}}{2} + v_{a2} - v_{b2} = 0 \Rightarrow 2v_{a2} - v_{b2} = 0. \qquad 4\text{-}15$$

$$-v_{a2} + v_{b2} = 2. \qquad 4\text{-}16$$

위의 두 방정식을 연립하여 풀면 전압원만 켜진 경우의 노드 전압을 다음과 같이 구할 수 있다.

$$v_{a2} = 2[V], \ v_{b2} = 4[V]. \quad \text{4-17}$$

따라서 중첩의 원리에 따라 두 개의 전원이 모두 켜진 경우의 해 v_a, v_b 는 각각 $v_{a1} + v_{a2}$, $v_{b1} + v_{b2}$ 와 각각 같음을 확인할 수 있다.

예제 4-3

아래의 회로를 독립전원 중첩의 원리를 이용하여 해석하고 1Ω 저항에 흐르는 전류 i 를 구하시오.

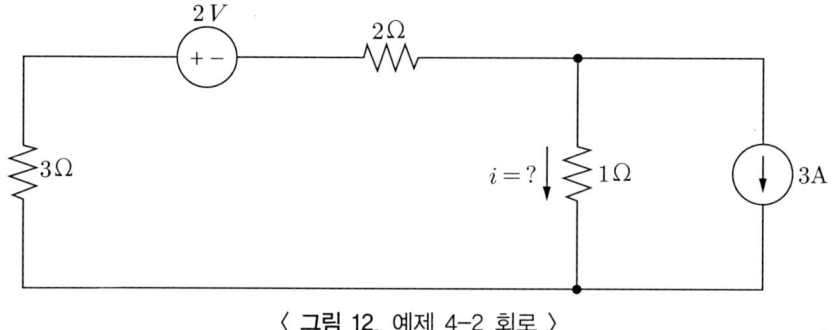

〈 그림 12. 예제 4-2 회로 〉

풀이

이 회로는 $2[V]$ 전압원과 $3[A]$ 전류원이 구동하고 있으므로 전원을 각각 하나씩만 ON시킨 상태에서 1Ω 저항에 흐르는 전류를 구한 후, 그 값을 모두 더하면 두 전원이 모두 ON 되었을 때의 값을 얻을 수 있다.

(1) $2[V]$ 전압원은 ON되고, $3[A]$ 전류원은 OFF된 경우:

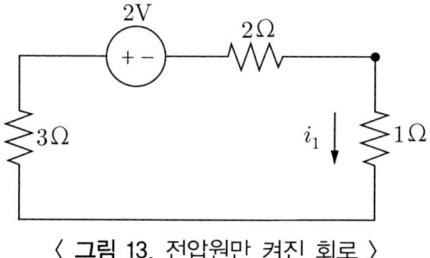

〈 그림 13. 전압원만 켜진 회로 〉

위 회로에서 1Ω 저항에 흐르는 전류를 i_1 이라고 했을 때 그 값은 다음 식으로 쉽게 구할 수 있다.

$$i_1 = -(\frac{2}{1+2+3}) = -\frac{1}{3}[A]. \quad \text{4-18}$$

(2) $2[V]$ 전압원은 OFF되고, $3[A]$ 전류원은 ON된 경우:

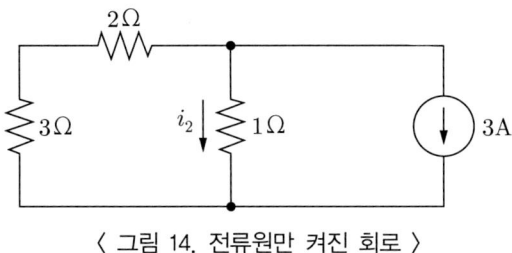

〈 그림 14. 전류원만 켜진 회로 〉

위 회로에서 1Ω 저항에 흐르는 전류를 i_2 라고 하면, 그 전류는 $3[A]$의 전류가 1Ω 저항으로 분배되어 흐르는 것이므로 다음과 같이 구할 수 있다.

$$i_2 = -3 \times \frac{(2+3)}{(2+3)+1} = -\frac{5}{2}[A].\qquad 4\text{-}19$$

따라서 (1), (2)의 결과로부터 두 전원이 모두 ON 되었을 때 1Ω 저항에 흐르는 전류 i 는 다음과 같이 계산된다.

$$i = i_1 + i_2 - \frac{1}{3} + (-\frac{5}{2}) = -\frac{17}{6}[A].\qquad 4\text{-}20$$

5 테브난과 노턴의 등가 회로

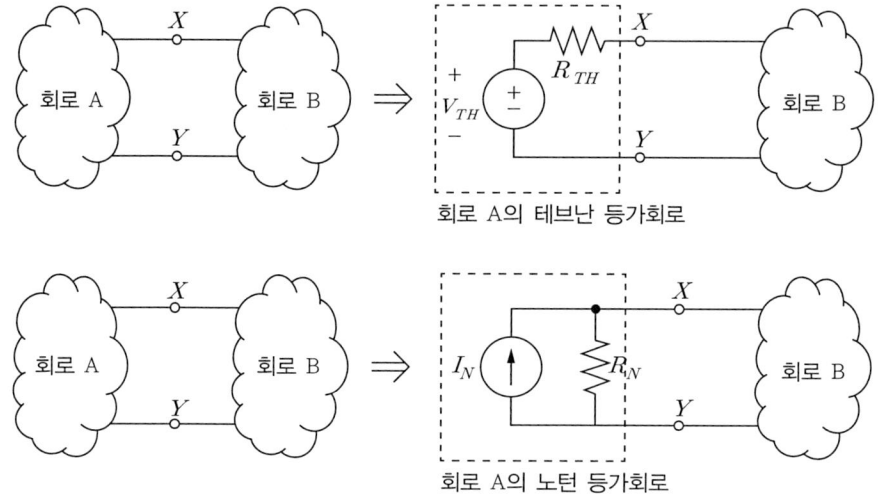

〈 그림 15. 테브난과 노턴의 등가회로 개념 〉

위 그림과 같이, 여러 개의 전원과 저항으로 연결된 회로A가 회로B와 연결되어 있는 경우 회로A를 전압원과 저항의 직렬연결 회로로 대체하여도 회로B는 자신에게 연결된 회로가 바뀌었는지 모르게 할 수가 있다. (회로B의 상태, 즉, 회로B를 구성하는 소자의 모든 전압, 전류값이 변하지 않는다는 뜻이다.) 이때, 회로A를 대체한 '전압원과 저항의 직렬연결회로'를 '테브난(Thevenin)의 등가회로'라고 한다. 이와 비슷하게, 회로A를 전류원과 저항의 병렬연결회로로 대체하여도 동일한 효과를 얻을 수가 있으며, 그 때 '전류원과 저항의 병렬연결회로'를 '노턴(Norton)의 등가회로'라고 한다. 물론, 그렇게 대체할 수 있는 등가회로의 전압원 또는 전류원, 저항의 값은 회로A가 어떻게 구성되었느냐로부터 유일하게 결정이 되며 본 절에서는 그 값을 어떻게 찾느냐를 익히고자 한다.

5.1 테브난의 등가회로 찾기

주어진 회로에 대한 테브난의 등가회로를 찾는다는 것은 결국 등가회로를 구성하는 전압원의 값($= V_{TH}$)과 직렬저항의 값($= R_{TH}$)을 구하는 것이며, 그 방법은 아래 그림과 같다.

4장. 회로해석 관련 여러 가지 정리

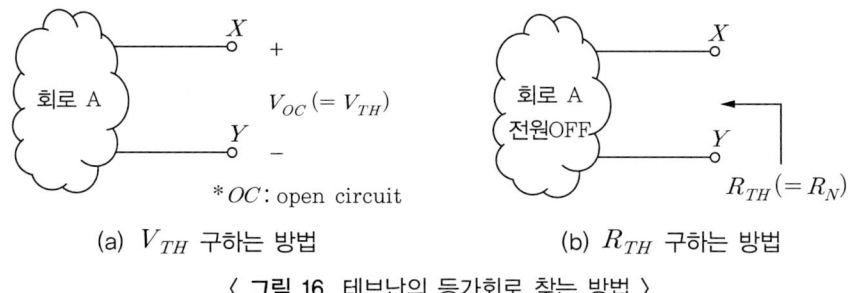

(a) V_{TH} 구하는 방법   (b) R_{TH} 구하는 방법

⟨ 그림 16. 테브난의 등가회로 찾는 방법 ⟩

(1) 테브난 등가전압 V_{TH} 찾기

위 그림에서, 두 단자 X-Y에 연결된 회로A를 테브난 등가회로로 바꾸는 경우, 테브난 등가회로의 전압원의 값 V_{TH} 는 두 단자 X-Y에서 측정한 회로A의 개방전압 V_{OC} 과 같다 (위 그림의 (a)). 개방전압이라 함은, 두 단자에 아무런 부하를 연결하지 않았을때 두 단자 사이에 나타나는 전위차를 의미한다. 개방전압은 실제 회로A를 '측정'하여 알 수도 있지만 회로A의 회로도를 보고 '해석'함으로써 알아내는 것이 일반적이다.

(2) 테브난 등가저항 R_{TH} 찾기

한편, 테브난 등가회로의 직렬저항 R_{TH} 의 값은 '두 단자 X-Y에서 바라 본' 회로A의 총 저항과 같다(위 그림의 (b)). 여기서 회로A에 전원이 존재한다면 그 전원은 모두 OFF시키고 저항의 효과만을 고려해야 하며, 이것은 회로A에서 전압원은 단락회로로, 전류원은 개방회로로 대체한 후 두 단자 X-Y에서 바라본 총 저항을 구한다는 것과 동등하다.

개방전압이나 어떤 두 단자를 통해 바라 본 총 저항을 구하는 것은 지금까지 학습한 회로해석 방법들을 적절히 적용하면 된다. 어떤 방법을 적용하더라도 동일한 결과가 나올 것이므로 가장 효율적인 방법을 택하면 되는데 그것은 많은 경험을 통해 자연스럽게 터득이 되는 것이므로 다양한 풀이 방법을 적용해 볼 것을 권장한다.

아래 회로에 대하여, 두 단자 X-Y로 바라본 테브난 등가회로의 테브난 등가전압 V_{TH}와 테브난 등가저항 R_{TH}를 구해보자.

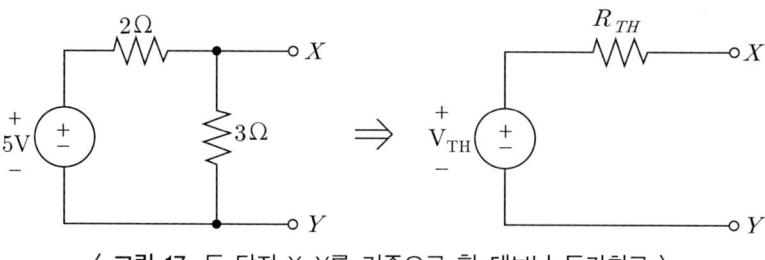

〈 그림 17. 두 단자 X-Y를 기준으로 한 테브난 등가회로 〉

테브난 등가전압 V_{TH}는 원래 회로의 두 단자 X-Y에 아무런 부하를 연결하지 않은 상태에서 두 단자의 전위차와 동일하다. 이것을 '개방전압 (V_{OC})'라고 부르는 이유는 등가회로를 구하고자 하는 두 단자 X-Y 사이에 아무 것도 연결이 되지 않은 상태에서의 전위차이기 때문이다.

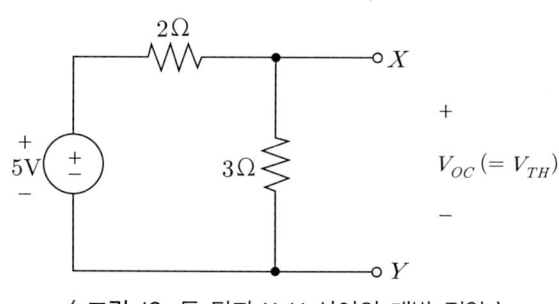

〈 그림 18. 두 단자 X-Y 사이의 개방 전압 〉

위 그림과 같이 본 예에서의 테브난 등가전압은 단자 X-Y에 아무 것도 연결하지 않은 상태에서 3Ω 저항 양단에 걸린 전압과 동일하다. (항상 극성에 주의한다.) 이 전압은 2Ω과 3Ω 저항으로 구성된 전압 분배 회로의 3Ω 쪽에 걸린 전압과 같으므로 다음과 같이 계산된다.

$$V_{TH} = V_{OC} = 5 \times \frac{3}{2+3} = 3\,[V]. \qquad 4\text{-}21$$

테브난 등가저항 R_{TH}는 두 단자 X-Y로 바라본 회로의 모든 전원을 OFF시킨 상태에서 단자 X-Y로 바라본 총 저항과 같다. 주어진 회로의 전원은 $5\,V$ 전압원밖에 없으므로 이것을 OFF 시키면 (= 단락시키면) 아래와 같은 회로가 된다.

4장. 회로해석 관련 여러 가지 정리

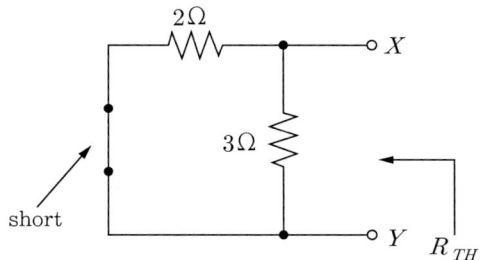

〈 그림 19. 두 단자 X-Y 사이의 총 저항 〉

두 단자 X-Y로 바라본 총 저항은 2Ω과 3Ω 저항이 병렬로 연결된 것과 동등하므로 테브난 등가저항은 다음과 같이 계산된다.

$$R_{TH} = 2 \parallel 3 = \frac{2 \times 3}{2+3} = \frac{6}{5} [\Omega]. \qquad 4-22$$

예제 4-4

아래 회로에 대하여, 두 단자 X-Y로 바라본 테브난 등가회로의 테브난 등가전압 V_{TH}와 테브난 등가저항 R_{TH}를 구하시오.

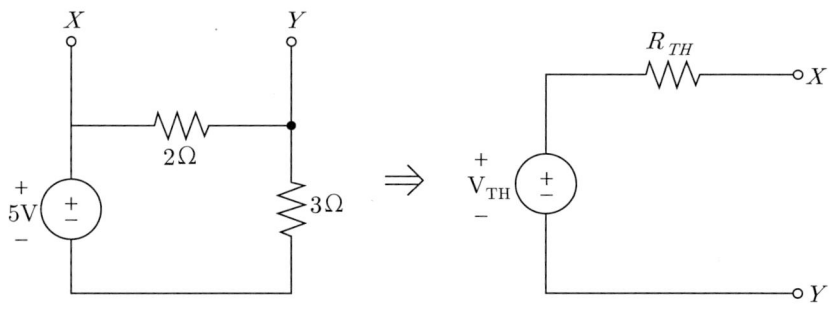

〈 그림 20. 예제 4-3 회로 〉

풀이

본 예제의 회로는 그림 17과 동일하지만, 테브난 등가회로로 대체하려고 하는 두 단자 X-Y의 위치가 다르다. 즉, 어떤 단자에 연결된 회로를 등가회로로 바꾸는가를 정확히 알고 풀이를 해야 한다. 본 예제의 테브난 등가전압은 다음 그림과 같이 2Ω과 3Ω 저항으로 구성된 전압 분배 회로의 2Ω 쪽에 걸린 전압과 같으므로 아래 식과 같이 계산된다.

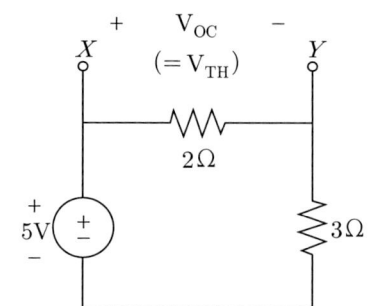

〈 그림 21. 두 단자 X-Y 사이의 개방 전압 〉

$$V_{TH} = V_{OC} = 5 \times \frac{2}{2+3} = 2[V].\qquad 4-23$$

테브난 등가저항 R_{TH}는 두 단자 X-Y로 바라본 회로의 모든 전원을 OFF시킨 상태에서 단자 X-Y로 바라본 총 저항과 같다. 주어진 회로의 전원은 $5V$ 전압원 밖에 없으므로 이것을 OFF 시키면 (= 단락시키면) 아래와 같은 회로가 된다.

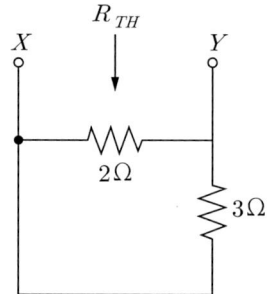

〈 그림 22. 두 단자 X-Y 사이의 총 저항 〉

두 단자 X-Y로 바라본 총 저항은 2Ω과 3Ω 저항이 병렬로 연결된 것과 동등하므로 테브난 등가저항은 다음과 같이 계산된다.

$$R_{TH} = 2 \parallel 3 = \frac{2 \times 3}{2+3} = \frac{6}{5}[\Omega].\qquad 4-24$$

5.2 노턴의 등가회로 찾기

주어진 회로에 대한 노턴의 등가회로를 찾는다는 것은 결국 등가회로를 구성하는 전류원의 값($=I_N$)과 병렬저항의 값($=R_N$)을 구하는 것이며, 그 방법을 아래 그림으로 나타내었다.

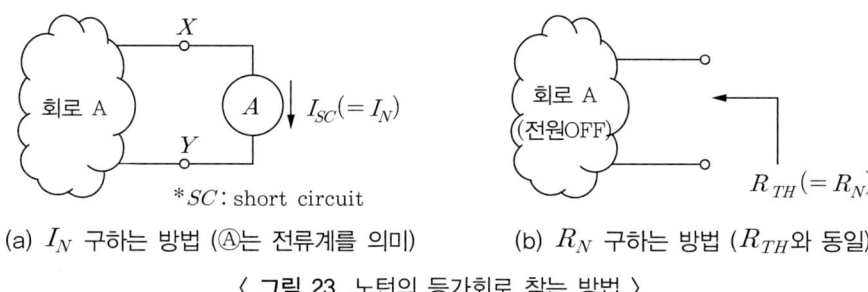

(a) I_N 구하는 방법 (Ⓐ는 전류계를 의미)　　(b) R_N 구하는 방법 (R_{TH}와 동일)

〈 그림 23. 노턴의 등가회로 찾는 방법 〉

(1) 노턴의 등가전류 I_N 찾기

위 그림에서, 두 단자 X-Y에 연결된 회로A를 노턴 등가회로로 바꾸는 경우, 노턴 등가회로의 전류원의 값 I_N 은 두 단자 X-Y를 직접 연결시켰을때 X에서 Y로 흐르는 단락전류 I_{SC}와 같다. (위 그림의 (a)). 단락전류는 실제 회로A에서 두 단자 X-Y를 연결시키고 거기에 전류계를 삽입하여 '측정'함으로써 알 수도 있지만 회로A의 회로도를 보고 '해석'하여 알아내는 것이 일반적인 방법이다.

(2) 노턴의 등가저항 R_N 찾기

노턴의 등가저항 R_N 을 찾는 방법은 5.1절에서 살펴본 테브난의 등가저항 R_{TH}를 찾는 방법과 동일하며 당연히 그 값도 같다. 즉, 동일한 회로의 동일한 두 단자로 바라본 테브난 등가회로와 노턴 등가회로에 대하여 항상 다음 식이 성립한다.

$$R_{TH} = R_N \qquad 4\text{-}25$$

따라서 본 절에서는 R_N을 구하는 방법을 생략하기로 한다.

아래 회로에 대하여, 두 단자 X-Y로 바라본 노턴 등가회로의 노턴 등가전류 I_N과 노턴 등가저항 R_N을 구해보자.

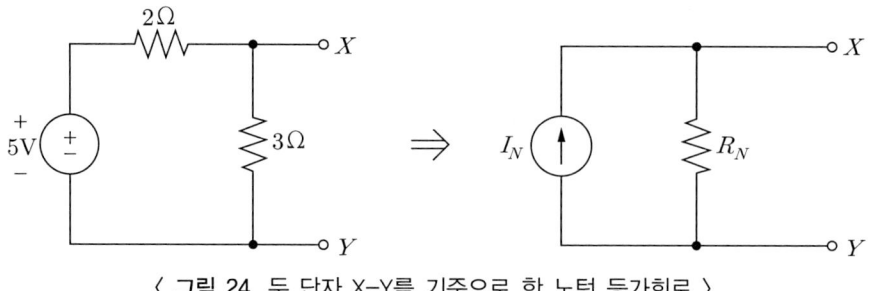

〈 그림 24. 두 단자 X-Y를 기준으로 한 노턴 등가회로 〉

노턴 등가전류 I_N 은 원래 회로의 두 단자 X-Y를 서로 연결(=단락)시켰을때 X에서 Y로 흐르는 전류값과 동일하다. 따라서 이것을 '단락전류 (I_{SC})'라고도 부른다.

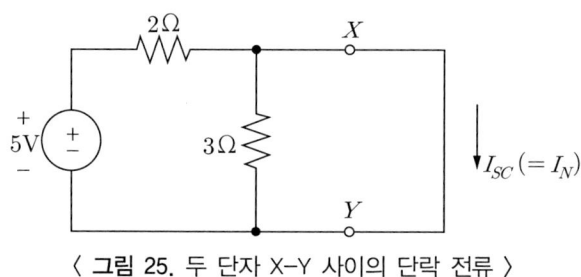

〈 그림 25. 두 단자 X-Y 사이의 단락 전류 〉

위 그림과 같이 본 예에서의 노턴 등가전류는 단자 X-Y를 서로 연결한 상태에서 X에서 Y로 흐르는 전류와 동일하다. (이 전류의 방향과 노턴 등가회로의 전류원의 방향에 주의한다.) 이 전류는 $5V$ 전압원과 직렬연결된 2Ω 저항에 흐르는 전류와 같으므로 다음과 같이 계산된다. (3Ω 저항의 양단이 단락되었으므로 3Ω으로는 어떠한 경우에도 전류가 흐를 수 없다. 즉, 회로에서 아무런 역할을 하지 못하므로 지워도 상관없다.)

$$I_N = I_{SC} = \frac{5}{2} [A]. \qquad 4\text{-}26$$

앞서 얘기한대로 노턴의 등가저항 R_N은 4.1절에서 구한 테브난 등가저항 R_{TH}와 동일하므로 여기서는 설명을 생략한다.

참고로, 동일한 회로의 두 단자 X-Y에 대한 테브난 등가회로와 노턴 등가회로는 서로 전원변환을 한 회로와 동일함을 알 수가 있다. 따라서 두 회로의 전원 및 저항의 값은 전원변환 관계와 동일한 다음의 관계식을 만족함에 유의하자.

$$I_N = \frac{V_{TH}}{R_{TH}}, \quad R_{TH} = R_N.\qquad\text{4-27}$$

예제 4-5

아래 회로에 대하여, 두 단자 X-Y로 바라본 노턴 등가회로의 노턴 등가전류 I_N과 노턴 등가저항 R_N을 구하시오.

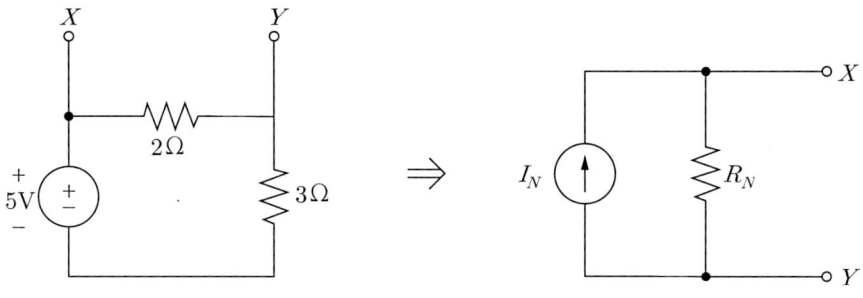

〈 그림 26. 예제 4-4 회로 〉

풀이

본 예제의 회로는 그림 24와 동일하지만, 노턴 등가회로로 대체하려고 하는 두 단자 X-Y의 위치가 다르다. 즉, 어떤 단자에 연결된 회로를 등가회로로 바꾸는가를 정확히 알고 풀이를 해야 한다. 본 예제의 노턴 등가 전류는 다음 그림과 같이 $5V$ 전압원과 직렬연결된 3Ω 저항에 흐르는 전류와 같으므로 아래 식과 같이 계산된다. (2Ω 저항 양단이 단락되었으므로 이 저항으로는 절대 전류가 흐르지 않는다. 따라서 이 회로에 아무런 영향을 미치지 못하므로 회로에서 지워도 무관하다.)

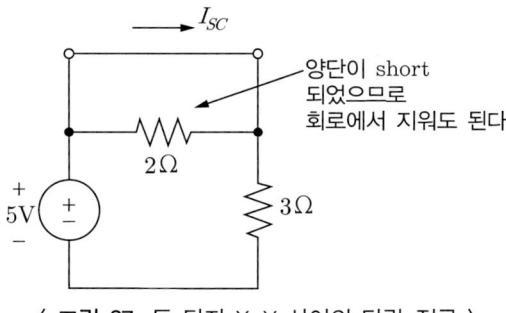

〈 그림 27. 두 단자 X-Y 사이의 단락 전류 〉

$$I_N = I_{SC} = \frac{5}{3}\,[A].\qquad\text{4-28}$$

노턴 등가저항 R_N는 두 단자 X-Y로 바라본 회로의 모든 전원을 OFF시킨 상태에서 단자 X-Y로 바라본 총 저항과 같다. 주어진 회로의 전원은 $5V$ 전압원 밖에 없으므로 이것을 OFF시키면 (= 단락시키면) 아래와 같은 회로가 된다.

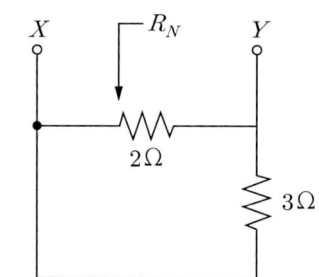

〈 그림 28. 두 단자 X-Y 사이의 총 저항 〉

두 단자 X-Y로 바라본 총 저항은 2Ω과 3Ω 저항이 병렬로 연결된 것과 동등하므로 테브난 등가저항은 다음과 같이 계산된다.

$$R_N = 2 \parallel 3 = \frac{2 \times 3}{2+3} = \frac{6}{5} [\Omega].$$ 4-29

6 테브난의 등가 회로와 최대 전력 전달

테브난의 등가회로 및 노턴의 등가회로는 그 등가회로가 연결된 나머지 회로 (그림 15의 회로B에 해당)의 해석을 단순하게 해 주지만, 등가회로를 구하는 과정이 필요하므로 전체 회로 해석 자체를 간단하게 해 주지는 않는다. 테브난 또는 노턴의 등가회로의 더욱 중요한 효용은 등가회로를 구성하는 전원, 저항의 두 값만으로 원래 회로가 다른 회로에 미치는 영향에 관한 1차적인 특징을 매우 간결하게 표현할 수 있다는 점이다. 이는 평균과 표준편차가 모집단의 복잡한 분포 상황을 1차적으로 대표하는 것과 비슷한 개념이다.

이와 같은 관점에서, 어떤 '복잡한' 회로A에 연결된 부하 저항에 최대의 전력을 공급하려면 부하 저항의 값을 얼마로 해 주어야 하는지 회로A의 테브난 등가회로를 이용하여 분석해 보자.

4장. 회로해석 관련 여러 가지 정리

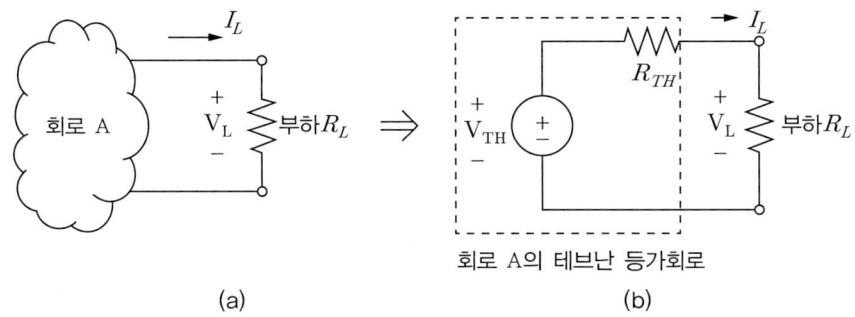

(a)　　　　　　　　　　(b)

⟨ **그림 29.** 회로A의 테브난 등가회로와 부하 R_L ⟩

위 그림에서, 회로A에 부하저항 R_L을 연결하면 부하저항에 전류 I_L이 흐르고 부하저항 양단에 V_L의 전압강하가 발생한다고 하자. 그러면, 옴의 법칙에 의해 다음의 식이 성립한다.

$$V_L = I_L R_L \qquad \text{4-30}$$

한편, 부하저항에서 소모되는 전력 P_L은 부하저항에 흐르는 전류와 부하저항의 전압강하값을 곱한 것이므로 다음의 식으로 표현할 수 있다.

$$P_L = V_L I_L = \frac{V_L^2}{R_L} = I_L^2 R_L \, [W] \qquad \text{4-31}$$

우리가 지금 찾고자 하는 것은, 회로A에 연결된 부하저항 R_L에서 소모되는 전력 P_L을 최대치로 만드는 R_L의 값이다. 이것을 회로A를 그대로 두고 분석하는 것은 회로A가 복잡한 경우 매우 어려운 일일 수 있다. 그러나, 모든 회로A는 전압원 V_{TH}과 직렬저항 R_{TH}로 대표되는 테브난 등가회로로 대체하여도 부하저항 R_L에 주는 영향은 동등하게 할 수 있으므로 테브난 등가회로에 부하저항이 연결된 회로(그림 29의 (b))를 이용하여 분석을 해 보자.

부하저항에서 소모되는 전력 $P_L = V_L I_L$이므로 전력을 크게 하려면 V_L과 I_L이 커지는 것이 좋다. 부하가 저항인 경우, $V_L = I_L R_L$이므로 V_L이 커지면 I_L도 함께 커지는 것으로 보인다. 그러나 V_L과 I_L이 만족하는 식은 이 식만이 아니라는게 문제이다. V_L과 I_L은 부하저항에 연결된 테브난 등가회로에 의해 다음의 식 또한 만족해야 한다.

$$V_L = V_{TH} \times \frac{R_L}{R_{TH} + R_L},$$
$$I_L = \frac{V_{TH}}{R_{TH} + R_L}$$

4-32

위 식을 $P_L = V_L I_L$에 대입하면 다음과 같이 변수 R_L만의 식으로 P_L을 나타낼 수가 있다 (나머지는 회로A에 의해 결정되는 상수 V_{TH}, R_{TH}).

$$\begin{aligned} P_L &= V_L I_L \\ &= \left(V_{TH} \times \frac{R_L}{R_{TH} + R_L} \right) \times \left(\frac{V_{TH}}{R_{TH} + R_L} \right) \\ &= \frac{V_{TH}^2 R_L}{(R_{TH} + R_L)^2}. \end{aligned}$$

4-33

위 식을 자세히 살펴보면, P_L의 값은 R_L의 값에 따라 변하는데, R_L이 분모에도 있고 분자에도 있으므로 R_L이 커지거나 작아질 때 P_L의 값이 어떻게 될지 직관적으로 알기가 어렵다. 이런 경우, "R_L에 관한 함수 P_L이 R_L이 증가함에 따라 어떻게 변하는가"를 분석하면 되는데 이것이 바로 미분의 응용 예이다. R_L에 관한 함수 P_L을 R_L에 관하여 미분하면 다음과 같은 식을 얻을 수 있다.

$$\frac{dP_L}{dR_L} = - V_{TH}^2 \frac{(R_L + R_{TH})(R_L - R_{TH})}{(R_{TH} + R_L)^4}$$

4-34

위의 미분식으로부터, $R_L = \pm R_{TH}$를 경계로 $\frac{dP_L}{dR_L}$의 부호가 다음 그림과 같이 바뀜을 알 수 있다.

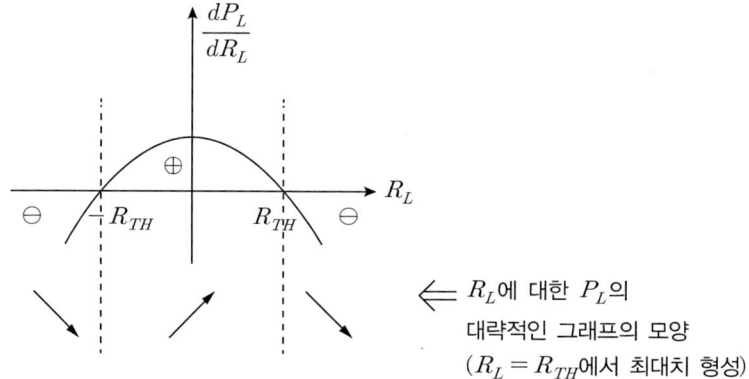

⇐ R_L에 대한 P_L의 대략적인 그래프의 모양 ($R_L = R_{TH}$에서 최대치 형성)

〈 그림 30. R_L에 대한 P_L의 미분을 이용한 P_L의 최대치 찾기 〉

4장. 회로해석 관련 여러 가지 정리

따라서 $R_L = R_{TH}$ 일 때 P_L은 최대치를 가지며, 그 값을 $P_{L,\max}$ 라고 하면 다음과 같이 표현할 수 있다.

$$P_{L,\max} = P_L|_{R_L=R_{TH}} = \frac{V_{TH}^2}{4R_{TH}} \qquad 4-35$$

예제 4-6

아래 회로에서, 부하저항 R_L 에서 최대의 전력이 소모되게 하려면 R_L의 값을 얼마로 해야 하며, 그 때 최대소모전력의 크기는 얼마가 되는지 구하시오.

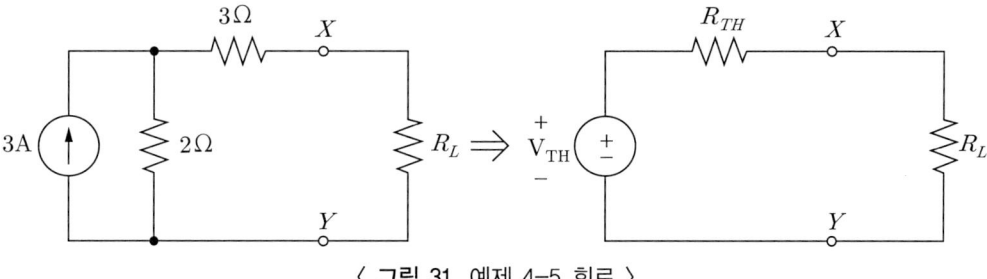

〈 그림 31. 예제 4-5 회로 〉

풀이

이 문제를 풀기 위해 두 단자 X-Y에서 바라본 회로의 테브난 등가회로를 먼저 구한다. 테브난 등가전압 V_{TH}는 두 단자 X-Y 사이의 개방전압 V_{OC}와 같으며, 다음 그림으로부터 그 값은 아래의 식과 같이 표현된다.

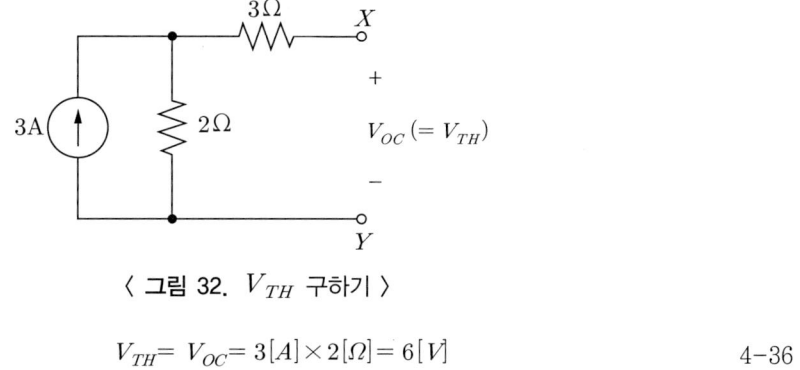

〈 그림 32. V_{TH} 구하기 〉

$$V_{TH} = V_{OC} = 3[A] \times 2[\Omega] = 6[V] \qquad 4-36$$

테브난 등가저항 R_{TH}는 두 단자 X-Y로 바라본 회로에서 전원을 모두 OFF 시킨 후 총저항 값과 같으며, 다음 그림과 같이 표현할 수 있다.

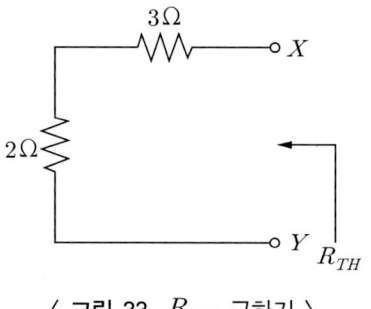

〈 그림 33. R_{TH} 구하기 〉

$$R_{TH} = 2 + 3 = 5\,[\Omega] \qquad 4\text{-}37$$

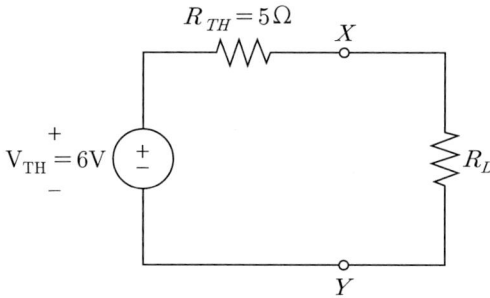

〈 그림 34. 테브난 등가회로와 부하저항 〉

따라서 부하저항에서 최대전력이 소모되기 위한 부하저항값을 $R_{L,\max}$, 그 때의 최대소모전력을 $P_{L,\max}$ 라고 하면 그 값은 각각 다음과 같다.

$$\begin{aligned} R_{L,\max} &= R_{TH} = 5\,[\Omega], \\ P_{L,\max} &= \frac{V_{TH}^2}{4R_{TH}} = \frac{6^2}{4\times 5} = \frac{9}{5}\,[W]. \end{aligned} \qquad 4\text{-}38$$

단원 마무리

1. 회로 정리의 개념
   - 회로해석에 유용한 회로의 성질들을 따로 증명하고 정리해 둔 것을 회로정리라고 한다.
   - 선형회로는 노드 해석법이나 메쉬 해석법으로 언제나 풀이가 가능하지만 회로의 형태에 따라 다양한 정리를 적절히 적용하면 더 쉽게 회로를 해석할 수도 있다.

2. 전원의 상호 변환
   - 전압원+직렬저항 회로는 전류원+병렬저항 회로로 대체할 수 있다.
   - 테브난/노턴 등가회로의 상호 변환은 전원의 상호 변환 원리를 적용한 예이다.

3. 밀만의 정리
   - 밀만의 정리는 전압원+직렬저항 회로가 병렬로 연결된 경우 등가적인 전압원+직렬저항 회로를 구하는데 활용한다.
   - 밀만의 정리와 전원의 상호 변환 원리를 통해 전원 회로의 합성이나 분석을 편리하게 할 수 있다.

4. 독립전원 중첩의 원리
   - 독립전원 중첩의 원리는 선형회로이기 때문에 성립하는 회로의 성질로서, 회로의 응답(특정 소자의 전압이나 전류)은 회로를 구동하는 독립전원을 각각 하나만 ON시켰을 때의 응답을 모두 더한 것과 같다는 것을 의미한다.

   회로의 형태에 따라 중첩의 원리를 적용하면 풀이가 손쉬워지는 장점이 있으나 그것보다는 중첩의 원리가 의미하는 내용 자체를 잘 기억하는 것이 중요하다.

5. 테브난과 노턴의 등가 회로
   - 전원과 저항만으로 구성된 선형회로는 언제나 "전압원과 저항" 또는 "전류원과 저항"만으로 구성된 등가회로로 대체할 수 있다.
   - 전압원과 직렬 연결된 저항으로 대체한 등가회로를 테브난 등가회로라고 한다.
   - 전류원과 병렬 연결된 저항으로 대체한 등가회로를 노턴 등가회로라고 한다.
   - 테브난의 등가회로를 구하는 것은 결국 테브난 등가전압(V_{TH})과 테브난 등가저항(R_{TH})을 구하는 것이다.
   - 테브난 등가전압(V_{TH})은 개방회로 전압(V_{OC})과 동일하다.

   테브난 등가저항(R_{TH})은 모든 전원을 OFF한 상태에서 측정한 저항과 동일하다.
   - 노턴의 등가회로를 구하는 것은 결국 노턴 등가전류(I_N)과 노턴 등가저항(R_N)을 구하는 것이다.
   - 노턴 등가전류(I_N)는 단락회로 전류(I_{SC})와 동일하다.

   노턴 등가저항(R_N)은 모든 전원을 OFF한 상태에서 측정한 저항과 동일하며 테브난 등가저항(R_{TH})과 언제나 같은 값을 갖는다.

6. 테브난의 등가 회로와 최대 전력 전달
- 전원과 저항으로 구성된 회로에 부하저항을 연결할 경우 최대의 전력을 소모하는 부하저항을 찾을 수 있다.
- 전원과 저항으로 구성된 회로의 테브난 등가저항이 최대로 전력을 소모할 수 있는 부하저항의 크기이다.

> **생각해 봅시다**

- **질문1**: 전원과 저항들만으로 구성된 회로를 테브난 또는 노턴의 등가회로로 바꿈으로써 얻는 효용은 무엇일까?
- **의견**: 회로의 일부 부분이 전원과 저항들만으로 구성되어 있을 때, 이것을 테브난 또는 노턴의 등가회로로 대체하면 전체 회로가 단순해지므로 회로해석을 간편하게 할 수 있다. 그러나 테브난 또는 노턴의 등가회로로 바꾸는 과정 자체에 필요한 계산량을 생각하면 역시 전체 계산량이 줄어드는 것은 아니다. 그럼에도 불구하고 테브난 또는 노턴의 등가회로가 의미 있는 것은, 전원이 포함된 저항회로의 특징이 전압원(또는 전류원)과 저항 두 가지 값으로 축약하여 표현되기 때문이며, 이는 회로의 성질을 분석하거나 설계하는데 매우 중요하게 작용한다.
- **질문2**: 회로를 해석함에 있어서 노드 해석법/메쉬 해석법과 다양한 회로 정리들의 관계는?
- **의견**: 노드 해석법/메쉬 해석법은 선형회로를 기계적으로 해석할 수 있는 방법으로서 회로 해석 자체에 목적을 두고 있다. 다양한 회로 정리들 또한 회로 해석을 간편하게 하는데 활용할 수 있으나 그 적용 방법이나 범위는 유동적이다. 회로 정리는 특정 상황에서 회로의 속성을 추출함으로써 회로를 보다 직관적으로 해석하는데 큰 도움을 줄 수 있다는 측면에서 보다 중요한 의의가 있다.

4장 개념정리 O, X 퀴즈

1. 전압원과 저항의 병렬연결회로는 전류원과 저항의 직렬연결회로로 변경할 수 있다. (O, ×)

2. 밀만의 정리는 이상적인 전압원 회로들이 직렬로 연결된 회로를 분석하는데 유용하다. (O, ×)

3. 전원의 중첩 원리를 적용할 때, '전류원'을 OFF 시키는 것은 전류원을 단락 회로로 대치하는 것과 동등하다. (O, ×)

4. 전원의 중첩 원리를 적용할 때, '전압원'을 OFF 시키는 것은 전압원을 개방 회로로 대치하는 것과 동등하다. (O, ×)

5. 전원이 포함된 선형회로를 전압원과 저항의 직렬연결회로로 동등하게 바꾸었을 때, 이를 노턴의 등가 회로라고 한다. (O, ×)

6. 동일한 선형회로를 각각 테브난의 등가 회로, 노턴의 등가 회로로 바꾸었을 때, 각 등가회로에 존재하는 저항의 값은 크기가 서로 다를 수 있다. (O, ×)

7. 테브난 등가회로에 전압원과 전류원 회로의 변환을 적용시키면 노턴 등가회로가 얻어진다. (O, ×)

8. 임의의 소자들과 전원으로 구성된 2-단자 회로에 대해 모두 테브난 등가회로를 찾을 수 있다. (O, ×)

9. 테브난 등가회로의 개방전압 값은 회로를 직접 측정하지 않고 회로를 분석하여서도 알 수 있다. (O, ×)

10 테브난 등가회로에 연결된 부하저항 R_L에서 소모되는 전력은 부하저항에 흐르는 전류를 I_L이라고 할 때 $I_L^2 R_L$ 로 계산된다. 따라서 R_L 값이 커질수록 부하저항에서 소모되는 전력은 커진다.

(O, ×)

11 테브난 등가회로에 연결된 부하저항 R_L에서 소모되는 전력은 부하저항에 걸린 전압을 V_L이라고 할 때 $\dfrac{V_L^2}{R_L}$로 계산된다. 따라서 R_L 값이 작아질수록 부하저항에서 소모되는 전력은 커진다.

(O, ×)

[4장 퀴즈 정답 및 해설]

1	2	3	4	5	6	7	8	9	10	11
X	X	X	X	X	X	O	X	O	X	X

1. 물리적으로 구현한 전압원은 이상적인 전압원과 저항의 직렬연결회로로 모델링한다. 반면 전류원은 이상적인 전류원과 저항의 병렬연결회로로 모델링한다.
2. 밀만의 정리는 이상적인 전압원과 저항의 직렬연결회로가 병렬로 연결되어 있는 회로를 하나의 전압원 회로로 바꿀 때 적용한다.
3. 전류원이 OFF되면 흐르는 전류가 0이 되며 이것은 개방회로(open circuit)와 동등하다.
4. 전압원이 OFF되면 양단 전압이 0이 되며 이것은 단락회로(short circuit)와 동등하다.
5. 노턴의 등가회로는 전원이 포함된 선형회로를 전류원과 저항의 병렬연결회로로 바꾼 것이다.
6. 동일한 회로에 대한 테브난과 노턴의 등가회로에 포함된 저항은 서로 동일한다.
7. 동일한 회로에 대한 테브난 등가회로와 노턴의 등가회로는 서로 전원 변환 관계에 있다.
8. 테브난 등가회로는 선형소자들로만 구성된 회로에 대해 적용 가능하다.
9. 테브난 등가회로의 전압원은 원래 회로의 개방전압값으로서 회로도를 해석하여 계산 가능하다.
10. R_L이 커지면 I_L이 작아지므로 R_L이 커질수록 소모 전력이 커진다고 단정할 수 없다.
11. R_L이 작아지면 V_L도 작아지므로 R_L이 작아질수록 소모 전력이 커진다고 단정할 수 없다.

4장 연습문제

1. 다음 중 선형회로에 대한 설명으로 틀린 것은?
   ① 선형회로를 구성하는 모든 소자는 선형이다.
   ② 선형소자의 전압-전류 특성 그래프는 언제나 직선이다.
   ③ 다이오드는 대표적인 비선형 소자이다.
   ④ 선형회로를 해석하는데 필요한 방정식은 모두 선형이다.

2. 선형직류회로(직류전원에 의해 구동되며 모든 소자가 선형인 회로)의 입력 전압이 1V일 때 출력 전압이 2V 였다면 입력 전압이 3V일 때 출력전압은 몇 V인가?

3. 다음 회로의 2Ω 저항에 흐르는 전류 i 를 전원 상호 변환을 활용하여 구하시오.

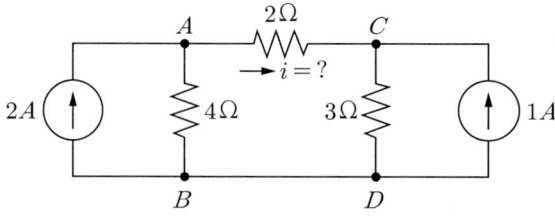

4. 다음 회로의 10V 전압원에 흐르는 전류 i 를 전원 상호 변환을 활용하여 구하시오.

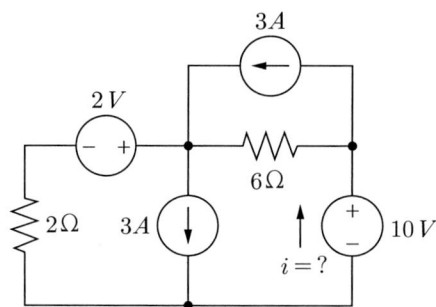

5 다음 회로의 부하저항 2Ω에 흐르는 전류를 밀만의 정리를 활용하여 구하고자 한다. 물음에 답하시오.

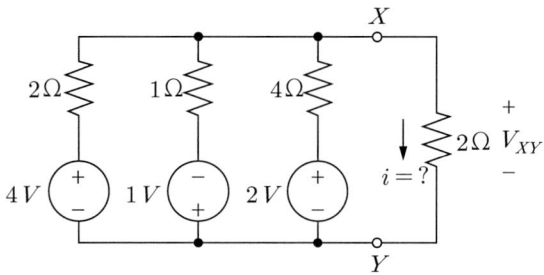

1) 위 회로를 부하저항 2Ω에 전압원+직렬저항 3개가 병렬로 연결되었다고 보았을 때, 밀만의 정리를 이용하면 아래의 회로로 단순화시킬 수 있다. 이 때, V_M과 R_M의 값을 구하시오.

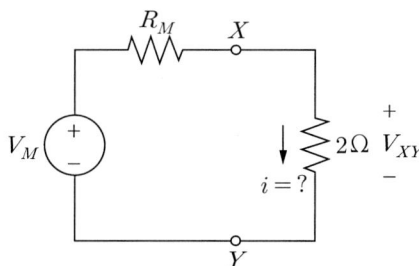

2) 1)의 결과를 이용하여 부하저항 2Ω에 흐르는 전류 i를 구하시오.

6 다음 회로에 대하여 물음에 답하시오.

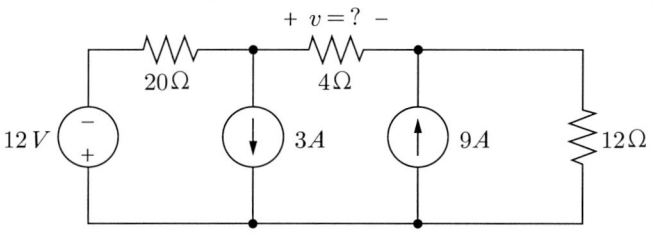

1) 위 회로의 4Ω 저항에 걸린 전압 v를 노드 해석법을 이용하여 구하시오.

2) 위 회로의 4Ω 저항에 걸린 전압 v를 전원 중첩의 원리를 이용하여 구하시오.

7 다음 회로에 대하여 물음에 답하시오.

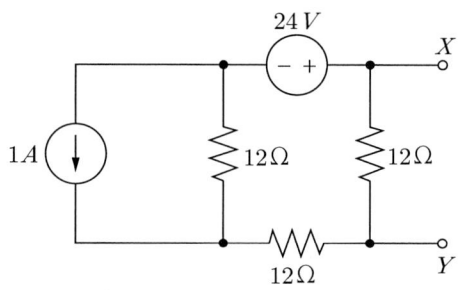

1) 위 회로의 X-Y 단자로 바라본 테브난 등가회로를 구하시오.

2) 1)의 결과를 이용하여, X-Y 단자에 4[Ω]의 부하저항을 연결하였을 때 이 저항에 흐르는 전류 i를 구하시오.

8 다음 회로의 X-Y 단자로 바라본 노턴 등가회로를 구하시오.

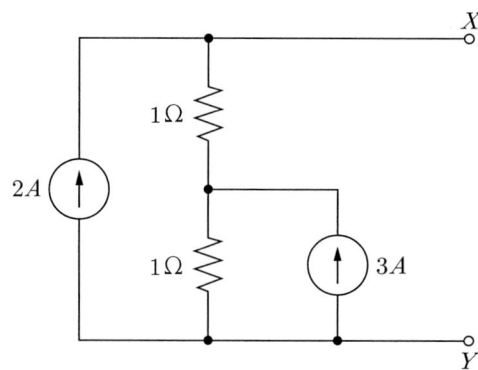

9 다음 회로의 X-Y 단자로 바라본 노턴 등가회로를 구하시오.

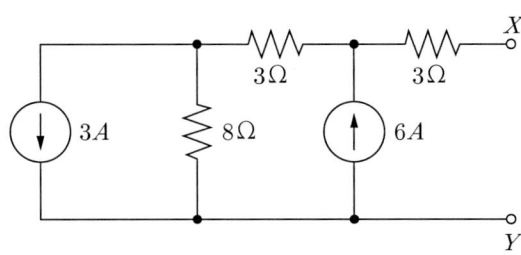

10 다음 회로의 부하저항 R_L에 최대의 전력을 공급하고자 할 때, 물음에 답하시오.

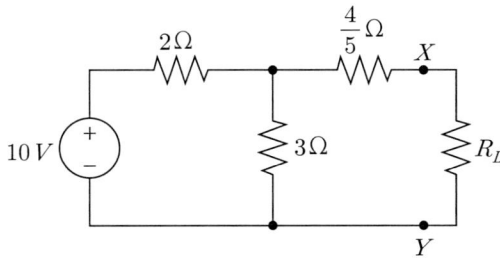

1) 이 회로는 부하저항 R_L이 X-Y 단자에 연결된 것이며, R_L을 제외한 나머지 회로를 테브난 등가회로로 바꿀 수 있다. 이 때, 테브난 등가전압 V_{TH}와 테브난 등가저항 R_{TH}를 구하시오.

2) 1)의 결과를 이용하여 최대의 전력을 공급받기 위한 부하저항 R_L의 값을 구하고, 이 때 전달되는 전력의 크기 $P_{L,\max}$를 구하시오.

11 다음 회로의 부하저항 R_L에 최대의 전력을 공급하기 위한 R_L의 값을 구하고, 그 때의 소모전력 $P_{L,\max}$를 구하시오.

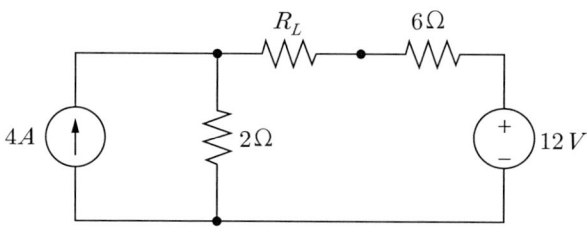

12 다음 회로의 부하저항 R_L에 최대의 전력을 공급하기 위한 R_L의 값을 구하고, 그 때의 소모전력 $P_{L,\max}$를 구하시오.

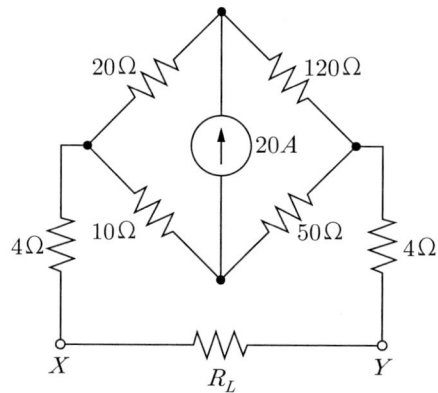

5장
에너지 저장 소자

> **단원 목표**
> - 에너지 저장 소자가 회로에서 하는 역할을 이해한다.
> - 대표적인 에너지 저장 소자인 커패시터와 인덕터의 원리를 이해하고 전압-전류 특성식을 익힌다.
> - 커패시터 또는 인덕터의 직렬, 병렬 연결 회로에 대한 등가 회로를 구하는 방법을 익히고 적용할 수 있다.
> - 기초 미분방정식을 이해하고 저항과 커패시터, 저항과 인덕터가 연결된 회로의 전압, 전류 응답을 구할 수 있다.
> - 저항과 커패시터, 인덕터가 모두 포함된 회로의 응답 특성을 이해할 수 있다.

1 에너지 저장 소자의 개념

지금까지 우리는 회로를 구성하는 소자로서 직류전압원, 직류전류원, 그리고 저항을 다루었다. 여기서 전압원과 전류원은 글자그대로 에너지를 생성하는 '전원'의 역할을 수행하고 저항은 그렇게 공급되는 에너지를 '소모'하는 역할만을 수행하였다. 1장에서 다루었던 '수동 부호 규약'을 따르면 아래 그림 1과 같이 전원과 저항의 전압, 전류의 곱의 부호가 서로 다른 것을 알 수가 있다.

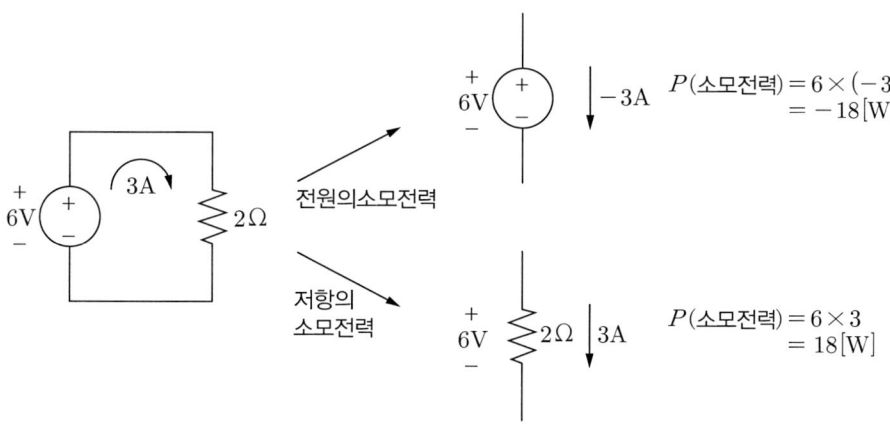

〈 그림 1. 수동 부호 규약에 따른 전원과 저항의 소모 전력 계산 〉

그런데 회로에는 저항과 같이 에너지를 '소모'만 하는 소자만 있는 것이 아니다. 이 장에서 배울 커패시터(capacitor)와 인덕터(inductor)는 대표적인 에너지 '저장' 소자로서, 소자에 공급된 에너지를 저장했다가 다시 회로의 다른 소자들로 공급하는 역할을 할 수가 있다. 즉, 이 소자들의 전압, 전류의 곱을 관찰해 보면 어느 순간에는 양수(=소모)였다가 또 어느 순간에는 음수(=공급)인 경우가 있는 것이다. 이런 현상은 앞으로 배울 '교류회로'에서 잘 나타나는데 이 장에서는 먼저 커패시터와 인덕터의 전압-전류 관계식이 저항과 어떻게 다른지, 그리고 그렇게 다른 관계식 때문에 회로를 해석하기 위한 방정식이 저항만 있는 회로에 비해 어떻게 달라지는지를 중점적으로 살펴보기로 한다.

2 커패시터의 원리와 전압-전류 특성식

커패시터는 그림 2와 같이 도체평판 사이에 유전체[8]를 삽입한 2단자 소자로서 "전기장의 형태로 에너지를 저장하는" 에너지 저장 소자를 수학적으로 모델링한 것이다.

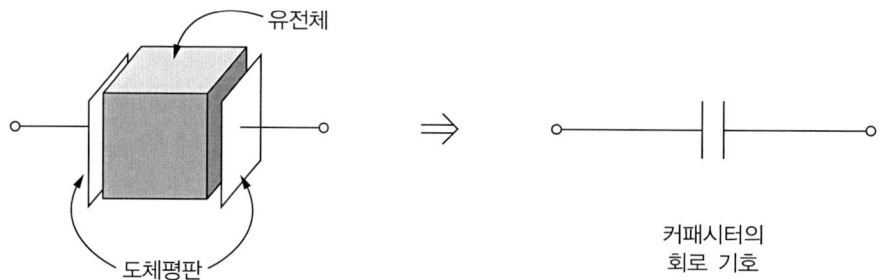

〈 그림 2. 커패시터의 구조와 회로 기호 〉

회로소자로서 커패시터를 사용하려면 커패시터의 두 단자에 걸린 전압과 그 때 커패시터의 두 단자를 통해 흐르는 전류의 관계식을 찾으면 된다. 이때 한 가지 주의할 점은, 커패시터의 가운데에는 유전체라는 '절연체(전류를 흘리지 않는 물질)'이 삽입되어 있는데 어떻게 '커패시터를 통하는 전류'를 정의할 수 있을까 하는 것이다. 이 점을 꼭 염두에 두고 아래 설명을 읽어보기 바란다.

---

[8] 유전체(誘電體): Dielectric material 이라고도 하며, 일종의 절연체로서 이 물질의 양쪽 단에 전위차가 생겨도 이 물질을 통과하는 전하의 흐름(전류)은 발생하지 않는다. 일반적인 부도체와 다른 점은, 전위차가 있는 공간 속에서 유전체는 내부적으로 양전하와 음전하가 한쪽 방향의 극성을 띠도록 정렬이 된다는 점이다. 이 점을 이용하면 커패시터의 에너지 저장 능력이 더 커지고 외부 전압에 파괴되지 않고 견디는 능력도 좋아지므로 커패시터의 절연물질로 사용을 한다.

커패시터의 전압-전류 관계식을 찾기 위해 다음 그림 3과 같이 커패시터에 전압원이 연결된 상황을 생각해 보자.

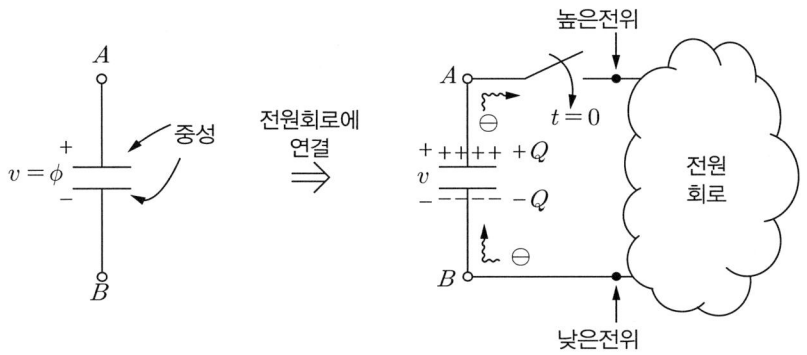

〈 그림 3. 커패시터의 원리 〉

최초에 커패시터는 어떤 회로에도 연결되어 있지 않았다고 가정하자. 그렇다면 그림 3-(a)와 같이 커패시터의 도체 평판은 중성을 유지하고 있을 것이다. 이번에는 이 커패시터를 전원이 포함된 회로에 연결해 보자. 그림 3-(b)는 $t=0$초일 때 커패시터를 회로에 연결한 직후 '스냅샷'을 묘사한 것으로서, 전원이 포함된 회로의 높은 전위쪽으로 커패시터 위쪽 평판의 음전하(전자)들이 끌려들어가고, 낮은 전위쪽에서는 커패시터 아래쪽 평판으로 음전하들이 밀려들어오는 상황이다. 여러분 자신이 도체 평판에 존재하는 움직이는 전하, 즉, 전자라고 생각해보면 이 현상이 이해가 될 것이다. 여기서 중요한 것은, 그렇게 음전하들이 움직이면 중성이었던 도체 평판이 더 이상 중성일 수 없다는 것이다. 위쪽 평판은 음전하가 빠져 나가고 있으니 양(+)의 상태가 될 것이고, 아래쪽 평판은 음전하가 공급되고 있으니 음(-)의 상태가 될 것이며 그 크기는 서로 정확히 일치하게 된다. 또, 두 도체 평판의 극성이 서로 반대이니 두 도체 평판의 사이에는 전기장이 존재하고, 전기장이 존재하니 두 도체 평판의 전위는 차이가 발생한다. 이때, 두 도체 평판에 모아진 전하량을 $Q[C]$라고 하고 두 도체 평판의 전위차를 $v[V]$라고 할 때, 두 값은 서로 비례함이 밝혀졌고, 그 비례상수를 커패시터의 크기, 즉, 커패시턴스(capacitance) C 라고 한다.

$$Q \propto v \Rightarrow Q = Cv \Rightarrow C = \frac{Q}{v} \qquad 5\text{-}1$$

커패시턴스의 물리단위는 $[F]$ (= 패럿(Farad))인데, 위 식(5-1)로부터 패럿은 $\left[\dfrac{Coulomb}{Volt}\right]$와 동일한 물리량임을 알 수 있다.

식(5-1)이 의미하는 바를 말로 풀어쓰면, 커패시터의 양단에는 양단의 전압에 비례하는 전하가 모인다(충전된다)는 것이다. 그렇다면, 만약 양단의 전압이 '변하면' 어떻게 될까? 식(5-1)은 어떤 순간에도 만족되는 것이므로 전압이 시간적으로 변하면 커패시터에 모이는 전하량 Q도 당연히 시간적으로 변하게 될 것이다. 그런데 Q는 애초에 커패시터의 두 도체 평판으로 이동한 음전하들때문에 생기는 것이므로 Q가 시간적으로 변한다는 것은 두 도체 평판으로 들어오거나 나가는 음전하들의 '움직임'이 그 시간동안 존재한다는 뜻이다. 음전하들이 움직인다는 것은.. 전류가 흐른다는 것이며, 이것이 바로 커패시터 양단에 흐르는 전류이다. 이 전류는 결코 커패시터를 관통하여 흐르는 전류가 아니라는 것에 주의하기 바란다.

이상의 설명을 수식으로는 다음과 같이 간략하게 표현할 수 있다. 이 수식으로부터 위의 설명이 모두 가능한데 이것이 바로 수학의 힘이다.

$$Q = Cv \Rightarrow \frac{dQ}{dt} = \frac{d(Cv)}{dt} = C\frac{dv}{dt}$$
$$\therefore i = C\frac{dv}{dt} [A]$$

5-2

우리는 방금 커패시터라는 회로 소자의 전압-전류 관계식을 얻었다. 이것을 그림으로 나타내면 다음과 같으며, 앞으로 회로를 해석할 때 커패시터를 만나면 가장 먼저 (그리고 거의 유일하게) 기억해야 할 관계식이니 꼭 숙지하기 바란다.

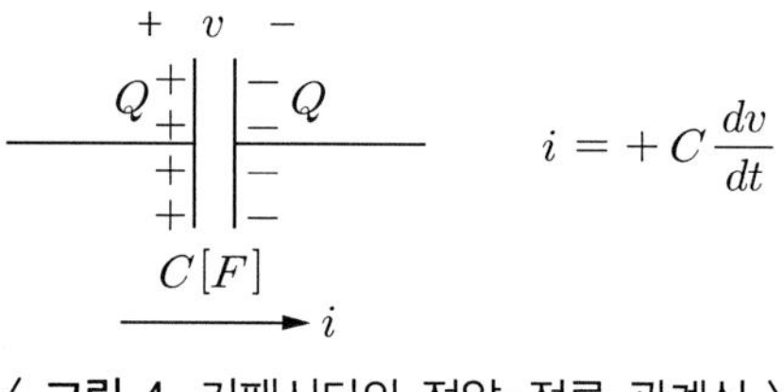

〈 그림 4. 커패시터의 전압-전류 관계식 〉

위 그림 4의 전압-전류 관계식에서 '+' 기호를 굳이 붙인 이유는 커패시터 양단의 전압과 전류의 방향을 이 그림처럼 했을 때, 즉, 수동 부호 규약을 만족할 때, 전압의 시간적 변화율 $\frac{dv}{dt}$ 와 전류 i의 부호가 일치함을 강조하기 위함이다. 이때, 전압이 시간적으로 감소하는 순간 전압의 시간적 변화율은 음수이므로 전압값 자체는 양수이더라도 전류값은 음수가 되며 이때 커패시터가 '소모'하는 순간적인 전력(=전압x전류)은 음수가 되어 그 순간에는 전력을 공급하고 있다는 사실에 유의하자. 이것이 커패시터가 에너지 저장소자라고 불리는 이유에 대한 수학적인 설명이라고 할 수 있다.

예제 5-1

아래 그래프는 크기가 $2[F]$인 커패시터 양단의 전압 $v(t)$의 시간적인 변화를 나타낸 것이다. 이 그래프를 보고, 커패시터 양단을 통해 흐르는 전류 $i(t)$의 시간적인 변화를 그래프로 나타내고, $t=2$초에서 $t=3$초인 구간동안 커패시터는 전력을 소모하는지 공급하는지 설명해 보시오.

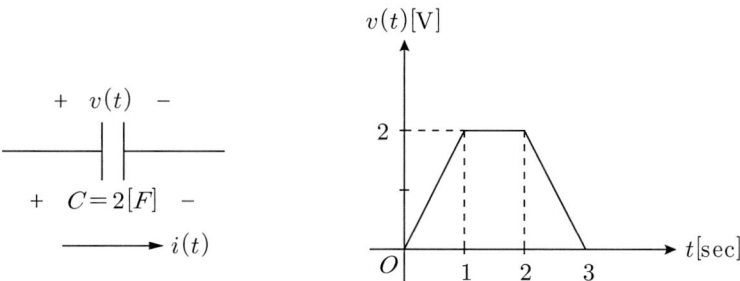

〈 그림 5. 커패시터 양단 전압 v의 시간적인 변화 그래프 〉

풀이

크기가 $2[F]$인 커패시터의 전압-전류 관계식은 다음과 같다.

$$i(t) = C\frac{dv(t)}{dt} = 2\frac{dv(t)}{dt}\,[A] \qquad 5\text{-}3$$

커패시터 양단의 전압 $v(t)$는 0~1초 구간에서 $0[V] \sim 2[V]$까지 선형적으로 증가하고 1~2초 구간에서는 변함이 없으며 2~3초 동안은 다시 $0[V]$까지 떨어지고 있다. 즉, 0~1초, 2~3초 구간에서는 값이 변하지만 1~2초 구간에서는 값이 변하지 않는다. 이것을 시간에 대한 전압의 변화율 $\dfrac{dv(t)}{dt}$ 값으로 표현하면 다음과 같다.

$$\frac{dv(t)}{dt} = \begin{cases} 2 & [V/\text{sec}]\ (0 \le t < 1), \\ 0 & [V/\text{sec}]\ (1 \le t < 2), \\ -2 & [V/\text{sec}]\ (2 \le t < 3). \end{cases} \qquad 5\text{-}4$$

따라서 식(5-4)를 식(5-3)에 대입하면 다음과 같이 전류 $i(t)$의 그래프를 그릴 수 있다.

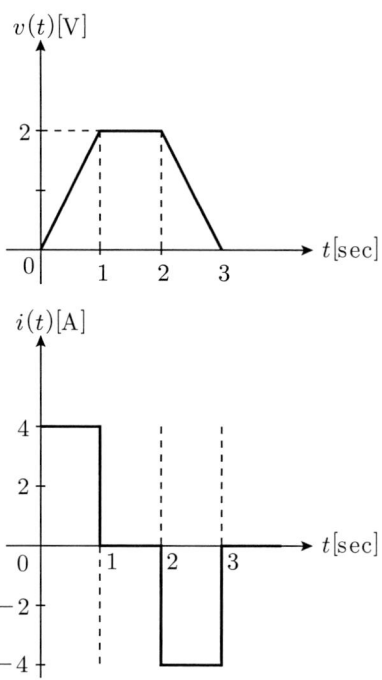

〈 그림 6. 커패시터의 전압 $v(t)$와 전류 $i(t)$의 시간적인 변화 그래프 〉

그림 6을 보면, 시간에 따라 $v(t)$와 $i(t)$의 곱의 부호가 바뀜을 알 수 있다. 즉, 0~1초 구간에서는 +, 1~2초 구간에서는 0, 2~3초 구간에서는 - 이며, 이는 2~3초 동안은 전력값이 음수이므로 커패시터는 0~1초 동안 충전된 에너지를 2~3초 동안 자신이 연결된 회로로 공급하고 있음을 의미한다. 저항에서는 전압과 전류의 부호가 항상 같으므로 이와 같은 경우가 생기지 않음에 유의한다.

3 커패시터의 연결

저항을 직렬 또는 병렬로 연결한 경우 연결된 저항 덩어리를 하나의 등가저항으로 바꿀 수 있듯이 커패시터도 직렬 또는 병렬로 연결된 덩어리를 등가 커패시턴스를 갖는 하나의 커패시터로 바꿀 수 있다. 이에 대해 살펴보자.

3.1 커패시터의 직렬연결

아래 그림과 같이, 커패시턴스가 C_1, C_2, C_3인 3개의 커패시터를 직렬로 연결한 경우 이것을 하나의 커패시터로 바꾸기 위한 등가 커패시턴스 C를 구해보자.

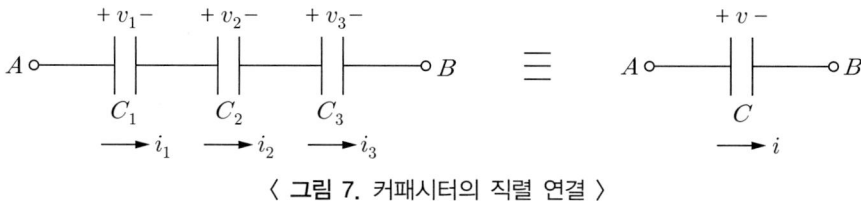

〈 그림 7. 커패시터의 직렬 연결 〉

직렬 연결된 2단자 소자들에는 키르히호프 전류 법칙에 따라 모두 동일한 전류가 흐르며 (그것이 직렬연결의 정의이다), A-B 단자 사이의 전압 v는 키르히호프 전압 법칙에 따라 커패시터 3개의 양단 전압 v_1, v_2, v_3를 모두 더한 것과 같다. 이것을 식으로 표현하면 다음과 같다.

$$i(t) = i_1(t) = i_2(t) = i_3(t) \qquad 5\text{-}5$$

$$v(t) = v_1(t) + v_2(t) + v_3(t) \qquad 5\text{-}6$$

3개의 직렬연결된 커패시터 및 그에 대한 등가 커패시터 각각의 전압, 전류는 커패시터의 정의에 따라 다음의 식을 만족한다.

$$i_k(t) = C_k \frac{dv_k(t)}{dt} \Rightarrow \frac{dv_k(t)}{dt} = \frac{i_k(t)}{C_k} \ (k=1,2,3) \qquad 5\text{-}7$$

$$i(t) = C \frac{dv(t)}{dt} \Rightarrow \frac{dv(t)}{dt} = \frac{i(t)}{C} \qquad 5\text{-}8$$

식(5-6)을 시간 t에 대해 미분하면,

$$\begin{aligned}\frac{dv(t)}{dt} &= \frac{d(v_1(t)+v_2(t)+v_3(t))}{dt} \\ &= \frac{dv_1(t)}{dt} + \frac{dv_2(t)}{dt} + \frac{dv_3(t)}{dt}\end{aligned} \qquad 5\text{-}9$$

이며, 식(5-7), 식(5-8)을 식(5-9)에 대입하되 식(5-5)가 만족함을 이용하면 다음이 성립한다.

$$\begin{aligned}\frac{i(t)}{C} &= \frac{i_1(t)}{C_1}+\frac{i_2(t)}{C_2}+\frac{i_3(t)}{C_3} \\ &= \frac{i(t)}{C_1}+\frac{i(t)}{C_2}+\frac{i(t)}{C_3} \\ &= i(t)\left(\frac{1}{C_1}+\frac{1}{C_2}+\frac{1}{C_3}\right) \\ \therefore \frac{1}{C} &= \frac{1}{C_1}+\frac{1}{C_2}+\frac{1}{C_3}\end{aligned} \qquad 5\text{-}10$$

일반적으로, N개의 직렬연결된 커패시터를 하나의 커패시터로 바꿀 수 있으며, 그 때 각각의 커패시턴스는 다음의 식을 만족한다.

$$\frac{1}{C}=\sum_{k=1}^{N}\frac{1}{C_k} \qquad 5\text{-}11$$

위의 결과는 병렬연결된 저항들의 등가저항값을 구하는 식과 완전히 동일함을 알 수 있다.

예제 5-2

래와 같이 직렬 연결된 2개의 커패시터 C_1, C_2를 하나의 커패시터 C로 대체할 때 등가 커패시턴스는 얼마인지 계산하시오.

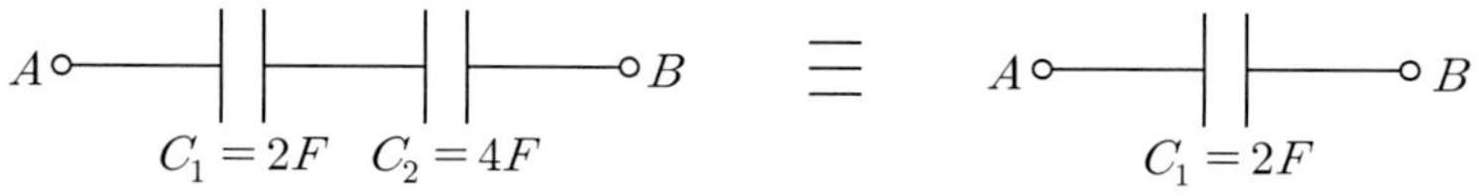

〈 그림 8. 커패시터 2개의 직렬 연결 〉

풀이

커패시터 2개가 직렬연결되어 있으므로 식(5-11)에 의해 등가 커패시턴스 C를 다음과 같이 구할 수 있다.

$$\begin{aligned}\frac{1}{C} &= \frac{1}{C_1}+\frac{1}{C_2} \\ \therefore C &= \frac{C_1 C_2}{C_1+C_2}=\frac{2\times 4}{2+4}=\frac{4}{3}[F]\end{aligned} \qquad 5\text{-}12$$

직렬 연결된 커패시터들의 등가 커패시턴스는 각각의 커패시턴스 값보다 작아짐을 알 수 있다.

3.2 커패시터의 병렬연결

아래 그림과 같이, 커패시턴스가 C_1, C_2, C_3인 3개의 커패시터를 병렬로 연결한 경우 이것을 하나의 커패시터로 바꾸기 위한 등가 커패시턴스 C를 구해보자.

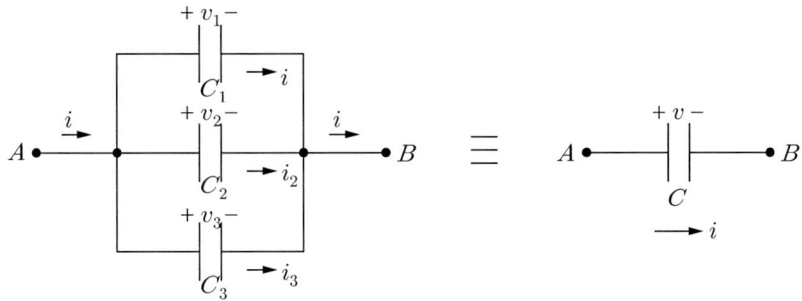

〈 그림 9. 커패시터의 병렬연결 〉

병렬 연결된 2단자 소자들 양단에는 동일한 전위차가 생기며 (그것이 직렬연결의 정의이다), A-B 단자를 통과하여 흐르는 총 전류 i는 키르히호프 전류 법칙에 따라 커패시터 3개의 양단에 각각 흐르는 전류 i_1, i_2, i_3를 모두 더한 것과 같다. 이것을 식으로 표현하면 다음과 같다.

$$v(t) = v_1(t) = v_2(t) = v_3(t) \qquad 5\text{-}13$$

$$i(t) = i_1(t) + i_2(t) + i_3(t) \qquad 5\text{-}14$$

3개의 병렬연결된 커패시터 및 그에 대한 등가 커패시터 각각의 전압, 전류는 커패시터의 정의에 따라 식(5-7), 식(5-8)을 만족한다. 따라서 식(5-14)를 시간 t에 대해 미분하면,

$$\begin{aligned} i(t) &= i_1(t) + i_2(t) + i_3(t) \\ &= C_1 \frac{dv_1(t)}{dt} + C_2 \frac{dv_2(t)}{dt} + C_3 \frac{dv_3(t)}{dt} \end{aligned} \qquad 5\text{-}15$$

이며, 식(5-13)을 식(5-17)에 대입하면 다음 식이 성립된다.

$$i(t) = C_1 \frac{dv_1(t)}{dt} + C_2 \frac{dv_2(t)}{dt} + C_3 \frac{dv_3(t)}{dt}$$
$$= C_1 \frac{dv(t)}{dt} + C_2 \frac{dv(t)}{dt} + C_3 \frac{dv(t)}{dt}$$
$$= (C_1 + C_2 + C_3) \frac{dv(t)}{dt} \qquad 5\text{-}16$$
$$= C \frac{dv(t)}{dt}$$
$$\therefore C = C_1 + C_2 + C_3$$

일반적으로, N개의 병렬연결된 커패시터를 하나의 커패시터로 바꿀 수 있으며, 그 때 각각의 커패시턴스는 다음의 식을 만족한다.

$$C = \sum_{k=1}^{N} C_k \qquad 5\text{-}17$$

위의 결과는 직렬연결된 저항들의 등가저항값을 구하는 식과 완전히 동일함을 알 수 있다.

예제 5-3

아래와 같이 직·병렬 연결된 3개의 커패시터 C_1, C_2, C_3를 하나의 커패시터 C로 대체할 때 등가 커패시턴스는 얼마인지 계산하시오.

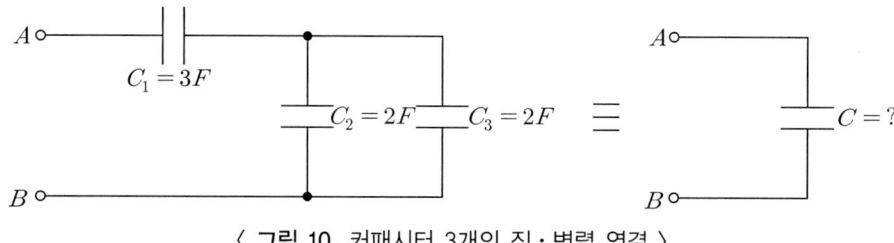

〈 그림 10. 커패시터 3개의 직·병렬 연결 〉

풀이

위 그림은 C_1에 "병렬연결된 C_2와 C_3의 덩어리"가 직렬연결된 형태이다. 따라서 이 세 개의 커패시터에 대한 등가 커패시턴스는 다음과 같이 구할 수 있다.

$$C = \frac{C_1(C_2 + C_3)}{C_1 + (C_2 + C_3)} = \frac{3 \times (2+2)}{3 + (2+2)} = \frac{12}{7} [F] \qquad 5\text{-}18$$

4. 인덕터의 원리와 전압-전류 특성식

인류는 19세기 초 덴마크의 물리학자 외르스테드(Hans Christian Ørsted)가 '전류가 흐르는 도선 주위의 나침반이 돌아가는 현상'을 발견하면서 원래 별개의 자연 현상인줄 알았던 전기와 자기현상이 서로 연결되어 있다는 것을 알기 시작하였다. 이 현상은 앙페르, 패러데이 등에 의해 실험적, 수학적으로 명확해졌는데, 인덕터(inductor)는 그와 같은 전기장과 자기장의 관계를 설명한 패러데이의 '전자기유도법칙'을 이용하는 소자이다. 패러데이의 전자기유도법칙은 다음의 문장과 수식으로 표현할 수 있다.

> ▶ 패러데이의 전자기유도 법칙
> "시간에 따라 변화하는 자속(磁束, magnetic flux)은 기전력을 유도한다."
> $$|\varepsilon| = \frac{d\Phi}{dt} [V] \quad (\varepsilon: 기전력, \Phi: 자속)$$
> 5-19

자속이니, 기전력이니 하는 용어는 사실 전자기학을 깊이 배워도 선뜻 이해하기 어려운 개념이므로 우리는 패러데이의 전자기유도 법칙을 이용하여 인덕터가 만들어졌고 자기장이 변하면 전압이 유도된다..는 정도만 기억을 하고 인덕터의 구조와 전압-전류 관계식에 대해 생각해 보자.

인덕터(inductor)는 전압-전류 특성식이 커패시터와 정반대인 에너지 저장소자이다. 커패시터는 전기장(electric field)의 형태로 에너지를 저장하고 인덕터는 자기장(magnetic field)의 형태로 에너지를 저장한다는 차이점이 있다. 인덕터의 물리적 구조는 매우 간단하여 다음 그림과 같이 '나선형으로 꼬여 있는 전선(도체)'이라고 생각하면 된다.

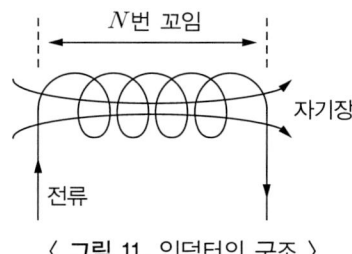

〈 그림 11. 인덕터의 구조 〉

위 그림에서, N번 꼬인 코일을 관통하여 자기장이 형성됨을 표시하였는데 이것이 얼마나 많이 발생하였는가를 쇄교 자속(자기력선의 묶음) λ 라는 정량적 개념으로 정의한다. 미국의 물리학자 헨리

(Henry)는 이 쇄교자속의 크기가 코일에 흐르는 전류의 크기에 비례한다는 사실을 발견하였는데 그 비례상수를 자기(自己)유도계수 또는 자기인덕턴스(self-inductance) L 이라고 부르며 단위는 [H (Henry)]를 쓴다. 인덕터의 전압-전류 관계식은 바로 그 쇄교자속과 전류의 관계식, 그리고 식 (5-19)로 표현한 패러데이의 자기유도법칙이 조합되어 다음과 같이 유도할 수 있다.

$$\lambda \propto i \Rightarrow \lambda = Li$$
$$\therefore |\varepsilon| = \frac{d\lambda}{dt} = L\frac{di}{dt} \; [V]$$

5-20

위의 식에서 $|\varepsilon|$는 코일에 흐르는 전류가 '시간적으로 변할 때' 발생하는 기전력의 크기를 의미하는데, 이것이 바로 인덕터의 양단에 나타나는 전압인 것이다. 인덕터의 전압-전류 관계식은 다음 그림과 같이 수동 부호 규약을 만족하여 표시하였을 때 식(5-21)과 같이 표현된다.

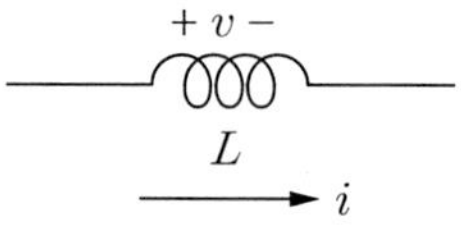

〈 그림 12. 인덕터의 회로 기호와 전압-전류의 방향 〉

$$v(t) = L\frac{di(t)}{dt} \; [V]$$

5-21

인덕터 양단의 전압과 전류의 방향을 수동 부호 규약에 맞게 정의했을 때 식(5-21)이 성립한다는 것은 패러데이의 전자기유도법칙에 '자연은 변화를 싫어한다'는 것의 자기장 버전인 렌츠(Lenz)의 법칙을 함께 적용한 것으로서 다음 그림의 RL 직렬 회로를 이용하여 그 의미를 설명해 보자.

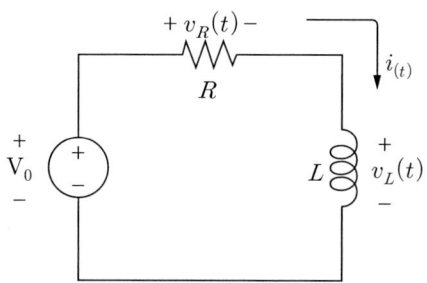

〈 그림 13. RL 직렬회로와 렌츠의 법칙 〉

위 회로에서, 저항 R과 인덕터 L에 걸린 전압과 각 소자를 흐르는 전류의 방향은 모두 수동 부호 규약을 만족하고 있다 (즉, 전위가 높은 단자에서 낮은 단자로 흐르는 전류를 $i(t)$로 표시). 키르히호프 전압법칙에 따라 저항과 인덕터에 걸린 전압 $v_R(t)$와 $v_L(t)$ 그리고 각 소자에 공통으로 흐르는 전류 $i(t)$는 다음의 관계식을 만족한다.

$$v_R(t) + v_L(t) = V_0$$
$$i(t) = \frac{v_R(t)}{R}$$
$$v_L(t) = L\frac{di(t)}{dt}$$

5-22

식(5-22)로부터, $v_L(t)$가 증가하면 $v_R(t)$가 감소하므로 $i(t)$는 감소함을 알 수가 있다. 이제, 회로에 어떤 변화가 생겨 인덕터에 흐르는 전류가 증가하는 상황을 생각해 보자. 이 경우, $i(t)$의 미분값은 0보다 커지므로 인덕터에는 양의 값을 갖는 $v_L(t)$가 걸리며 이것은 $v_R(t)$를 감소시킨다. 따라서 결국 $i(t)$는 다시 감소하는 방향으로 저항과 인덕터 양단의 전위차가 변동하는 것이다. 이것으로부터, 인덕터의 전류가 증가하면 그것을 다시 감소시키는 방향을 만들기 위해 인덕터 양단의 전위차, 즉, 기전력이 발생함을 확인할 수 있다. 인덕터가 외부 회로에 대해 전원으로 동작하되 그 극성은 외부 회로의 전류 증감을 감소시키는 방향으로 작용하는 것이다.

지금까지의 설명이 조금 복잡할 수 있으나, 인덕터가 포함된 회로를 수학적으로 해석하는 것은 식(5-21)만 알고 있어도 충분히 가능하다. 인덕터는 전류가 변하면 양단에 전압이 발생하는 소자이다. 이때 흐르는 전류와 전압의 방향은 수동 부호 규약을 만족한다. 이것들만 정확히 기억하면 된다.

예제 5-4

아래 그래프는 크기가 $1[H]$인 인덕터에 흐르는 전류 $i(t)$의 시간적인 변화를 나타낸 것이다. 이 그래프를 보고, 인덕터 양단에 발생하는 기전력(전압) $v(t)$의 시간적인 변화를 그래프로 나타내고, $t=2$초에서 $t=3$초인 구간동안 인덕터는 전력을 소모하는지 공급하는지 설명해 보시오.

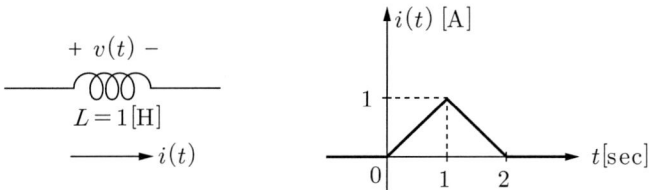

〈 그림 14. 인덕터의 전류 $i(t)$의 시간적인 변화 그래프 〉

풀이

크기가 $1[H]$인 인덕터의 전압-전류 관계식은 다음과 같다.

$$v(t) = L\frac{di(t)}{dt} = 1 \times \frac{di(t)}{dt}\ [V] \qquad 5\text{-}23$$

인덕터를 위 그림과 같은 방향으로 흐르는 전류 $i(t)$는 0~1초 구간에서 $0[A]$ ~ $1[A]$까지 선형적으로 증가하고 1~2초 구간에서는 다시 $0[A]$로 선형적으로 떨어진다. 이것을 시간에 대한 전류의 변화율 $\frac{di(t)}{dt}$ 값으로 표현하면 다음과 같다.

$$\frac{di(t)}{dt} = \begin{cases} 1 & [A/\sec]\ (0 \leq t < 1), \\ -1 & [A/\sec]\ (1 \leq t < 2), \\ 0 & [A/\sec]\ (otherwise). \end{cases} \qquad 5\text{-}24$$

따라서 식(5-24)를 식(5-23)에 대입하면 다음과 같이 인덕터 양단에 발생되는 전압 $v(t)$의 그래프를 그릴 수 있다.

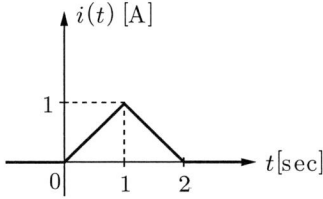

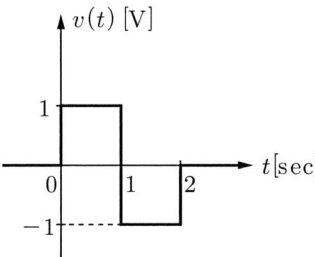

〈 그림 15. 인덕터의 전류 $i(t)$와 전압 $v(t)$의 시간적인 변화 그래프 〉

그림 15를 보면, 시간에 따라 $i(t)$와 $v(t)$의 곱, 즉, 전력의 부호가 바뀜을 알 수 있다. 0~1초 구간에서는 전력의 부호가 +, 1~2초 구간에서는 -이며, 이는 0~1초 동안 인덕터는 에너지를 흡수(저장)하고 1~2초 동안은 자신이 연결된 회로로 그 에너지를 다시 공급하고 있음을 의미한다. 저항에서는 전압과 전류의 부호가 항상 같으므로 이와 같은 경우가 생기지 않음에 유의한다.

5 인덕터의 연결

저항을 직렬 또는 병렬로 연결한 경우 연결된 저항 덩어리를 하나의 등가저항으로 바꿀 수 있듯이 인덕터도 직렬 또는 병렬로 연결된 덩어리를 등가 인덕턴스를 갖는 하나의 인덕터로 바꿀 수 있다. 이에 대해 살펴보자.

5.1 인덕터의 직렬연결

아래 그림과 같이, 인덕턴스가 L_1, L_2, L_3인 3개의 인덕터를 직렬로 연결한 경우 이것을 하나의 인덕터로 바꾸기 위한 등가 인덕턴스 L을 구해보자.

⟨ 그림 16. 인덕터의 직렬 연결 ⟩

직렬 연결된 2단자 소자들에는 키르히호프 전류 법칙에 따라 모두 동일한 전류가 흐르며 (그것이 직렬연결의 정의이다), A-B 단자 사이의 전압 v 는 키르히호프 전압 법칙에 따라 커패시터 3개의 양단 전압 v_1, v_2, v_3를 모두 더한 것과 같다. 이것을 식으로 표현하면 다음과 같다.

$$i(t) = i_1(t) = i_2(t) = i_3(t) \qquad 5\text{-}25$$

$$v(t) = v_1(t) + v_2(t) + v_3(t) \qquad 5\text{-}26$$

3개의 직렬연결된 인덕터 및 그에 대한 등가 인덕터 각각의 전압, 전류는 인덕터의 정의에 따라 다음의 식을 만족한다.

$$v_k(t) = L_k \frac{di_k(t)}{dt} \ (k=1,2,3) \qquad 5\text{-}27$$

$$i(t) = C \frac{dv(t)}{dt} \qquad 5\text{-}28$$

식(5-26)에 식(5-27)을 대입하면,

$$\begin{aligned}v(t) &= L_1\frac{di_1(t)}{dt} + L_2\frac{di_2(t)}{dt} + L_3\frac{di_3(t)}{dt} \\ &= L_1\frac{di(t)}{dt} + L_2\frac{di(t)}{dt} + L_3\frac{di(t)}{dt} \\ &= (L_1 + L_2 + L_3)\frac{di(t)}{dt} \\ &= L\frac{di(t)}{dt} \\ \therefore L &= L_1 + L_2 + L_3\end{aligned}$$

5-29

일반적으로, N개의 직렬연결된 인덕터를 하나의 인덕터로 바꿀 수 있으며, 그 때 각각의 인덕턴스는 다음의 식을 만족한다.

$$L = \sum_{k=1}^{N} L_k$$

5-30

위의 결과는 직렬연결된 저항들의 등가저항값을 구하는 식과 완전히 동일함을 알 수 있다.

> **예제 5-5**
>
> 아래와 같이 직렬 연결된 2개의 인덕터 L_1, L_2를 하나의 인덕터 L로 대체할 때 등가 인덕턴스는 얼마인지 계산하시오. 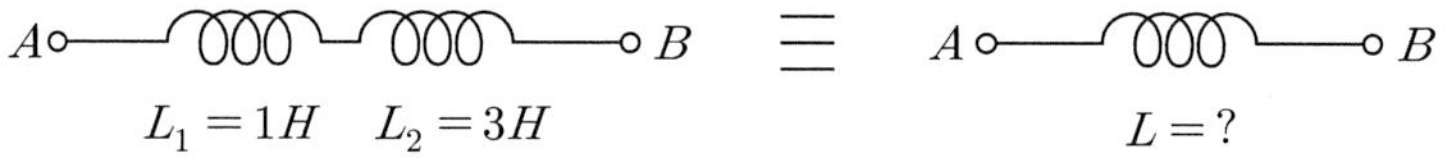
>
> 〈 그림 17. 인덕터 2개의 직렬 연결 〉
>
> **풀이**
>
> 인덕터 2개가 직렬연결되어 있으므로 식(5-30)에 의해 등가 인덕턴스 L 을 다음과 같이 구할 수 있다.
>
> $$L = L_1 + L_2 = 1 + 3 = 4[H]$$
>
> 5-31
>
> 저항과 마찬가지로, 직렬 연결된 인덕터들의 등가 인덕턴스는 각각의 인덕턴스 값보다 커짐을 알 수 있다.

5.2 인덕터의 병렬연결

아래 그림과 같이, 인덕턴스가 L_1, L_2, L_3인 3개의 인덕터를 병렬로 연결한 경우 이것을 하나의 인덕터로 바꾸기 위한 등가 인덕턴스 L을 구해보자.

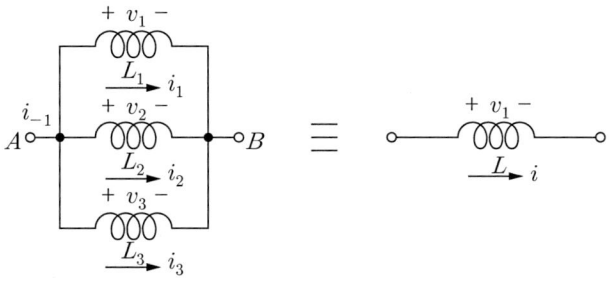

〈 그림 18. 인덕터의 병렬연결 〉

병렬 연결된 2단자 소자들에는 키르히호프 전압 법칙에 따라 모두 동일한 전압이 나타나며 (그것이 병렬연결의 정의이다), A-B 단자 사이를 흐르는 전류 i 는 키르히호프 전류 법칙에 따라 인덕터 3개를 각각 통하여 흐르는 전류 i_1, i_2, i_3를 모두 더한 것과 같다. 이것을 식으로 표현하면 다음과 같다.

$$v(t) = v_1(t) = v_2(t) = v_3(t) \qquad 5\text{-}32$$

$$\begin{aligned} i(t) &= i_1(t) + i_2(t) + i_3(t) \\ \Rightarrow \frac{di(t)}{dt} &= \frac{di_1(t)}{dt} + \frac{di_2(t)}{dt} + \frac{di_3(t)}{dt} \end{aligned} \qquad 5\text{-}33$$

3개의 병렬연결된 인덕터 및 그에 대한 등가 인덕터 각각의 전압, 전류는 인덕터의 정의에 따라 식 (5-27)과 식(5-28)을 만족하는데 이 식을 식(5-33)에 대입하면 다음과 같이 등가 인덕턴스 L을 각각의 인덕턴스 L_1, L_2, L_3로 표현할 수 있게 된다.

$$\begin{aligned} \frac{v(t)}{L} &= \frac{v_1(t)}{L_1} + \frac{v_2(t)}{L_2} + \frac{v_3(t)}{L_3} \\ &= \frac{v(t)}{L_1} + \frac{v(t)}{L_2} + \frac{v(t)}{L_3} \\ &= \left(\frac{1}{L_1} + \frac{1}{L_2} + \frac{1}{L_3}\right)v(t) \\ \therefore \frac{1}{L} &= \frac{1}{L_1} + \frac{1}{L_2} + \frac{1}{L_3} \end{aligned} \qquad 5\text{-}34$$

일반적으로, N개의 병렬연결된 인덕터를 하나의 인덕터로 바꿀 수 있으며, 그 때 각각의 인덕턴스는 다음의 식을 만족한다.

$$\frac{1}{L} = \sum_{k=1}^{N} \frac{1}{L_k} \qquad 5\text{-}35$$

위의 결과는 병렬연결된 저항들의 등가저항값을 구하는 식과 완전히 동일함을 알 수 있다.

예제 5-6

아래와 같이 직·병렬 연결된 3개의 인덕터 L_1, L_2, L_3를 하나의 인덕터 L로 대체할 때 등가 인덕턴스는 얼마인지 계산하시오.

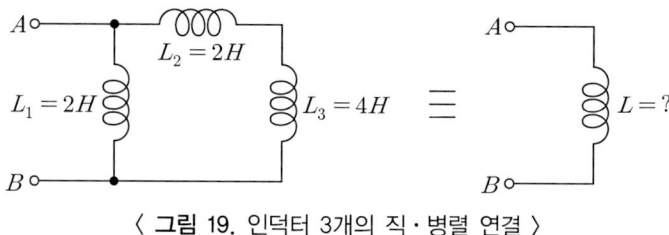

⟨ **그림 19.** 인덕터 3개의 직·병렬 연결 ⟩

풀이

2개가 위 그림은 L_1에 "직렬연결된 L_2와 L_3의 덩어리"가 병렬연결된 형태이다. 따라서 이 세 개의 인덕터에 대한 등가 인덕턴스는 다음과 같이 구할 수 있다.

$$L = \frac{L_1(L_2+L_3)}{L_1+(L_2+L_3)} = \frac{2\times(2+4)}{2+(2+4)} = \frac{3}{2}\,[H] \qquad 5\text{-}36$$

6 RC 회로의 응답 해석

6.1 RC 회로로부터 방정식 세우기

커패시터의 전압-전류 관계식을 알았으므로, 저항과 커패시터, 전원으로 구성된 회로를 해석할 수가 있다. 전압, 전류로 구성되는 연립방정식을 세울 수 있기 때문이다. 단, 이 연립방정식에서 찾아야 하는 해는 시간에 따라 변하지 않는 전압과 전류의 상수값이 아니라 시간에 대한 함수임에 주의한다. 전압의 시간에 관한 변화율로 전류가 정의되는 커패시터가 회로에 포함되어 있으므로 각 노드의 전압과 브랜치에 흐르는 전류는 시간에 따라 변화할 수 있기 때문이다. 참고로, 값이 일정한 직류 전원과 저항만으로 구성된 회로는 시간이 변하더라도 모든 전압, 전류가 일정하기 때문에 전압, 전류가 시간에 관한 함수라는 것 자체를 고려하지 않은 것일 뿐 모든 회로의 전압과 전류는 항상 시간에 관한 함수이다.

아래와 같이 직류 전압원, 저항, 커패시터가 직렬로 구성된 회로를 해석해 보자.

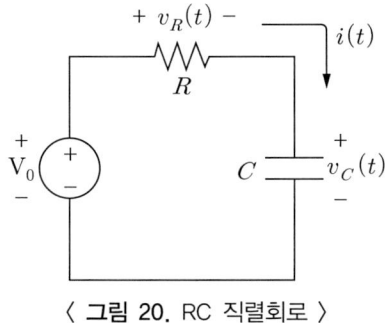

〈 그림 20. RC 직렬회로 〉

위의 회로를 해석한다는 것은, 각 소자에 걸린 전압과 전류를 모두 구하기 위한 연립방정식을 세워 푸는 것인데, 여기서는 저항 R 양단의 전압 $v_R(t)$, 커패시터 C 양단의 전압 $v_C(t)$, 그리고 회로의 모든 소자에 흐르고 있는 전류 $i(t)$를 미지수로 보고 이들의 연립방정식을 세워 보자.

우선, 이 회로는 하나의 루프로만 구성되어 있고, 이 루프를 한 바퀴 돌면서 키르히호프 전압법칙을 적용하면 다음 방정식이 성립한다.

$$v_R(t) + v_C(t) = V_0 \qquad \text{5-37}$$

그런데, $v_R(t)$와 $v_C(t)$는 루프를 흐르는 전류 $i(t)$와 다음의 관계식을 만족한다.

$$\begin{aligned} v_R(t) &= i(t)R, \\ i(t) &= \text{커패시터 양단을 흐르는 전류} = C\frac{dv_C(t)}{dt}. \end{aligned} \qquad \text{5-38}$$

이제, 식(5-38)을 식(5-37)에 대입하면 다음과 같이 $v_C(t)$만 존재하는 방정식을 얻을 수 있다. (처음부터 $v_C(t)$만 존재하는 방정식을 얻으려고 한 것이 아니고 식을 세우다보니 $i(t)$를 매개로 식(5-37)에서 $v_R(t)$가 사라진 것이므로 나는 왜 이렇게 생각을 못 했을까 실망할 필요는 전혀 없다.)

$$RC \frac{dv_C(t)}{dt} + v_C(t) = V_0 \qquad \text{5-39}$$

6.2 미분방정식의 의미와 풀이법

이제, 그림 20의 회로에 존재하는 미지의 전압, 전류 중 커패시터 양단의 전압 $v_C(t)$만 존재하는 방정식을 얻었으니 이것을 풀면 일단 $v_C(t)$를 알 수 있을 것이고 나머지 미지의 전압, 전류는 이로부터 도미노처럼 구하면 되는 상태까지 왔다.

그런데, 식(5-39)의 방정식은 지금까지 저항만 존재하는 회로에서 풀었던 방정식과 아주 큰 차이점이 있는데, 그것은 '미지의 전압 (또는 전류)에 대한 미분', 즉, $\frac{dv_C(t)}{dt}$가 방정식에 존재한다는 점이다. 이 방정식의 의미를 이해하는 것이 매우 중요한데, 이를 위해 식(5-39)로 표현된 방정식을 우리말로 풀어쓰면 다음과 같이 말 할 수 있다.

> 시간 t에 관한 어떤 함수 $v_C(t)$가 있는데, 이 함수는 자신을 미분한 함수($=\frac{dv_C(t)}{dt}$)에 RC라는 상수를 곱하고 거기에 자기 자신 ($= v_C(t)$)을 더하면 <u>어떤 시간($= t$)에 대해서도</u> 항상 V_o라는 상수값을 갖는 성질이 있다. 이 함수는 어떻게 생겼을까?

이와 같은 함수에 관한 수수께끼를 '미분방정식(Differential Equation)'이라고 하며, 어떤 값(상수)을 찾는 방정식이 아니라 미분이 포함된 어떤 관계를 만족하는 함수식을 찾는 방정식이므로 기존의 방정식과는 풀이 방법이 매우 다르고 방법도 여러 가지여서 쉽지가 않다. 그러나 기초회로이론을 공부하는 이 책에서는 미분방정식의 풀이 자체보다는 이 방정식의 해가 갖는 물리적인 의미를 음미하는 것이 더욱 중요하므로 너무 걱정할 필요는 없다.[9]

식(5-39)의 미분방정식을 풀기 위해, 다음과 같이 함수 $x(t)$에 관한 보다 간단한 미분 방정식을 한 번 생각해 보자.

$$\frac{dx(t)}{dt} + x(t) = 0 \qquad \text{5-40}$$

---

[9] 기초 회로이론에서는 미분방정식의 계수가 상수이고 미분의 독립변수는 '시간(t)'밖에 없으며 찾고자 하는 함수가 선형적으로만 표현되는 선형 상미분방정식만(linear ordinary differential equation)을 다룬다.

위 방정식이 나타내는 수수께끼는, "자기자신에 자기자신을 미분한 함수를 더하면 0이 되는 함수는 무엇인가?" 이다. 한 번 생각해 보자. t로 나타낸 식 중에, 이와 같은 성질을 만족하는 식은 어떤 것이 있을까? $t^2 + 2t$과 같은 다항식은 미분을 하면 무조건 차수가 낮아지므로 그 둘을 더한 식 자체가 0이 절대로 될 수가 없다. 여기서, $x(t) = t^2 + 2t$이면 식(5-40)은 $(2t) + (t^2 + 2t) = 0$이므로 $t = 0$ 또는 $t = -4$가 아닌가 하는 오해를 하면 안 된다. 식(5-40)은 어떤 t에 대해서도 만족해야 할 $x(t)$의 조건을 나타낸 식이지, 주어진 $x(t)$에 대해 특정 시간 t에서 만족할 식을 주고 그 t값을 찾으라는 것이 아니기 때문이다. (그것은 t에 관한 방정식이지 $x(t)$를 찾으려는 방정식이 아니다.)

$\sin(t)$와 같은 삼각함수도 미분을 하면 모양이 바뀌므로 그 둘을 더해서 식 자체가 t에 무관하게 0이 될 수 없다. 미분을 하여도 자기자신과 매우 비슷한 모양이 나오는 함수가 이 미분방정식의 해가 될 가능성이 큰데 우리는 그런 함수를 한 가지 알고 있다. 바로 지수함수 e^{at}이다(e는 자연로그의 밑, a는 임의의 상수). 잘 모르겠지만 $x(t) = e^{at}$와 같이 생기지 않았을까 추측하고 식(5-40)에 대입해 보면,

$$ae^{at} + e^{at} = 0 \qquad 5\text{-}41$$

만약 $a = -1$ 이면, 위의 식은 다음과 같이 어떤 t에 대해서도 만족하는 항등식이 된다.

$$-e^{-t} + e^{-t} = 0 \ (for\ all\ t) \qquad 5\text{-}42$$

식(5-40)으로 표현된 수수께끼를 푼 것이다. 식(5-40)으로 나타낸 $x(t)$에 관한 미분방정식을 $x(t) = e^{-t}$가 만족시키는 것이다. 그런데, 여기서 조금만 생각해 보면 $x(t) = Ke^{-t}$(K는 임의의 상수)와 같이 생긴 함수는 모두 식(5-40)을 만족한다는 것을 알 수 있다. 해가 유일하게 존재하지 않는 것이다. 그게 이 수수께끼의 성질이다.

수수께끼 자체에 한 가지 단서가 더 붙으면 해가 유일하게 결정될 수도 있다. 예를 들어, "식(5-40)을 만족하긴 하는데 그 함수 $x(t)$는 $t = 0$일 때 값이 2이다."와 같은 단서 말이다. 이 조건까지 만족하는 함수는 $x(t) = 2e^{-t}$ ($\because x(0) = 2$) 로 유일하게 결정이 된다.

이제, "함수와 그 함수를 미분한 함수의 합 = 0"의 형태로 나타나는 미분방정식의 해는 지수함수 형태를 띤다는 것을 알았으므로 이제는 다음의 조금 더 복잡한 미분방정식을 생각해 보자.

$$\frac{dx(t)}{dt} + x(t) = 4 \qquad 5\text{-}43$$

식(5-40)과 식(5-43)의 차이는 바로 "함수와 그 함수를 미분한 함수의 합"이 0이 아닌 어떤 상수 값을 갖는다는 것이다. 별 것 아닌 것 같지만 이것은 풀이 결과에 큰 차이를 나타낸다. 자기 자신을 미

분한 것과 자기 자신을 더하면 상수가 나오는 함수는 과연 무엇이 있을까? 바로 상수함수이다. 상수함수는 미분을 하면 0이 되므로 식(5-43)을 만족하는 상수함수는 $x(t) = 4$ 임을 쉽게 알 수 있다. 이 상수함수 외에는 식(5-43)을 만족하는 상수함수는 없으므로 유일하게 결정된 것 같다. 뭔가 이상하지 않은가? 식(5-40)은 지수함수 형태로 해가 나타났는데 그보다 더 복잡해 보이는 식(5-43)은 달랑 상수함수로만 해가 결정된다는 것이. 여기서 주목해야 할 것은 식(5-40)에서 찾은 해, 즉, $x(t) = Ke^{-t}$를 식(5-43)의 좌변에 대입하면 0이 되므로 이런 함수식이 $x(t)$에 포함되어 있어도 사실 식(5-43)의 우변값, 즉, 상수값 4를 결정하는데 아무런 영향을 미치지 않는다는 것이다. 있어도 그만 없어도 그만이다. 그래서 모든 t에 관해 식(5-43)을 만족시키는 함수는 다음과 같이 쓸 수 있다. 이것이 식(5-43)으로 나타낸 미분방정식의 해의 일반적인 모습이다. ($x(t) = 4$는 이 일반적인 모습이 $K = 0$일 때 갖는 특수한 모양임을 알 수가 있다.)

$$x(t) = Ke^{-t} + 4 \qquad 5\text{-}44$$

여기서도 마찬가지로 K는 임의의 상수이므로 해가 유일하게 결정되지 않는다. 물론 $x(0) = 3$과 같은 추가적인 단서가 붙으면 $x(t) = -e^{-t} + 4$ 와 같이 해가 유일하게 결정될 수 있다.

식(5-44)의 우변은, "식(5-43)의 상수값 4를 만족시키는데 아무런 기여를 하지 않지만 해에 포함되어도 안 될 것 없는 식($= Ke^{-t}$)"과 "상수값 4를 만족시키기 위해 필요한 식($= 4$)"의 두 부분으로 구성된다. 이때, 전자를 "과도응답 (transient response) 또는 자연응답 (natural response)"라고 하며, 후자를 "정상상태응답 (steady-state response) 또는 강제응답 (forced response)"라고 부른다. 과도응답 또는 자연응답은 전원이 없어도 에너지 저장 소자에 이미 저장되어 있던 에너지 때문에 발생하는 응답으로서 시간이 지나면 사라지는 특징을 갖는다. 그에 비해 정상상태응답 또는 강제응답은 전원이 존재하는 한 같은 형태로 지속되는 응답으로서 당연히 전원이 시간에 대해 어떤 형태인가에 따라 그 모습이 결정된다. 이 용어들을 활용하여 회로에서 나타나는 미분방정식의 해는 일반적으로 다음과 같이 표현됨을 꼭 기억하자.

$$\begin{aligned} & x(t) = x_n(t) + x_f(t) \\ & x_n(t): \text{과도응답 또는 자연응답} \\ & x_f(t): \text{정상상태응답 또는 강제응답} \\ & x(t): \text{완전응답} \end{aligned} \qquad 5\text{-}45$$

6.3 RC 직렬회로에 대한 미분방정식의 풀이와 그 의미

이제, 원래 해석하고자 했던 그림20의 회로를 해석하기 위해 찾은 미분방정식 식(5-39)를 풀어보자. 이 방정식은 형태가 식(5-43)과 매우 유사하므로 해 또한 다음과 같이 식(5-44)와 유사하게 과도응답 (또는 자연응답)과 정상상태응답 (또는 강제응답)의 합으로 나타난다고 가정한다.

$$v_C(t) = Ke^{at} + B \qquad 5\text{-}46$$

전원이 시간에 따라 변하지 않으므로 정상상태응답 또한 시간에 따라 변하지 않는 상수값 B로 가정하였다. 이제, 좀 더 정확한 해를 찾기 위해 (즉, K, a, B를 구하기 위해) 식(5-46)을 식(5-39)에 대입해 보면, $\dfrac{dv_C(t)}{dt} = Kae^{at}$ 이므로 다음과 같은 t에 관한 항등식을 얻게 된다.

$$RC(Kae^{at}) + (Ke^{at} + B) = V_0$$
$$\Rightarrow K(RCa+1)e^{at} + B = V_0 \qquad 5\text{-}47$$

이 식이 모든 t에 대해 (또는 t에 상관없이 항상) 만족하려면

$$a = -\frac{1}{RC}\ (\because RCa+1=0),\ B = V_0 \qquad 5\text{-}48$$

임을 알 수 있다. 이 경우에도 K는 어떤 값이 되어도 상관이 없다. 따라서 식(5-39)로 표현된 미분방정식의 해는 다음과 같이 쓸 수 있다.

$$v_C(t) = Ke^{-\frac{t}{RC}} + V_0 \qquad 5\text{-}49$$

만약 $v_C(0) = 0$ 이라는 초기 조건, 즉, 시간 $t = 0$일 때 커패시터에 충전된 전하는 없었다는 추가적인 단서가 붙는다면 $v_C(0) = K + V_0 = 0$ 이어야 하므로 $K = -V_0$가 되어 식(5-49)는 다음과 같이 유일한 식으로 표현된다.

$$v_C(t) = V_0(1 - e^{-\frac{t}{RC}}) \qquad 5\text{-}50$$

즉, 그림20과 같이 회로를 꾸미되 $v_C(0) = 0$이 되도록 하였다면 커패시터 양단의 전압은 다음과 같은 시간축의 파형으로 나타난다는 것이다.

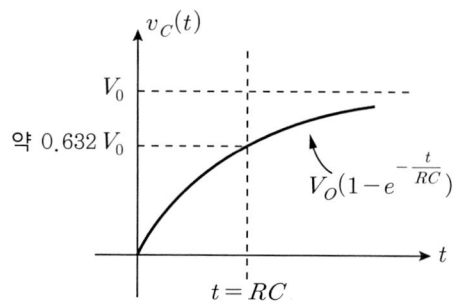

〈 그림 21. RC 직렬회로의 커패시터 양단의 전압 파형 ($v_C(0) = 0$을 만족하는 경우) 〉

그림 21에 나타낸 RC 직렬회로의 커패시터 양단 전압은 위 그림과 같이 지수적으로 증가하는 파형을 가지며 시간 t가 증가할수록, 즉, 점점 시간이 흘러갈수록 직류 전원 V_0의 값으로 수렴함을 알 수가 있다. 시간 t가 증가함에 따라 $v_C(t)$가 얼마나 빨리 변하는가를 결정하는 값은 지수함수의 지수부분($= -\frac{t}{RC}$)이며, 분모($=RC$)의 값을 시정수(time constant) τ 라고 정의한다. 시정수는 양의 값을 가지므로 $e^{-\frac{t}{\tau}}$는 t가 커질수록 점점 작아짐을 알 수 있다. $t = \tau$일 때 $e^{-\frac{t}{\tau}}$는 $\frac{1}{e} \approx 0.368$이 되며, 시정수가 클수록 그 값에 도달하는데 걸리는 시간 또한 길어짐을 기억하자.

이상의 결과는 "커패시터는 전하를 충전하는 소자이며 충전되는 전하량에 비례하여 양단의 전압이 나타난다"는 물리적인 의미를 전혀 모른 채 수학적으로만 풀어도 얻어낼 수 있는 결과이다. (사실, $i(t) = C\frac{dv_C(t)}{dt}$ 에 커패시터의 물리적 성질이 모두 녹아 있는 것이다.) 이 풀이의 의미를 좀 더 감각적으로 느껴보기 위해 그림 21의 회로를 아래와 같이 $t = 0$초에서 닫히는 스위치가 있는 RC 직렬회로로 변형해 보자.

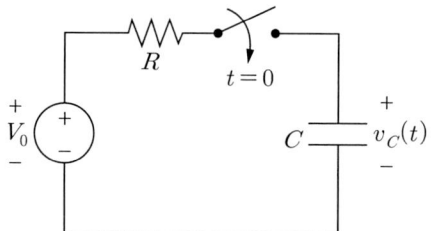

〈 그림 22. 스위치가 존재하는 RC 직렬회로 ($v_C(0) = 0$이라고 가정) 〉

이 회로는 $t < 0$일 때 스위치가 열려있으므로 전류가 전혀 흐르지 않는다. 이때, $v_C(0) = 0$이라고

가정하였으므로 커패시터는 완전히 방전되어 있는 상태이다. 이제, $t = 0$초부터 스위치가 닫혔다면 그 때부터 커패시터의 두 도체판에는 전압원 V_0에 의해 극성이 다른 전하가 모이게 되며 (즉, 충전되며) 그에 따라 양단의 전압 $v_C(t)$의 값은 t가 증가함에 따라 점점 상승할 것이다. 그런데, $v_C(t)$의 값이 상승하다가 V_o에 가까워지면 저항 R의 양단전압이 0에 가까워지므로 이 회로에 흐르는 전류는 점점 줄어들고 커패시터에 충전되는 전하도 따라서 줄어들게 된다. 식(5-50)으로부터, 수학적으로 커패시터 양단의 전압 $v_C(t)$는 영원히 V_0와 같은 값을 가질 수 없지만, 물리적으로는 일정 시간이 지나면 커패시터 양단의 전압은 전압원 V_0의 값에 도달하였다고 말해도 큰 무리가 없는 상태가 된다. 이상이 그림 22에 표시한 회로의 해를 물리적으로 매우 간단히 설명한 것이다. 정확한 물리적 해석은 전자기학의 맥스웰 방정식을 총동원하고 매우 많은 가정을 하여야 하지만 이 정도만으로도 커패시터가 포함된 회로가 갖는 "시간적으로 변하는 전압"의 성질을 충분히 느낄 수 있으리라 생각한다. 저항만으로 구성된 회로는 이런 성질이 없다.

예제 5-7

아래와 같이 $t < 0$초 동안 닫혀 있다가 $t = 0$초일 때 열리는 스위치가 있는 회로에 대하여, 커패시터 양단의 전압 $v_C(t)$를 모든 시간에 대해 구하시오. 이것으로부터, $t = 6$초일 때 커패시터 양단의 전압이 얼마인지 계산하시오.

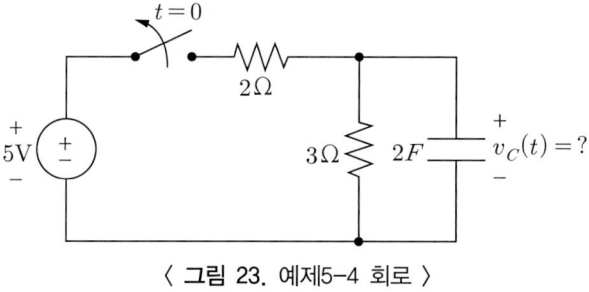

⟨ 그림 23. 예제5-4 회로 ⟩

풀이

이 회로는 $t = 0$일 때 닫히는 스위치가 있으므로 $t < 0$일 때와 $t > 0$일 때의 모양이 다르다. 우선, 스위치가 닫혀있는 동안인 $t < 0$일 때의 회로는 다음과 같다.

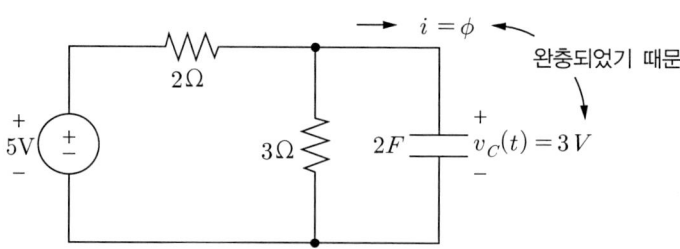

〈 그림 24. $t<0$일 때 회로의 모양 (커패시터는 개방 상태) 〉

$t<0$초 동안 스위치가 닫혀 있다는 것은 $t=0$초 이전부터 '충분히 오랜 시간동안' 닫혀 있었다는 것을 암묵적으로 표현하므로 커패시터는 충전이 끝나고 커패시터 양단의 전류는 0이라고 봐도 무방하다. 즉, 직류 전원에 의해 완충이 된 커패시터는 개방상태(open)라고 간주해도 나머지 회로에 주는 영향에 있어서 차이가 없다. 이것을 이용하면, 이 회로의 커패시터에 완충된 전압은 $3[V]$임을 쉽게 알 수가 있다. 커패시터가 개방 상태라면 이 회로는 $5[V]$ 직류전압원과 2Ω과 3Ω의 저항이 직렬된 회로와 동등하며 커패시터가 연결된 3Ω 양단의 전압은 전압분배에 따라 $3[V]$가 될 수밖에 없기 때문이다. 따라서 $t<0$초 동안의 커패시터 양단 전압 $v_C(t)$는 다음과 같다.

$$v_C(t) = 3[V] \quad (t<0) \tag{5-51}$$

이제, 스위치가 열려 있는 $t>0$일 때의 회로를 생각해보자. 스위치가 열리게 되면 직류전압원은 아무런 역할을 하지 않으며 (전류가 흐르지 않음), 2Ω 저항으로도 전류가 흐를 길이 끊어지게 되어 이 저항 역시 회로에 주는 영향이 없어진다. 즉, 직류전압원과 2Ω 저항은 회로 해석에 주는 영향이 없으므로 지워도 상관이 없으며 회로는 다음 그림과 같이 3Ω 저항과 커패시터만 서로 연결되어 있다고 봐도 무관하다.

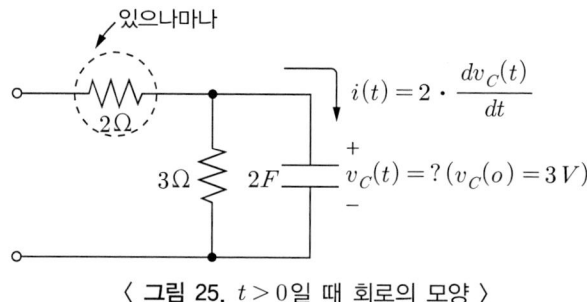

〈 그림 25. $t>0$일 때 회로의 모양 〉

이 회로에 흐르는 전류를 $i(t)$라고 하면 이 전류는 커패시터 양단을 흐르고 있으므로 다음 식으로 표현할 수 있다.

$$i(t) = C\frac{dv_C(t)}{dt} = 2\frac{dv_C(t)}{dt}[A] \tag{5-52}$$

이 전류가 3Ω 저항을 통해 흐르고 있으므로, 이것을 이용하여 위 회로에 키르히호프 전압법칙을 적용하면 다음과 같이 $v_C(t)$에 관한 미분방정식을 얻을 수 있다.

$$v_C(t) + 3i(t) = 0$$
$$\Rightarrow v_C(t) + 6\frac{dv_C(t)}{dt} = 0 \qquad 5\text{-}53$$

식(5-46)으로부터 $v_C(t) = Ke^{at}$라고 추정하고 식(5-53)에 대입하면 다음과 같이 a의 값을 찾을 수 있다.

$$Ke^{at} + 6Kae^{at} = 0$$
$$\Rightarrow Ke^{at}(1+6a) = 0 \qquad 5\text{-}54$$
$$\therefore a = -\frac{1}{6}$$

여기서, 저항과 커패시터만 존재하는 이 회로의 시정수는 저항값과 커패시턴스를 곱한 6 임을 확인할 수 있다.

식(5-54)의 결과를 이용하면 커패시터 양단의 전압 $v_C(t)$는 다음 식으로 표현된다.

$$v_C(t) = Ke^{-\frac{t}{6}} [V] \; (t > 0) \qquad 5\text{-}55$$

K는 어떤 값이 되어도 식(5-53)의 미분방정식을 만족하므로 미분방정식 외에 추가적인 정보가 없이는 특정한 K 값을 정할 수가 없다. 그런데 이 회로는 $t < 0$초 동안 커패시터가 완충되어 있는 상태였으므로, $t = 0$초일 때 커패시터 양단의 값, 즉, $v_C(0) = 3 [V]$이어야 한다. (식(5-51)) 따라서 이 조건을 추가적으로 이용하면 다음과 같이 K이 값을 정할 수가 있다.

$$v_C(0) = Ke^{-\frac{0}{6}} = K = 3 \qquad 5\text{-}56$$

그러므로, 모든 t에 대하여 커패시터 양단의 전압 $v_C(t)$는 다음과 같이 표현된다.

$$v_C(t) = \begin{cases} 3 [V] \; (t < 0) \\ 3e^{-\frac{t}{6}} [V] \; (t \geq 0) \end{cases} \qquad 5\text{-}57$$

식(5-57)으로 나타낸 $v_C(t)$를 시간축의 그래프로 나타내면 다음 그림과 같은데, 시정수값인 $t = 6$은 $t = 0$일 때 그래프의 접선이 시간축과 만나는 지점임을 표시하였다. 이 사실은 시정수가 커질수록 지수함수 그래프의 변화속도가 완만해진다는 것을 기억하는데 큰 도움이 된다.

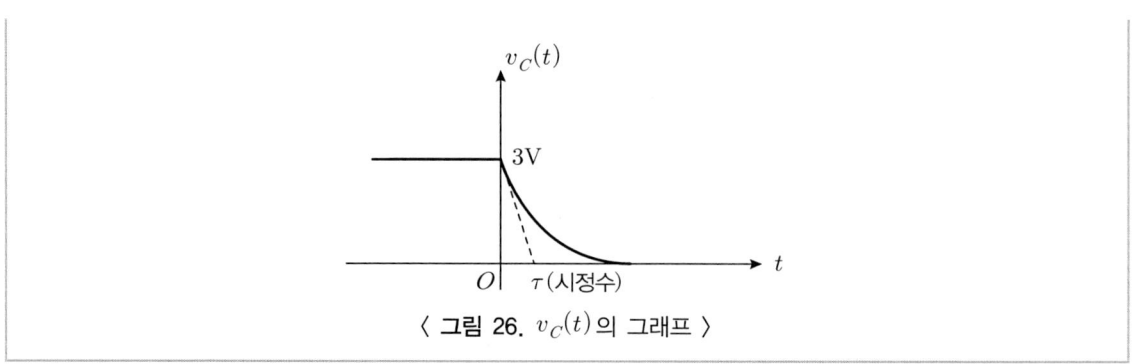

〈 그림 26. $v_C(t)$의 그래프 〉

7 RL 회로의 응답 해석

7.1 RL 직렬회로에 대한 미분방정식의 풀이와 그 의미

인덕터의 전압-전류 관계식을 알고 있으므로 저항과 인덕터가 포함된 회로의 수학적 해석도 회로를 지배하는 전압, 전류의 방정식만 찾으면 쉽게 가능하다. 6절에서 RC회로의 해석을 공부하면서 보았듯이, 전압과 전류의 관계식에 시간에 관한 미분이 포함되면 회로를 지배하는 방정식이 미분방정식의 형태를 띠게 되며 이는 RL 회로도 마찬가지이다. 따라서 RL 회로의 응답도 시간이 지나면 사라지는 과도응답(또는 자연응답)과 전원에 의해 지속적으로 나타나는 정상상태응답(또는 강제응답)의 합으로 나타날 것임을 짐작할 수 있다.

다음과 같이 스위치에 의해 $t=0$초에 직류 전원 V_0가 인가되는 RL 직렬회로를 생각해 보자.

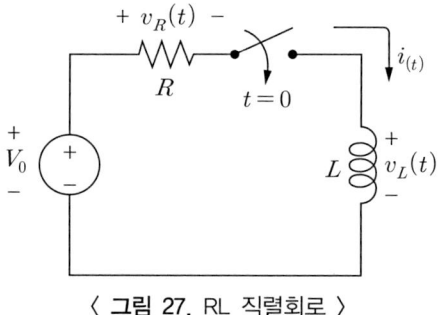

〈 그림 27. RL 직렬회로 〉

이 회로는 $t<0$초 동안은 전원이 공급되지 않았으므로 $i(0)=0[A]$이라는 초기 조건을 갖는다고 가정한다. 위의 회로를 해석한다는 것은, 각 소자에 걸린 전압과 전류를 모두 구하기 위한 연립방정식

5장. 에너지 저장 소자

을 세워 푸는 것인데, 여기서는 저항 R 양단의 전압 $v_R(t)$, 인덕터 L 양단의 전압 $v_L(t)$, 그리고 회로의 모든 소자에 흐르고 있는 전류 $i(t)$를 미지수로 보고 이들의 연립방정식을 세워 보자.

우선, 이 회로는 하나의 루프로만 구성되어 있고, 이 루프를 한 바퀴 돌면서 키르히호프 전압법칙을 적용하면 다음 방정식이 성립한다.

$$v_R(t) + v_L(t) = V_0 \quad \text{5-58}$$

그런데, $v_R(t)$와 $v_L(t)$는 루프를 흐르는 전류 $i(t)$와 다음의 관계식을 만족한다.

$$\begin{aligned} v_R(t) &= i(t)R, \\ v_L(t) &= \text{인덕터 양단에 발생되는 기전력} = L\frac{di(t)}{dt}. \end{aligned} \quad \text{5-59}$$

이제, 식(5-59)를 식(5-58)에 대입하면 다음과 같이 $i(t)$만 존재하는 방정식을 얻을 수 있다.

$$\begin{aligned} &Ri(t) + L\frac{di(t)}{dt} = V_0 \\ \Rightarrow\ &\frac{L}{R}\frac{di(t)}{dt} + i(t) = \frac{V_0}{R} \quad (\text{단}, i(0) = 0) \end{aligned} \quad \text{5-60}$$

이 미분방정식은 그 형태가 RC 직렬회로의 커패시터 양단 전압 $v_C(t)$에 관한 미분방정식 식(5-39)과 매우 유사하다. 식(5-60)은 RL 직렬회로의 전류에 관한 방정식이며, 상수나 계수만 다를 뿐이다. 따라서 이 방정식의 해 또는 완전응답도 식(5-46)과 같이 다음과 같은 형태를 띤다고 추정한다.

$$\begin{aligned} &i(t) = Ke^{at} + B \\ &i(t): \text{완전응답} \\ &Ke^{at}: \text{과도응답(자연응답)} \\ &B: \text{정상상태응답(강제응답)} \end{aligned} \quad \text{5-61}$$

위와 같이 추정한 해를 정확히 찾기 위해 (즉, K, a, B를 구하기 위해) 식(5-61)을 식(5-60)에 대입하면 다음과 같은 t에 관한 항등식을 얻게 된다.

$$\begin{aligned} &\frac{L}{R}aKe^{at} + (Ke^{at} + B) = \frac{V_0}{R} \\ \Rightarrow\ &(\frac{L}{R}a + 1)Ke^{at} + B = \frac{V_0}{R} \end{aligned} \quad \text{5-62}$$

위의 식이 t에 관한 항등식이 되기 위한 K, a, B의 값은 다음과 같이 구할 수 있다.

$$\frac{L}{R}a + 1 = 0 \Rightarrow a = -\frac{R}{L},$$
$$B = \frac{V_0}{R},$$
$$i(0) = K + B = 0 \Rightarrow K = -\frac{V_0}{R}.$$

5-63

따라서 식(5-60)의 미분방정식과 초기조건을 만족하는 $i(t)$의 함수식은 다음과 같다.

$$i(t) = -\frac{V_0}{R}e^{-\frac{t}{(L/R)}} + \frac{V_0}{R}$$
$$= \frac{V_0}{R}(1 - e^{-\frac{t}{(L/R)}}) \, [A]$$

5-64

RL 직렬회로의 전류를 찾았으므로 인덕터 양단의 전압 $v_L(t)$는 인덕터의 전압-전류 관계식으로부터 다음과 같이 쉽게 찾을 수 있다.

$$v_L(t) = L\frac{di(t)}{dt} = L \times \left(-\frac{V_o}{R} \times \left(-\frac{R}{L}\right)e^{-\frac{t}{(L/R)}}\right)$$
$$= V_0 e^{-\frac{t}{\tau}} \, [V] \, (\tau = \frac{L}{R})$$

5-65

RL 직렬회로의 시정수 $\tau = \dfrac{L}{R}$이며, 이 값이 작으면 전류 또는 전압의 변화하는 정도가 더 빨라지고 시정수가 크면 변화 정도가 느려진다. 식(5-64)와 식(5-65)로 표시한 인덕터에 흐르는 전류 $i(t)$와 양단 전압(기전력) $v_L(t)$의 시간축에 대한 그래프를 그리면 다음과 같다.

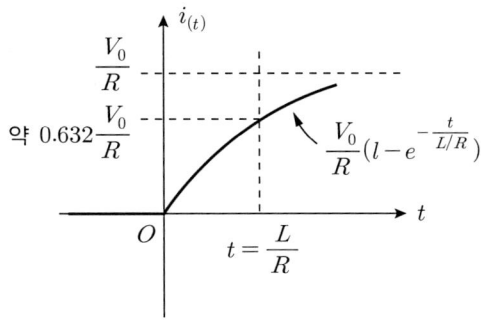

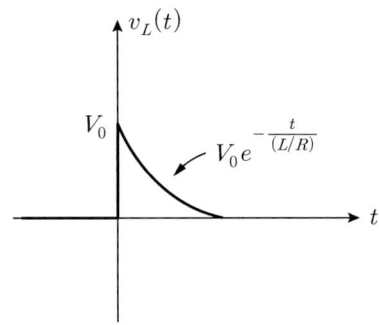

〈 **그림 28.** RL 직렬회로의 인덕터 전류와 전압의 파형 ($i(0)=0$을 만족하는 경우) 〉

그림 28로부터, 초기에 저장된 에너지가 없는 RL 직렬회로에 직류전원을 공급하면 인덕터는 안 흐르던 전류가 흐르기 시작하므로 그것을 거부하는 방향의 기전력을 V_0만큼 발생시키다가 전류의 변화가 줄어듦에 따라 결국 0으로 수렴하게 됨을 알 수가 있다. 충분한 시간이 지난 후 인덕터에 흐르는 전류는 전압원 V_0와 저항 R에 의해서만 결정되는 값, 즉, $\frac{V_0}{R}$로 수렴을 한다. 커패시터는 충방전을 하는 과정 때문에 전압이나 전류에 지수적인 과도현상이 나타나고, 인덕터는 전류의 흐름을 거부하는 방향으로 발생하는 기전력과 그에 따른 전류 변화량의 감소 때문에 지수적인 과도현상이 나타난다. 물리적인 원인은 매우 다르지만 현상을 지배하는 미분방정식의 모양이 유사하기 때문에 시간축의 변화 모습 또한 매우 비슷함에 유의하자.

예제 5-8

아래와 같이 $t<0$초 동안에는 A단자에 연결되어 있다가 $t=0$초일 때 B단자로 연결되는 스위치가 있는 회로에 대하여, 인덕터 양단의 전압 $v_L(t)$를 모든 시간에 대해 구하시오. 이것으로부터, $t=5$초일 때 인덕터 양단의 전압이 얼마인지 계산하시오.

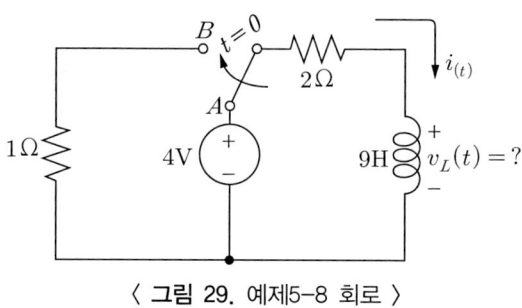

⟨ 그림 29. 예제5-8 회로 ⟩

풀이

이 회로는 $t=0$일 때 위치가 변하는 스위치가 있으므로 $t<0$일 때와 $t>0$일 때의 모양이 다르다. 우선, 스위치가 A단자에 연결되어 있는 동안인 $t<0$일 때의 회로는 다음과 같다.

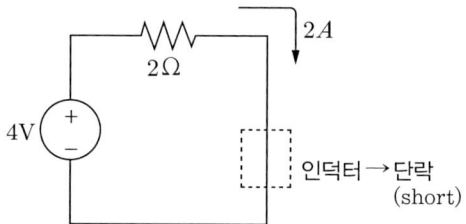

⟨ 그림 30. $t<0$일 때 회로의 모양(인덕터는 단락 상태) ⟩

$t<0$인 동안 스위치가 A단자에 연결되어 있었다는 것은 '충분히 오랜시간 동안' 그런 상태가 지속되었다는 것을 암묵적으로 표현하므로 인덕터는 전류 변화에 따른 기전력을 더 이상 발생시키지 않는 상태가 되어 양단의 전압은 0이라고 봐도 무방하다. 즉, 직류 전원에 의해 정상상태(steady-state)에 도달한 인덕터는 단락상태(short)라고 간주해도 나머지 회로에 주는 영향은 차이가 없다. 이것을 이용하면, $t<0$초 동안 이 회로의 인덕터에 흐르는 전류는 $4V$ 전압원과 2Ω 저항에 의해 결정되는 $2[A]$임을 쉽게 알 수가 있다. 따라서 $t<0$인 동안의 인덕터 양단 전압 $v_L(t)$와 그 때 흐르는 전류 $i(t)$는 다음과 같다.

$$v_C(t) = 0[V], \ i(t) = 2[A] \quad (t<0) \qquad 5\text{-}66$$

이제, 스위치가 B단자로 연결되는 $t>0$일 때의 회로를 생각해보자. 스위치가 B단자로 연결되면 직류전압원은 아무런 역할을 하지 않으며 (전류가 흐르지 않음), 1Ω과 2Ω저항, 그리고 $9H$ 인덕터가 직렬로 연결된 다음 회로만 남게 된다.

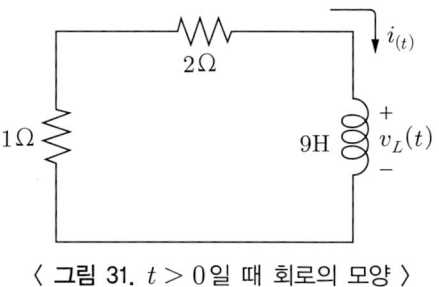

〈 그림 31. $t>0$일 때 회로의 모양 〉

이 회로에서 키르히호프 전압법칙을 적용하면 다음과 같이 인덕터를 통하여 흐르는 전류 $i(t)$에 관한 다음의 미분 방정식을 얻을 수 있다. (식(5-66)에 의해 이 미분방정식의 추가적인 조건 $i(0)=2[A]$를 함께 고려한다.)

$$3i(t)+v_L(t)=0,\ v_L(t)=9\frac{di(t)}{dt}$$
$$\therefore i(t)+3\frac{di(t)}{dt}=0\ (단, i(0)=2[A])$$

5-67

전원이 없기 때문에 상수항이 0이므로 이 미분방정식의 해 $i(t)=Ke^{at}$라고 추정할 수 있으며, 이것을 식(5-67)에 대입하면 다음과 같이 K, a 값을 얻을 수 있다.

$$Ke^{at}+3Kae^{at}=Ke^{at}(1+3a)=0,$$
$$i(0)=2$$
$$\therefore a=-\frac{1}{3},\ K=2$$

5-68

따라서 $t>0$초 동안의 인덕터 전류 $i(t)$와 양단 전압 $v_L(t)$는 다음의 식으로 표현된다.

$$i(t)=2e^{-\frac{t}{3}}\ [A],$$
$$v_L(t)=9\frac{di(t)}{dt}=-6e^{-\frac{t}{3}}\ [V].$$

5-69

여기서, 저항과 인덕터만 존재하는 이 회로의 시정수는 인덕턴스 $9H$를 총저항값 3Ω으로 나눈 3임을 확인할 수 있다.

식(5-66)과 식(5-69)를 종합하면 모든 시간 t에 대하여 인덕터를 흐르는 전류 $i(t)$와 그 때 양단의 전압 $v_L(t)$는 다음과 같이 표현된다.

$$i(t) = \begin{cases} 2[A] & (t<0) \\ 2e^{-\frac{t}{3}}[A] & (t \geq 0) \end{cases}$$

$$v_L(t) = \begin{cases} 0[V] & (t<0) \\ -6e^{-\frac{t}{3}}[V] & (t \geq 0) \end{cases}$$

5-70

따라서 $t=5$초일 때 인덕터 양단의 전압은 다음과 같다.

$$v_L(5) = -6 \times e^{-\frac{5}{3}} \approx -1.13[V]$$

5-71

아래 그림은 식(5-70)으로 나타낸 인덕터의 전류 $i(t)$와 전압 $v_L(t)$의 시간축의 그래프이다. $t<0$초 동안 저장되었던 에너지를 이용하여 전압원이 제거된 $t>0$초 동안에도 과도적인 전류가 흐르다가 시간이 충분히 지나면 인덕터를 흐르는 전류와 양단의 전압은 0으로 수렴한다는 것을 알 수가 있다.

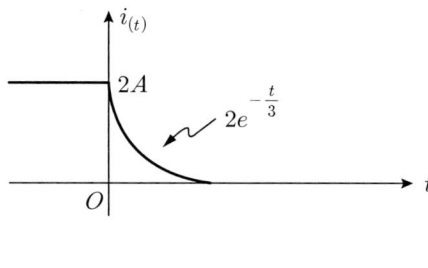

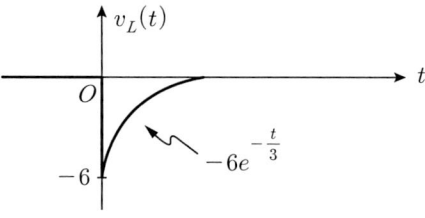

〈 그림 32. $i(t)$와 $v_L(t)$의 그래프 〉

8 RLC 회로의 완전응답 해석

8.1 에너지 저장 소자의 개수와 미분방정식의 차수

앞서 살펴본 RC 또는 RL 회로는 에너지 저장 소자가 1개 존재하는 회로로서 1차 미분방정식으로 회로 상태가 표현되었다. 이것을 확장하여 에너지 저장 소자가 2개 이상이 되면 회로의 미분방정식은 어떻게 될까? 짐작한대로 미분방정식의 차수 (= 방정식에 최대 몇 번까지 미분한 식이 포함되어 있는가)는 에너지 저장 소자의 개수와 일치한다. 다만, 이때 에너지 저장 소자의 개수라 함은 더 이상 간략히 축약되지 않는 것의 개수를 의미하니 주의하기 바란다.

> **예제 5-9**
>
> 아래의 회로에는 커패시터가 2개, 인덕터가 3개 포함되어 있다. 이 회로는 몇 차 회로인가?
>
>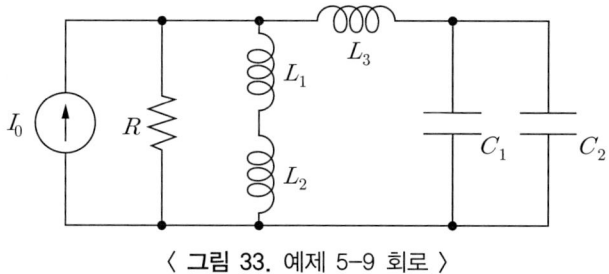
>
> 〈 그림 33. 예제 5-9 회로 〉
>
> **풀이**
>
> 이 회로에는 에너지 저장소자가 총 5개 포함되어 있으므로 '5차 회로'라고 생각할 수 있으나 회로의 차수를 얘기할 때 에너지 저장소자의 개수란 '더 이상 등가소자로 줄일 수 없는 에너지 저장소자의 개수'를 의미한다. 그림 32 회로에서 직렬로 연결된 인덕터 L_1, L_2는 하나의 등가 인덕터로 바꿀 수 있고, 병렬로 연결된 커패시터 C_1, C_2 또한 등가 커패시터 하나로 대체할 수 있다. 따라서 그림 32의 회로는 아래 그림과 같은 등가회로로 변경 가능하며 이 회로에는 에너지 저장소자가 총3개 (L_3, L_4, C_3) 포함되어 있으므로 그림 32의 회로는 '3차 회로'이다.

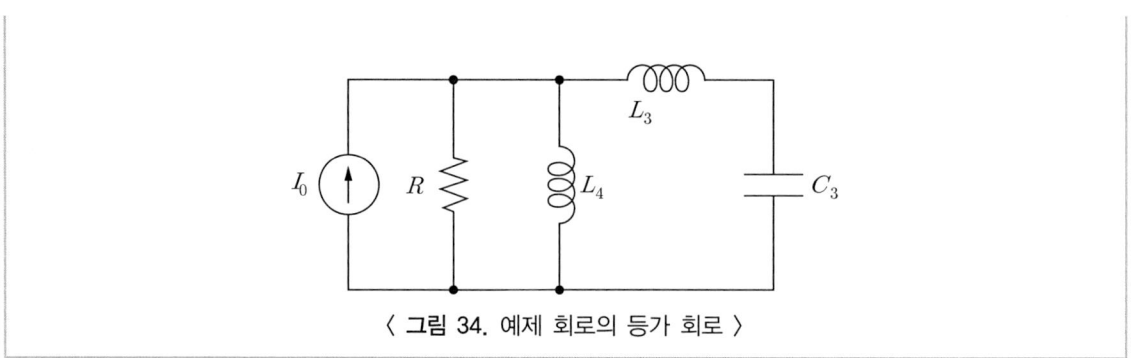

〈 그림 34. 예제 회로의 등가 회로 〉

8.2 RLC 회로의 미분방정식

지금까지는 에너지 저장 소자인 커패시터와 인덕터의 전압-전류 관계식을 공부하고 이것들이 한 개만 포함된 회로를 해석하는 방법을 알아보았다. 앞서 설명한대로 에너지 저장 소자가 2개 존재하면 회로의 미분방정식 또한 2차 미분방정식이 된다. 저항, 커패시터, 인덕터가 직렬로 연결된 다음의 RLC 직렬회로는 대표적인 2차 회로로서 이 회로의 상태를 나타내는 미분방정식을 살펴보자.

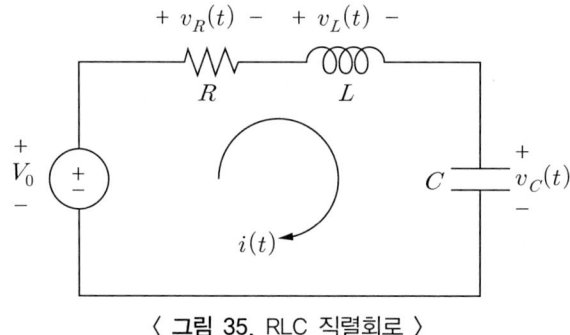

〈 그림 35. RLC 직렬회로 〉

위 회로에 존재하는 소자별 전압, 전류에 관한 방정식과 회로에 의해 형성되는 키르히호프 전압, 전류법칙을 적용하면 다음과 같이 커패시터 양단의 전압 $v_C(t)$로만 표현되는 미분방정식을 얻을 수 있게 된다.

$$v_L(t) + v_R(t) + v_C(t) = V_0$$
$$\Rightarrow L\frac{di(t)}{dt} + Ri(t) + v_C(t) = V_0$$

위 식에 $i(t) = C\dfrac{dv_C(t)}{dt}$ 를 대입하면,

$$LC\frac{d^2v_C(t)}{dt^2} + RC\frac{dv_C(t)}{dt} + v_C(t) = V_0.$$

5-72

이 미분방정식에는 커패시터 양단의 전압 $v_C(t)$에 대한 시간축 미분이 2번까지 되는 식이 포함되어 있으므로 2차 미분방정식임을 알 수 있다. 이와 같이 에너지 저장소자가 2개 포함된 2차 회로는 2차 미분방정식을 풀이함으로써 회로를 완전히 해석할 수가 있다.

이번에는 다음과 같이 저항, 커패시터, 인덕터가 병렬로 연결된 RLC 병렬회로를 생각해 보자. RLC 병렬회로 또한 2차 회로이므로 2차 미분방정식이 등장할 것임을 짐작할 수 있다.

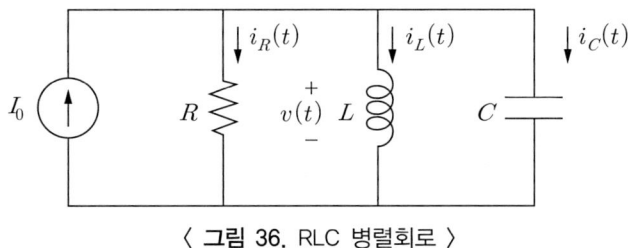

〈 그림 36. RLC 병렬회로 〉

이 회로에서는 전류원의 전류 I_o와 RLC 각 소자에 흐르는 전류간에 성립하는 키르히호프 전류법칙을 적용하여 다음과 같이 $i_L(t)$에 관한 방정식을 찾을 수 있다. (어떤 전류 또는 전압에 관한 방정식을 찾을 것인지는 전적으로 주어진 문제가 1차적으로 묻는 것이 무엇인가에 달려있으며 어떤 전압, 전류 값에 대해서도 방정식을 세울 수 있음에 유의하자.)

$$i_R(t) + i_L(t) + i_C(t) = I_o$$
$$v(t) = L\frac{di_L(t)}{dt} \text{이므로,}$$
$$i_R(t) = \frac{v(t)}{R} = \frac{L}{R}\frac{di_L(t)}{dt},$$
$$i_C(t) = C\frac{dv(t)}{dt} = LC\frac{d^2i_L(t)}{dt^2}$$
$$\therefore LC\frac{d^2i_L(t)}{dt^2} + \frac{L}{R}\frac{di_L(t)}{dt} + i_L(t) = I_o$$

5-73

그림 36의 RLC 병렬회로 또한 2차 회로이므로 찾고자 하는 전류 $i_L(t)$ 역시 2차 미분방정식을 만족함을 확인할 수 있다.

8.3 RLC 회로의 완전응답

식(5-72) 및 식(5-73)과 같이 표현되는 RLC 회로의 2차 미분방정식은 일반적으로 다음 식과 같이 표현할 수 있다.

$$\frac{d^2 x(t)}{dt^2} + a_1 \frac{dx(t)}{dt} + a_2 x(t) = f(t) \qquad 5\text{-}74$$

여기서 a_1, a_2는 소자의 값으로 결정되는 상수이고 $f(t)$는 전원에 따라 결정되는 시간적인 함수이다. 이 2차 미분방정식의 해는 식(5-45)와 마찬가지로 과도응답 (또는 자연응답) $x_n(t)$ 와 정상상태응답 (또는 강제응답) $x_f(t)$의 합으로 표현된다. 1차 미분방정식과 달리 2차 미분방정식의 $x_n(t)$는 a_1과 a_2로 만들어지는 이차방정식 $s^2 + a_1 s + a_2 = 0$의 해의 종류에 따라 다음 그림과 같이 3가지의 형태를 띠게 되는데 자세한 수학적 설명은 이 책의 범위를 벗어나므로 생략한다. 다만 꼭 기억할 것은 그 형태야 어찌되었건 시간이 지남에 따라 사라지는 과도응답이 언제나 완전응답의 일부로 포함되어 있으며 과도응답은 회로를 구동하는 전원이 아니라 기준 시간(일반적으로 $t = 0$초)에서 에너지 저장 소자가 가지고 있던 초기 에너지 값이 그 원인이라는 것이다. 만약 초기 에너지 값이 모두 0이었다면 과도응답 역시 나타나지 않는다.

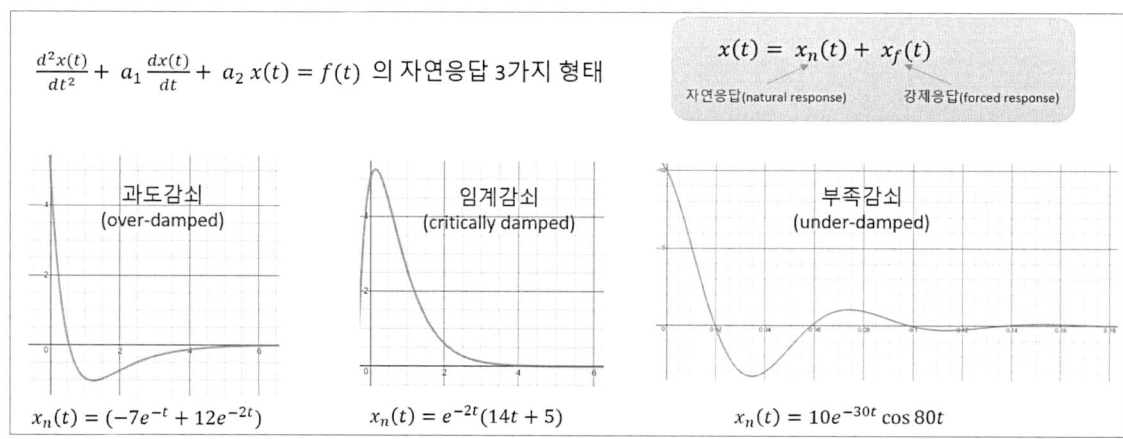

〈 그림 37. RLC 회로의 과도응답(자연응답) 3가지 형태 〉

RL 및 RC 회로와 마찬가지로 RLC 회로의 정상상태응답(또는 강제응답)은 전원이 어떤 함수인가에 따라 결정된다. 다음 표는 식(5-74)의 $f(t)$에 따른 정상상태응답의 형태가 어떻게 될 것인지를 정리한 것이다.

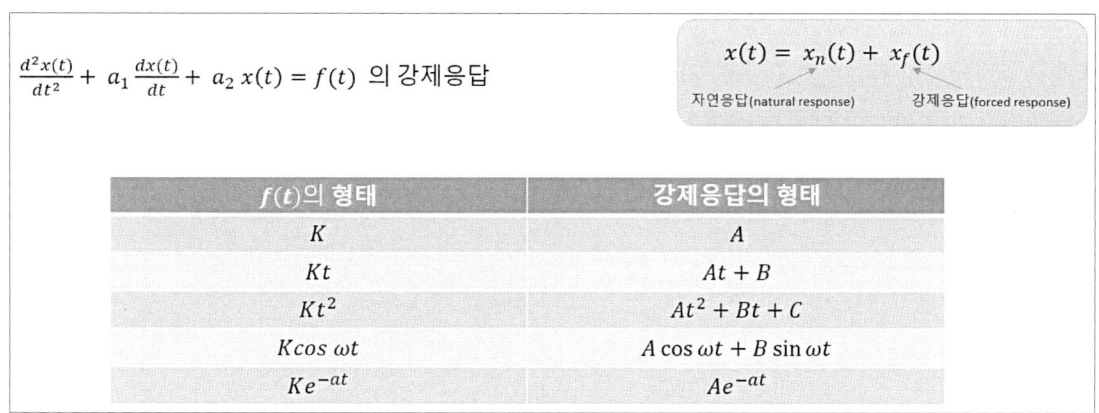

〈 그림 38. RLC 회로의 정상상태응답(강제응답) 형태 〉

만약 정현파(사인 또는 코사인 파형) 전원으로 구동되는 어떤 RLC 회로의 과도응답(또는 자연응답)이 '과도감쇠'의 형태를 가진다면 이 회로의 완전응답은 다음 그림과 같은 형태를 띨 것이다.

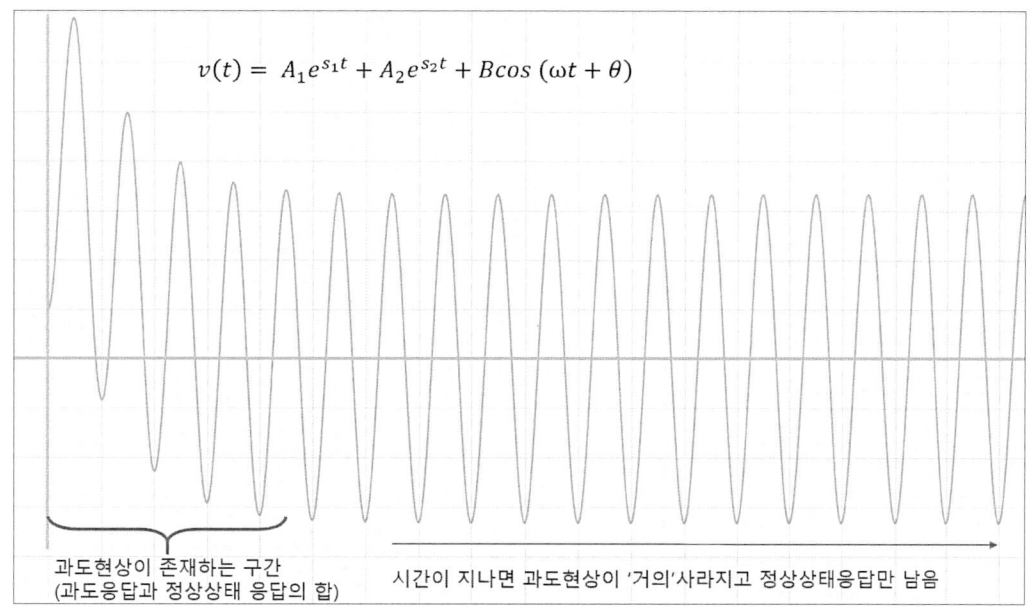

〈 그림 39. 정현파 전원으로 구동되는 RLC 회로의 완전응답 예 〉

이제 에너지 저장 소자가 포함된 회로는 미분방정식으로 표현되며 회로의 완전응답에는 에너지 저장 소자의 초기 에너지에 의해 발생하는 일종의 과도현상이 포함됨을 확인하였다. 그런데 여기서 중요한 관찰은 과도현상이 사라진 후의 완전응답은 그 형태가 더 이상 변화하지 않는 정상상태응답으로 환원된다는 것이다. 특히 전원이 정현파로 나타나는 경우 그림 39와 같이 그 정상상태응답 역시 정현파로 나타남을 알 수 있는데 우리는 이 성질을 이용하여 전원이 정현파인 회로, 즉 교류회로(AC circuit)의 정상상태응답을 해석하는 독특한 기법을 다음 장부터 배우게 될 것이다. 기억할 것은, 그 기법은 더 이상 복잡한 미분방정식을 풀지 않아도 되며 이 책에서 직접 풀지 않은 RLC 회로는 물론, 에너지 저장 소자가 3개 이상인 회로도 척척 풀게 해 준다는 것이다!

단원 마무리

1. 에너지 저장 소자의 개념
   - 에너지 저장 소자는 소모 전력이 때로는 음수가 될 수 있는 회로 소자로서 에너지를 저장했다가 다시 방출(생성)하는 성질이 있다.
   - 커패시터와 인덕터는 대표적인 에너지 저장 소자이다.
2. 커패시터의 원리와 전압-전류 특성식
   - 커패시터는 전기장의 형태로 에너지를 저장할 수 있는 소자이다.
   - 커패시터에 흐르는 전류는 커패시터 양단 전압의 시간적인 변화율에 비례한다.
3. 커패시터의 연결
   - 커패시터를 직렬로 연결한 경우 등가 커패시턴스는 1/(각 커패시턴스 역수의 합)과 같다.
   - 커패시터를 병렬로 연결한 경우 등가 커패시턴스는 각 커패시턴스의 합과 같다.
4. 인덕터의 원리와 전압-전류 특성식
   - 인덕터는 패러데이의 법칙에 따른 전자기유도현상을 이용하는 소자로서 전류의 변화에 비례하는 기전력을 발생시킨다.
   - 전류의 변화와 기전력의 방향은 렌츠의 법칙에 따라 정해지는데 전류의 변화를 저지하는 방향으로 기전력이 발생한다.
5. 인덕터의 연결
   - 인덕터를 직렬로 연결한 경우 등가 인덕턴스는 각 인덕턴스의 합과 같다.
   - 인덕터를 병렬로 연결한 경우 등가 인덕턴스는 1/(각 인덕턴스 역수의 합)과 같다.
6. RC 회로의 응답 해석
   - 회로에 가하는 전원에 따라 결정되는 각 회로소자의 전압, 전류의 상태를 회로의 응답이라고 한다.
   - 회로의 응답은 평형상태가 깨어진 후 일시적으로 나타났다가 소멸하는 과도응답과 과도응답이 사라진 후 동일한 모양이 지속되는 정상상태응답으로 나눌 수 있다.
   - 회로에 과도응답이 나타나는 이유는 과거를 기억하는 소자가 있기 때문이다. 따라서 회로의 과도응답은 과거를 기억할 수 있는 커패시터 또는 인덕터 같은 에너지 저장 소자가 있을 때 발생한다.
   - 자연의 상태를 나타내는 물리량의 시간적 공간적 분포는 많은 경우 미분방정식으로 기술된다.
   - 가장 간단한 형태인 1차 미분방정식은 그 해가 지수함수 형태로 나타난다고 합리적인 추정을 하고 풀면 된다.
   - 저항(R)과 커패시터(C) 하나만으로 구성된 RC 회로를 지배하는 상태 방정식은 회로이론에 등장하는 대표적인 1차 미분방정식이다.
   - 따라서 이 미분방정식의 해는 지수함수 형태를 띠며 이것으로부터 커패시터의 충방전 그래프를 그릴 수 있다.
7. RL 회로의 완전응답 해석
   - 저항(R)과 인덕터(L) 하나만으로 구성된 RL 회로를 지배하는 상태 방정식은 회로이론에 등장하는 대표적인 1차 미분방정식이다.

- 따라서 이 미분방정식의 해는 지수함수 형태를 띠며 이것은 RC 회로의 해와 매우 유사하다.

8 RLC 회로의 완전응답 해석
- 회로에 더 이상 축약할 수 없는 에너지 저장 소자가 N개 있는 회로를 N차 회로라고 한다.
- N차 회로는 N차 미분방정식을 풀어 해석해야 하는데 N〉3인 경우 일반적인 풀이는 매우 어려우며 컴퓨터 시뮬레이션을 활용하여 해석할 수 있다.
- 회로에 인덕터(L)와 커패시터(C)가 각각 하나씩 존재하는 회로를 RLC 회로라고 하며 대표적인 2차 회로이다.
- RLC 회로는 2차 미분방정식으로 해석할 수 있다.

RLC 회로의 어떤 전압이나 전류 응답은 항상 전원에 영향을 받지 않는 자연응답(natural response)과 전원에 의해 결정되는 강제응답(forced response)의 합으로 나타난다.

생각해 봅시다

- **질문1**: 저항의 전압-전류 특성식은 가로축을 전압, 세로축을 전류로 하는 평면에서 직선으로 나타난다. 커패시터의 전압-전류 특성식은 어떤 모양으로 나타날까?
- **의견**: 커패시터의 전압-전류 특성식은 $i(t) = C\dfrac{dv(t)}{dt}$ 로서, 전압의 값과 전류의 값이 1:1로 대응되는 관계식이 아니다. 따라서 전압-전류 특성식만으로 전압과 전류가 어떤 대응을 할지는 알 수가 없다. 즉, 전압-전류 평면에서 어떤 모양이 될지 알 수 없다.
- **질문2**: 커패시터와 인덕터는 '기억'을 할 수 있는 소자라고도 한다. 그 이유가 무엇인지 전압-전류 특성식을 이용하여 설명하시오.
- **의견**: 저항의 전압과 전류는 바로 그 순간의 전압 또는 전류값으로만 유일하게 결정이 된다. 그러나 커패시터와 인덕터의 전압과 전류는 한쪽의 시간적 변화율로 나타나므로 특정 순간 뿐 아니라 과거로부터 현재까지 어떻게 변해왔는지의 추이를 알아야 정확히 결정할 수 있다. 따라서 현재의 값이 과거의 추이에 따라 결정되므로 과거를 기억하는 소자라고도 부르는 것이다.
- **질문3**: RC 직렬회로에서 커패시턴스 C가 점점 커지면 과도응답이 존재하는 구간은 길어질까 짧아질까?
- **의견**: 과도응답이 존재하는 시간과 관련된 것이 바로 시정수(time constant)로서, RC 직렬회로에서는 시정수 = RC [sec] 이다. 따라서 C가 커지면 시정수도 커지며 이것은 과도응답이 존재하는 시간이 길어진다는 것을 의미한다. 한편 이 결론은 "더 큰 커패시터를 충전하거나 방전하는데 걸리는 시간은 작은 커패시터일 때보다 오래 걸릴 것이다"는 추론으로부터 동일하게 유추할 수 있다.
- **질문4**: RLC 회로의 자연응답을 과도응답(transient response)이라고도 한다. 그 이유는 무엇일까?
- **의견**: 자연응답은 모두 시간이 지남에 따라 그 크기가 0에 수렴하는 특징을 갖는다. 즉, 완전응답에 포함된 자연응답의 영향은 시간이 지날수록 점점 사라지며 이러한 특성 때문에 자연응답을 과도적으로만 나타나는 응답이라는 의미에서 과도응답이라고도 부른다.

5장   개념정리 O, X 퀴즈

1. 용량값(커패시턴스)이 서로 다른 커패시터 양단에 동일한 전압이 걸린 경우 커패시터에 저장된 전하량은 커패시턴스가 큰 쪽이 더 크다. (O, ×)

2. 커패시터의 전압과 전류 관계식은 $i_C(t) = C\dfrac{dv_C(t)}{dt}$ 이다. 여기서 커패시터의 전류 $i_C(t)$는 커패시터 양단의 전압이 변할 때 커패시터를 관통하여 흐르는 전류의 크기를 의미한다. (O, ×)

3. 커패시터를 직, 병렬로 연결한 경우 합성 커패시턴스를 구하는 방법은 저항의 경우와 동일하다. (O, ×)

4. 커패시터 양단의 전압이 시간적으로 변화하지 않으면 커패시터는 끊어진 회로와 동등하다. (O, ×)

5. 커패시터에 흐르는 전류의 크기는 커패시터 양단의 전압의 크기 및 커패시턴스에 비례한다. (O, ×)

6. 커패시터는 자기장의 형태로, 인덕터는 전기장의 형태로 에너지를 저장한다. (O, ×)

7. 어느 순간 커패시터와 인덕터는 에너지를 소모하는 것으로 보일 수 있다. (O, ×)

8. 어느 순간 커패시터와 인덕터는 에너지를 생성하는 것으로 보일 수 있다. (O, ×)

9. RC 직렬회로의 시정수 $\tau = R \times C$이다. 따라서 $R \times C$값이 커질수록 커패시터 양단 전압의 시간적인 변화 속도는 느려진다. (O, ×)

10. 인덕터 양단의 전압이 시간적으로 변화하지 않으면 인덕터는 단락된 회로와 동등하다. (O, ×)

11 커패시턴스와 인덕턴스의 단위는 서로 역수관계이다. (○, ×)

12 저항의 단위는 $[\Omega]$, 커패시턴스의 단위는 $[F]$이므로 $[F]$는 $\frac{[\sec]}{[\Omega]}$과 같은 단위이다.
(○, ×)

13 RC 또는 RL 회로를 지배하는 미분방정식의 해에는 반드시 지수함수가 포함된다. (○, ×)

14 RC 또는 RL 회로를 구동하는 전원이 시간적으로 어떤 함수인가에 따라 미분방정식의 해에 포함된 지수함수의 지수는 달라질 수 있다. (○, ×)

15 R, L, C가 모두 포함된 회로를 구동하는 전원이 시간적으로 변하지 않는 직류전원인 경우, 충분히 오랜 시간이 지난 후 모든 커패시터는 오픈회로로, 모든 인덕터는 단락회로로 대치하여도 상관없다. (○, ×)

[5장 퀴즈 정답 및 해설]

1	2	3	4	5	6	7	8	9	10	11	12	13	14	15
O	X	X	O	X	X	O	O	O	X	X	O	O	X	O

1. 용량값(커패시턴스)의 정의식은 $C = \dfrac{Q}{V}$ 이다. 따라서, 전압 V가 동일하다면 커패시턴스 C와 충전된 전하량 Q는 서로 비례한다.
2. 커패시터의 전류 i_C는 실제로 전하가 커패시터를 '통과' 하여 흐르는 것이 아니라 도체 평판에 서로 다른 극성의 전하가 모이는 양을 묘사하는 것이다.
3. 커패시터의 직병렬 합성 방법은 저항과 반대이다.
4. 커패시터의 전류 $i_C(t) = C\dfrac{dv_C(t)}{dt}$ 이다. 따라서 전압이 시간적으로 변하지 않으면 커패시터는 전류가 흐르지 않는 상태, 즉, 개방회로와 동등해진다.
5. 커패시터의 전류 $i_C(t) = C\dfrac{dv_C(t)}{dt}$ 이다. 따라서 커패시터에 흐르는 전류는 커패시턴스 C와 전압의 시간적 변화율에 비례하며, 순간적인 전압의 크기 자체와는 아무런 상관이 없다.
6. 커패시터는 전기장의 형태로, 인덕터는 자기장의 형태로 에너지를 저장한다.
7. 커패시터와 인덕터의 전압과 전류의 곱은 순간 순간 +가 될 수도, -가 될 수도 있다.
8. 커패시터와 인덕터의 전압과 전류의 곱은 순간 순간 +가 될 수도, -가 될 수도 있다.
9. RC 직렬회로의 시정수는 커패시터 양단의 전압이 얼마나 빨리 증감(충방전)하는지를 가늠해준다.
10. 인덕터 양단의 전압 $v_L = L\dfrac{di_L(t)}{dt}$ 이다. 따라서 전류가 시간적으로 변화하지 않으면 양단 전압은 언제나 0V이며 이것은 단락회로와 동등하다.
11. 커패시터와 인덕터는 회로의 전압, 전류 측면에서 서로 거울 같은 존재이지만 커패시턴스와 인덕턴스가 역수인 것은 아니다.
12. RC 회로의 시정수 $= R \times C$인데 시정수의 단위는 [sec]이다. 따라서 $[\Omega] \times [F] = [\text{sec}]$이다.
13. RC 또는 RL 회로를 지배하는 1차 미분방정식은 전원이 무엇이냐에 상관없이 항상 동일한 지수함수로 표현되는 과도응답을 갖는다.
14. RC 또는 RL 회로를 지배하는 1차 미분방정식은 전원이 무엇이냐에 상관없이 항상 동일한 지수함수로 표현되는 과도응답을 갖는다.
15. 전원이 시간적으로 변하지 않으면 궁극적으로 회로의 모든 상태는 시간적으로 변하지 않게 된다. 커패시터의 전압, 전류가 시간적으로 변하지 않는다는 것은 커패시터가 개방회로일 때 가능하다. 인덕터의 전압, 전류가 시간적으로 변하지 않는 것은 인덕터가 단락회로일 때 가능하다.

5장　연습문제

1　다음 소자의 전력 소모/생성 상태를 설명하시오.

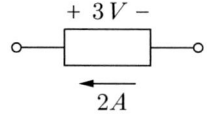

2　다음은 전원 $v_s(t)$의 시간에 대한 파형과 이 전원과 저항, 커패시터로 구성된 회로이다. 이 회로에서 $t=5(\sec)$ 일 때 전원이 공급하는 전류 $i_s(t)$를 구하고자 한다. 물음에 답하시오.

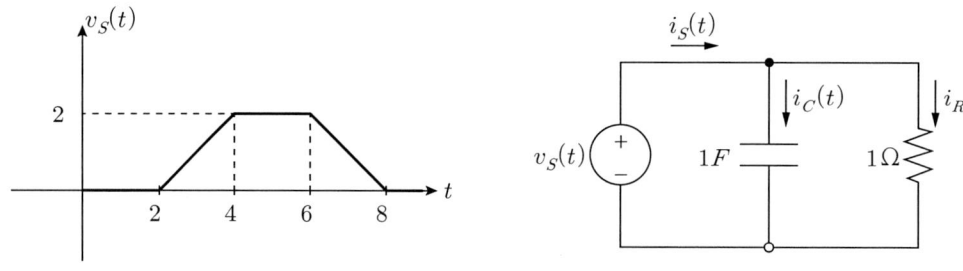

1) $t=5(\sec)$ 일 때, 1Ω 저항에 흐르는 전류 $i_R(t)$를 구하시오.

2) $t=5(\sec)$ 일 때, $1F$ 커패시터에 흐르는 전류 $i_C(t)$를 구하시오.

3) $t=5(\sec)$일 때, 전원이 공급하는 전류 $i_s(t)$를 구하시오.

3　$20[\mu F]$ 커패시터에 $i(t)=10e^{-20t}[mA]$의 전류가 흐르고 있다고 한다. 이 커패시터 양단의 전압 $v(t)$의 $t=0$일 때 값 $v(0)=50[V]$라고 할 때, $t>0$인 동안 $v(t)$를 구하시오.

4 아래 회로에서 커패시터 양단의 전압 $v(t) = 10(1-e^{-3t})\,[V]$로 주어졌을 때, 물음에 답하시오.

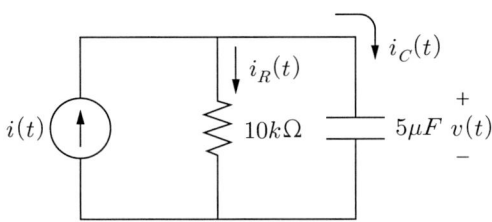

1) $5[\mu F]$ 커패시터에 흐르는 전류 $i_C(t)$를 구하시오.

2) $10[k\Omega]$ 저항에 흐르는 전류 $i_R(t)$를 구하시오.

3) 1), 2)의 결과로부터 전류원 $i(t)$의 식을 구하시오.

5 다음 회로의 X-Y 단자로 바라본 등가 커패시턴스는 얼마인가?

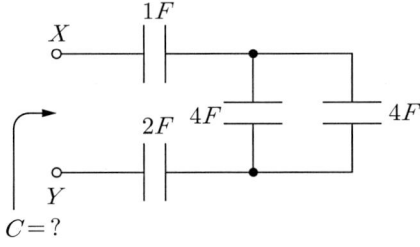

6 다음은 인덕턴스 L의 값을 모르는 인덕터 양단의 전압 $v(t)$와 인덕터를 통해 흐르는 전류 $i(t)$의 그래프를 나타낸 것이다. 인덕턴스 L의 값을 찾기 위한 다음의 물음에 답하시오.

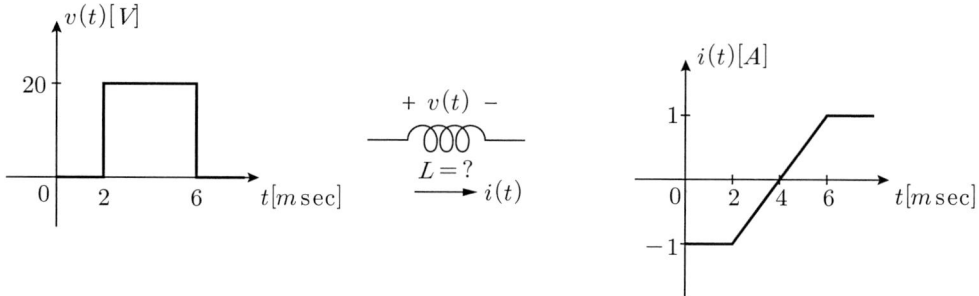

1) $2msec \leq t \leq 6msec$인 구간에서 전류 $i(t)$의 시간에 대한 변화율은 얼마인가?

2) 인덕턴스를 인덕터의 전압, 전류로 표현한 식으로 올바른 것은?

① $L = v(t) \times (\dfrac{di(t)}{dt})$ ② $L = v(t) \times (\dfrac{di(t)}{dt})^{-1}$

③ $L = v(t)^{-1} \times (\dfrac{di(t)}{dt})^{-1}$ ④ $L = v(t)^{-1} \times (\dfrac{di(t)}{dt})$

3) 6, 7번 문제의 결과를 이용하여 인덕턴스 L의 값을 구하시오.

7 다음은 전류원 $i(t)$에 저항과 인덕터의 직렬연결회로로 모델링한 모터가 연결된 회로이다. 여기서, $i(t) = 10(1-e^{-5t})[A]$로 주어졌을 때, 모터 양단 $(X-Y)$의 전압 $v(t)$를 구하시오.

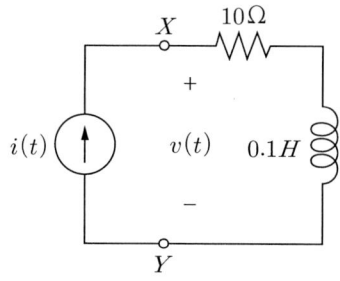

8 다음 회로에서 0.1[H] 인덕터에 흐르는 전류 $i_L(t) = 3 + e^{-10t}[A]$로 주어졌을 때, 저항 R의 값을 구하시오.

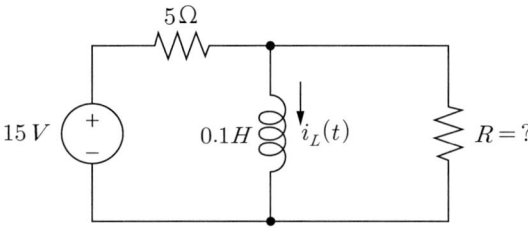

9 다음 회로의 X-Y 단자로 바라본 등가 인덕턴스는 얼마인가?

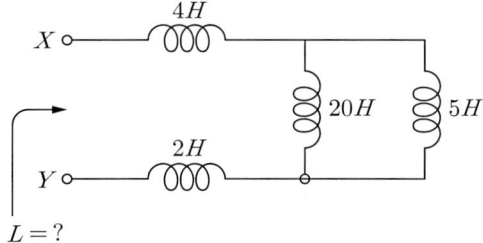

10 다음 중 저항, 커패시터, 인덕터에 대한 설명으로 틀린 것은? (전압과 전류는 수동부호규약을 따른다고 가정)
① 저항의 전압과 전류의 곱은 언제나 양수이다.
② 커패시터의 전압과 전류의 곱은 언제나 음수이다.
③ 인덕터는 전압, 전류가 시간에 대해 일정한 회로에서 단락회로와 동등하다.
④ 커패시터는 전압, 전류가 시간에 대해 일정한 회로에서 개방회로와 동등하다.

11 다음 회로의 스위치가 $t=0$초가 되기까지 계속 열려 있다가 $t=0$초일 때 닫힌다고 한다. $1[H]$ 인덕터에 흐르는 전류를 $i_L(t)$, $1[\mu F]$ 커패시터 양단의 전압을 $v_C(t)$라고 할 때, 물음에 답하시오.

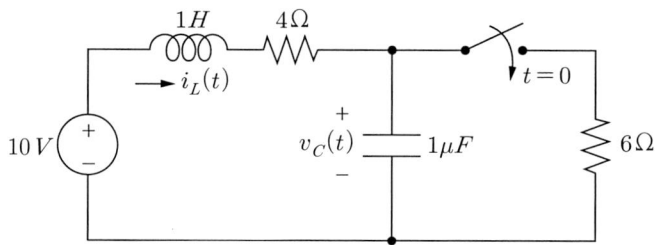

1) $t=0$초에서 스위치가 닫힌 직후 인덕터에 흐르는 전류 $i_L(0^+)$와 커패시터 양단의 전압 $v_C(0^+)$를 각각 구하시오.

2) 스위치가 닫힌 후 충분히 긴 시간이 흐른 후 인덕터에 흐르는 전류 $i_L(\infty)$와 커패시터 양단의 전압 $v_C(\infty)$를 각각 구하시오.

12 다음은 t에 관한 미분방정식이다. 이 방정식의 해 $x(t)$는 t에 관한 지수함수 형태가 될 것이라는 추정을 할 수 있는데 그 이유는 무엇인가?

$$2\frac{dx(t)}{dt} + 3x(t) = 0$$

① 지수함수는 미분했을 때 동일한 지수를 갖는 지수함수가 나오기 때문
② 삼각함수를 지수함수로 표현할 수 있기 때문
③ 지수함수는 항상 0보다 크기 때문
④ 지수함수는 최대값이 없기 때문

13 RL 회로와 RC 회로의 공통점으로 옳은 것은?

① 에너지 저장 소자가 2개 있는 회로이다.

② 1차 미분방정식으로 회로의 상태(전압, 전류)를 구할 수 있다.

③ 모두 자기장의 형태로 에너지를 저장하는 회로이다.

④ 불연속적인 전압의 변화가 허용되지 않는다.

14 다음 회로의 다음 회로의 스위치가 $t=0$초가 되기까지 계속 닫혀 있다가 $t=0$초일 때 열린다고 할 때 $t>0$초에서 $\frac{1}{4}[F]$ 커패시터 양단의 전압 $v(t)$를 구하고자 한다. 다음 물음에 답하시오.

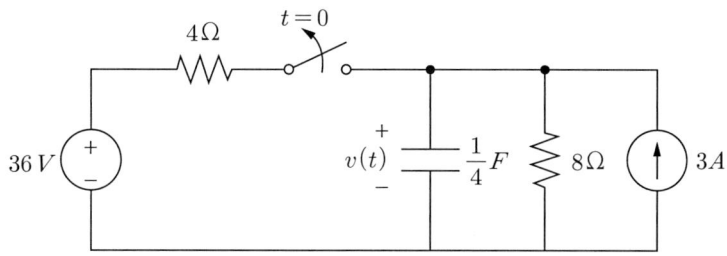

1) $t=0$초일 때 커패시터 양단의 전압 $v(0)$를 구하시오.

2) $t>0$초일 때 회로도를 그리고, 이 회로에서 $v(t)$에 관한 미분 방정식을 세우시오.

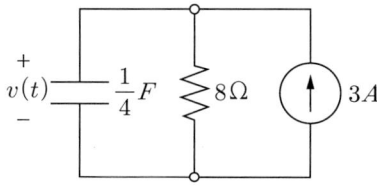

3) 1), 2)의 결과를 이용하여 $t>0$초에서 $v(t)$를 구하시오.

15 다음 회로의 다음 회로의 스위치가 $t=0$초가 되기까지 계속 열려 있다가 $t=0$초일 때 닫힌다고 할 때 $t>0$초에서 $4[H]$ 인덕터에 흐르는 전류 $i(t)$를 구하고자 한다. 다음 물음에 답하시오.

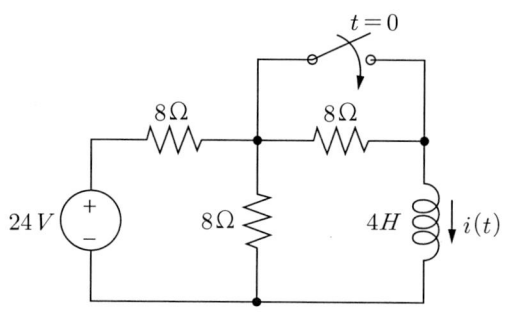

1) $t=0$초일 때 인덕터에 흐르는 전류 $i(0)$를 구하시오.

2) $t>0$초일 때 회로도를 그리고, 이 회로에서 $i(t)$에 관한 미분 방정식을 세우시오.

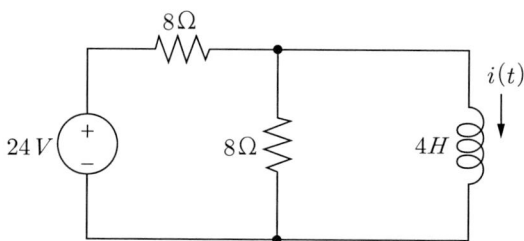

3) 1), 2)의 결과를 이용하여 $t>0$초에서 $i(t)$를 구하시오.

16 RLC 회로에서 나타날 수 있는 미분방정식의 형태는?

① $3\dfrac{d^2v(t)}{dt^2} - 2\dfrac{dv(t)}{dt} + v^2(t) = 3\sin 100t$

② $2\dfrac{dv(t)}{dt} + v(t) = 3\sin 100t$

③ $3\dfrac{d^3v(t)}{dt^3} + 10\dfrac{d^2v(t)}{dt^2} - 2\dfrac{dv(t)}{dt} + v(t) = 0$

④ $3\dfrac{d^2v(t)}{dt^2} - 2\dfrac{dv(t)}{dt} + v(t) = 3\sin 100t$

6장
교류회로 정상상태 해석을 위한 수학 도구

단원 목표
- 교류회로의 정의를 이해하고 직류회로와의 차이를 설명할 수 있다.
- 교류회로를 수학적으로 기술하는데 필수적인 정현파(sinusoidal wave)의 수학적 표현과 특징을 이해하고 설명할 수 있다.
- 교류회로 해석에 왜 정현파가 중요한지 물리적인 의미를 이해할 수 있다.
- 복소수의 기본 성질을 리뷰하고 복소수와 정현파를 연결시켜주는 오일러의 공식을 이해한다.
- 오일러의 공식으로부터 정현파의 합성을 복소수로 가능하게 하는 페이저의 개념을 이해하고 적용할 수 있다.

1 교류회로란?

5장까지 학습한 회로의 전원은 시간이 지나도 일정한 상수값을 갖는 직류전원이었다. 직류전원의 사전적 의미는 "방향이 변하지 않는다"는 것으로서 크기는 변하더라도 방향이 변하지 않으면 직류전원으로 취급할 수 있다. 그러나 좁은 의미에서 직류전원이라고 하면 통상 크기와 방향이 모두 일정한 것으로 간주한다.

아래 그림에서, 시간이 흐름에 따라 전압 또는 전류의 방향(극성)이 일정한 (a)와 (b)는 모두 직류(DC: direct current)로 분류된다. (b)의 경우 크기는 일정하지 않음에 유의하자. 반면 (c)와 (d)의 경우는 시간이 흐름에 따라 크기 뿐 아니라 방향도 변하는데 이것을 교류(AC: alternating current)라고 한다.

6장. 교류회로 정상상태 해석을 위한 수학 도구

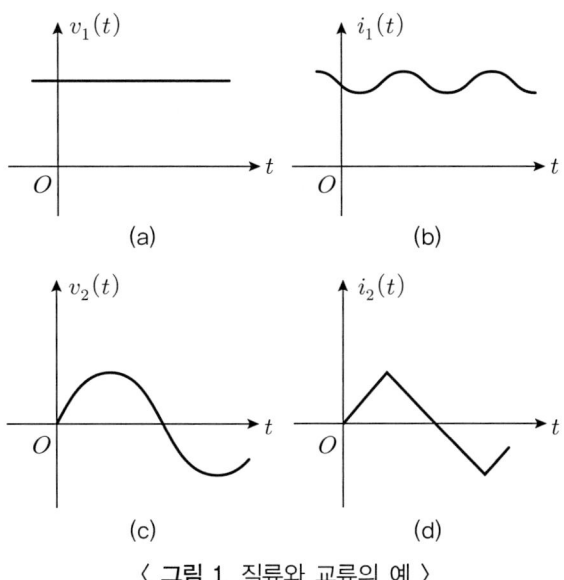

〈 그림 1. 직류와 교류의 예 〉

'교류회로'란 회로를 구동하는 전원의 방향(극성)이 그림 1의 (c) 또는 (d)와 같이 시간적으로 변하는 회로를 의미한다. 특히 회로이론에서는 전원의 시간적 변화가 정현파(正弦波, sinusoidal-wave)의 모습을 띨 때를 집중적으로 다루게 된다. 따라서 교류회로를 해석하기 위해서는 정현파의 수학적 의미를 정확히 이해할 필요가 있다.

2 정현파의 수학적 특성

2.1 삼각함수의 의미

Sinusoidal-wave, 즉, 정현파가 무엇인지 이해하려면 우선 삼각함수가 무엇인지 정확히 이해해야 한다. 함수란 입력에 대한 출력값의 수학적 매핑 관계라고 할 수 있는데 삼각함수는 입력이 '각도'인 함수이다. 이것이 정현파를 이해하는데 매우 중요하다.

삼각함수는 아래 그림과 같이 '각도'를 입력으로 넣었을 때, 단위원(=반지름의 길이가 1인 원)에서 그 각도만큼 돌아간 반지름으로 만들어지는 직각삼각형의 세 변 중 두 변의 비(比)를 출력으로 하는 함수이다. 수학적 함수이므로 단위원의 x축, y축의 물리적 의미는 전혀 없다. 그냥 어떤 '크기'일뿐이다.

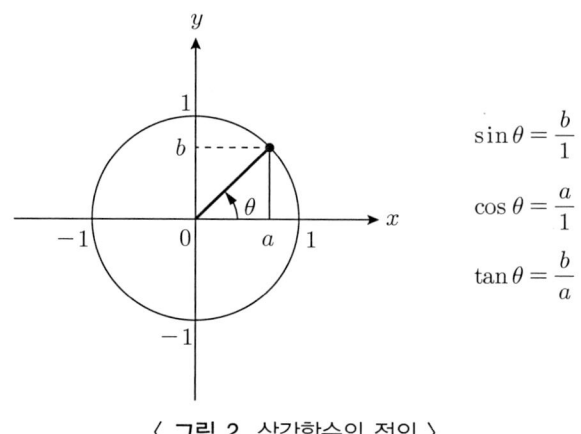

〈 그림 2. 삼각함수의 정의 〉

    삼각함수의 입력인 '각도'는 위 그림 2에서 원의 중심에서 빙글빙글 돌아가는 반지름이 x축으로부터 반시계방향으로 얼마나 많이 돌아갔는가를 숫자로 나타낸 것이다. 한 바퀴를 다 돌았을 때의 각도를 어떤 숫자로 표현하느냐는 정하기 나름이다. 한 바퀴의 각도를 '1'이라고 정하면 반 바퀴는 1/2, 반의 반 바퀴는 1/4이 될 것이다. 한 바퀴를 360이라는 숫자로 정의하면 우리가 익숙한 '도'로 각도를 표현할 수 있다. 한바퀴는 360도, 반 바퀴는 180도..

    그렇다면, 공학에서 많이 쓰는 각도의 한 바퀴 숫자는 얼마인가? 바로 2π 이다. 한 바퀴는 2π, 반 바퀴는 π, 반의 반바퀴는 $\frac{\pi}{2}$ 와 같이 말이다. 이런 식으로 한 바퀴의 각도를 $2\pi (\approx 6.2831)$ 라는 숫자로 정하는 방법을 '호도법(弧度法)'이라고 하며, 호도법으로 나타낸 각도의 단위는 '라디안(radian)'이라고 한다. 호도법을 쓰는 이유는 몇 가지가 있지만, 가장 중요한 것은 각도를 라디안으로 나타내면 각도가 아주 작아질 때 각도의 크기와 그 때 사인함수값의 비가 1로 수렴하기 때문이다. 거꾸로 말하면, 그렇게 되기 위한 한바퀴의 각도 크기를 찾았더니 2π 가 되었다는 뜻이다.)

$$\lim_{\theta \to 0} \frac{\sin\theta}{\theta} = 1 \qquad \text{6-1}$$

    식(6-1)이 만족되면 우리가 잘 알고 있는 삼각함수의 '각도에 관한 미분'식도 함께 성립을 한다. 만약 각도가 라디안, 즉, 한바퀴를 2π 라는 숫자로 표현하는 방식을 쓰지 않는다면 아래의 미분식도 성립하지 않음에 유의하자.

$$\frac{d\sin\theta}{d\theta} = \cos\theta,$$
$$\frac{d\cos\theta}{d\theta} = -\sin\theta.$$
6-2

각도를 라디안으로 표현하였을 때, 삼각함수는 원을 한 바퀴 돌 때, 즉, 각도가 2π의 정수배가 될 때마다 동일한 값을 출력한다. 따라서 그림 2에서 정의한 삼각함수는 모두 주기가 2π인 주기함수임을 알 수 있다. 아래 그림은 회로이론의 해석에 중요한 $\sin\theta$, $\cos\theta$ 함수의 각도 θ 에 대한 그래프를 나타낸 것이다. 물론 각도는 라디안으로 표현하였을 때이며, 이후로 이 책에서는 각도에 별다른 단위를 붙이지 않으면 무조건 라디안으로 표현된 것으로 간주한다.

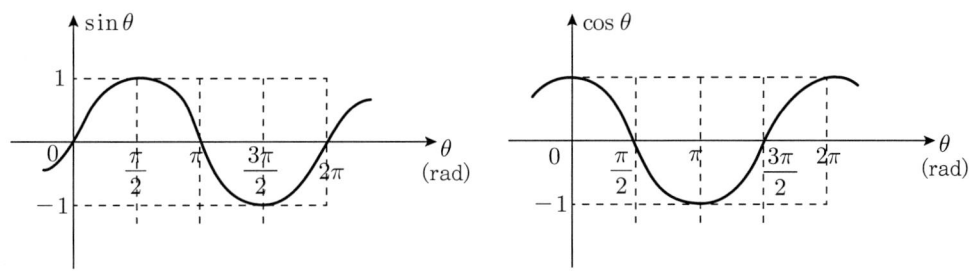

〈 그림 3. $\sin\theta$, $\cos\theta$ 의 그래프 〉

2.2 정현파의 수학적 표현

한 편, 시간적으로 어떤 값이 주기적으로 변할 때, 그 값의 변화하는 모습을 파동(wave)이라고 부른다. 특히, 그 모습이 그림 3과 같은 삼각함수 그래프의 형태를 띨 때, 우리는 그 파형을 정현파(sinusoidal-wave)라고 부른다. 아래 그림은 -2와 2의 사이에서 2초마다 한 주기씩 반복되는 정현파의 예를 나타낸 것이다.

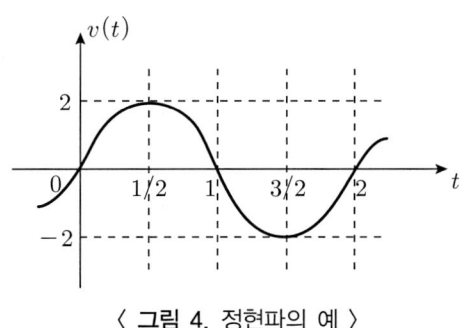

〈 그림 4. 정현파의 예 〉

그림 4의 정현파는 입력이 시간 t이고 출력 $v(t)$는 시간에 관한 함수이다. 따라서 $v(t)$의 함수식은 분명 t로 표현될 텐데 그 식은 무엇일까? 분명히 사인함수가 사용될 것 같기는 하다.

사인함수는 입력이 각도라고 했다. $v(t)$는 입력이 시간이다. 시간이 0초에서 2초동안 변화했을 때 $v(t)$가 변하는 모습은 각도 θ가 0에서 2π로 변화했을 때 $\sin\theta$가 변하는 모습과 세로축의 크기만 다를 뿐 완전히 동일하다. 이것을 만족하려면 각도 θ가 다음과 같이 시간 t의 선형식으로 표현되면 된다.

$$\theta = \pi t \qquad \text{6-3}$$

그림 4의 정현파는 최대값이 2, 최소값이 -2이므로 $\sin(\cdot)$ 함수를 두 배 스케일링한 것이다. 이상의 내용을 종합하면, 그림 4의 정현파 $v(t)$는 다음과 같이 표현할 수 있다.

$$v(t) = 2\sin(\pi t) \qquad \text{6-4}$$

이것이 정현파의 수학적 표현 원리이다. 삼각함수는 '각도'에 관한 함수이며 정현파는 삼각함수를 이용한 '시간'에 관한 함수이다. 이것을 꼭 기억하자.

2.3 정현파의 주파수와 위상

이제 교류회로해석, 아니 전자공학 전체를 통틀어서 가장 기본적이고도 중요한 개념을 설명할 차례가 되었다. 바로 정현파의 주파수(frequency)와 위상(phase)이다. 먼저 주파수의 의미와 그에 관련된 수학적 표현을 정의하기 위해 주기가 T초이고 최댓값이 A인 정현파의 시간축에서의 그래프를 살펴보자 (그림 5).

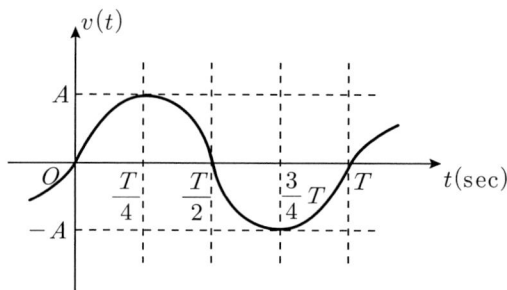

〈 그림 5. 주기가 T 인 정현파 〉

0초 ~ T초마다 사인그래프의 모양이 반복되므로 0초 ~ T초를 0 ~ 2π로 바꾸어주는 시간과 각도의 상관관계를 찾으면 $\theta = \frac{2\pi}{T}t$ 이다. (t에 0 ~ T를 대입하면 θ는 0 ~ 2π가 된다. 물론 $\theta = \frac{2\pi}{T}t^2$ 이어도 시작과 끝은 같게 만들 수 있으나 이 경우에는 시간이 변하는 속도와 각도가 변하는 속도가 달라진다.). 따라서 식(6-4)의 유도에서 설명했던 내용을 참고하면 그림 5의 정현파를 나타내는 함수식은 다음과 같음을 쉽게 알 수 있다.

$$v(t) = A \sin\left(\frac{2\pi}{T}t\right) \qquad \text{6-5}$$

위 식(6-5)에서, 시간의 변화에 따라 선형적으로 변하는 '각도'를 만들어주기 위해 시간 t에 곱해준 상수 $\frac{2\pi}{T}$를 '각주파수'라고 하고 ω(omega)라고 표기한다. 주기 T의 역수는 이 그래프가 1초에 몇 번 반복되는가를 나타내는 값으로서 이것을 우리는 '주파수'라고 부르고 f로 표기한다. 즉, 식(6-5)는 다음과 같이 주파수 f와 각주파수 ω로 다시 쓸 수 있다.

$$v(t) = A \sin(\omega t) \ (\omega = \frac{2\pi}{T} = 2\pi f \,[rad/\sec], \ f = \frac{1}{T}\,[Hz]) \qquad \text{6-6}$$

예제 6-1

아래 정현파를 시간에 관한 함수식으로 표현하시오. 각주파수와 주파수는 각각 얼마인가?

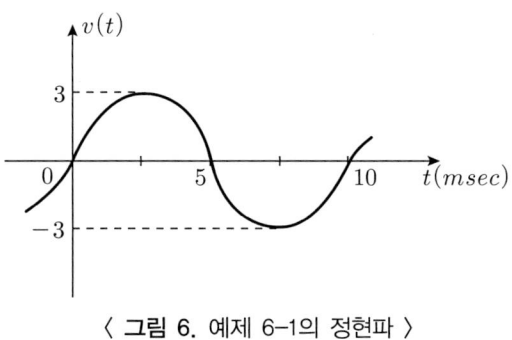

〈 그림 6. 예제 6-1의 정현파 〉

> **풀이**
>
> $10\,msec$ 마다 반복되는 정현파이므로, 그 때마다 각도가 2π가 되는 시간에 대한 선형식을 찾으면 다음과 같다.
>
> $$\theta = \frac{2\pi}{10 \times 10^{-3}} t = 200\pi t \,[rad] \qquad 6\text{-}7$$
>
> 따라서 그림 6의 정현파를 나타내는 시간에 관한 함수식은 다음과 같다.
>
> $$v(t) = 3\sin(200\pi t) \qquad 6\text{-}8$$
>
> 이 함수의 시간축에서의 주기는 $10\,msec$ 이므로, 주파수 f와 각주파수 ω는 각각 다음과 같다.
>
> $$f = \frac{1}{T} = \frac{1}{10\,msec} = 100\,[Hz],$$
> $$\omega = 2\pi f = 200\pi \,[rad/\sec]. \qquad 6\text{-}9$$

정현파의 주파수에 대해 알아보았으니 이제 위상(phase)의 개념에 대해 알아보자. 다음의 두 정현파 $v_1(t)$, $v_2(t)$는 크기(진폭=A)도 같고 패턴이 반복되는 시간 간격, 즉, 주기(=T)도 동일하지만 서로 모양이 $\frac{T}{4}$초만큼 어긋나있다.

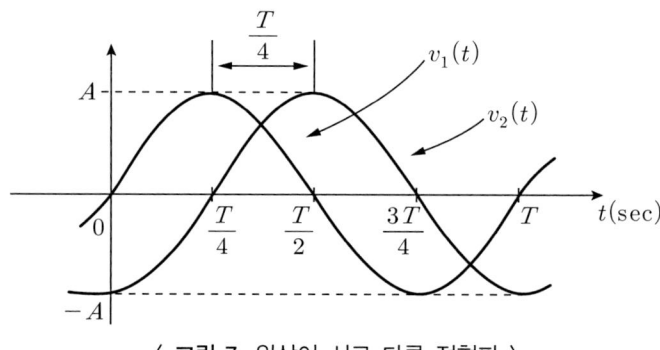

〈 그림 7. 위상이 서로 다른 정현파 〉

좀 더 자세히 살펴보면, $v_1(t)$가 겪은 일련의 변화를 $v_2(t)$는 정확히 $\frac{T}{4}$초 후에 겪는다는 것을 알 수 있다. 이와 같이 시간적으로 상대적인 위치의 차이를 정량적으로 표현하기 위해 도입한 개념이 주기적인 파형의 '위상'이다. 전압에는 절대적인 값이 무의미하고 두 단자간의 차이, 즉, 전위차가 중요하듯이, 위상도 어떤 파형의 절대적인 위상은 무의미하고, 위와 같이 두 가지 이상의 동일한 주기를 갖는 파형의 상대적인 시간차, 즉, '위상차'가 중요하다. 그림 7의 예는 $\frac{T}{4}$초의 위상차가 있는 두 파형을 보인 것이다.

여기서, $v_1(t)$는 $v_2(t)$보다 시간적으로 $\frac{T}{4}$초 앞서서 변화를 겪으므로 '위상이 앞선다' 또는 leading한다고 하고, 반대로 $v_2(t)$는 '위상이 뒤쳐진다' 또는 lagging한다고 표현한다.[10] 재미있는 것은, $v_2(t)$가 $v_1(t)$보다 $\frac{3T}{4}$초 앞선다고도 볼 수가 있다는 사실이다. 그러나 그 차이가 $v_1(t)$가 앞선다고 생각했을때보다 크므로 $v_2(t)$가 앞선다고 얘기하지는 않는다.

이제, 이런 위상차를 갖는 두 파형의 시간에 관한 함수식은 어떻게 될지 살펴보자. $v_2(t)$는 시간축에서 $v_1(t)$를 $+\frac{T}{4}$초만큼 평행이동시킨 것이므로 다음 관계식을 만족한다.

$$v_2(t) = v_1(t - \frac{T}{4}) \qquad 6\text{-}10$$

따라서 $v_1(t)$이 각주파수를 $\omega(=2\pi f = \frac{2\pi}{T})$라고 하면, 두 파형의 시간에 관한 함수식은 다음과 같다.

$$\begin{aligned}v_1(t) &= A\sin(\omega t),\\ v_2(t) &= A\sin(\omega(t-\frac{T}{4})) = A\sin(\omega t - \omega \times \frac{T}{4}) = A\sin(\omega t - \frac{\pi}{2}).\end{aligned} \qquad 6\text{-}11$$

입력이 각도인 삼각함수의 $\frac{1}{4}$주기는 각도로 표현하면 $\frac{\pi}{2}$이므로 식(6-11)이 성립함을 확인할 수 있다.

---

[10] 앞선 위상을 '진상(進相)', 뒤진 위상을 '지상(遲相)'이라고도 표현한다. 전기와 관련된 분야에서 이와 같은 일본식 한자 용어를 많이 쓰지만 한국전력에서도 일본식 한자 용어를 고친 표준화 단어를 소개하였고 각종 자격증 시험에서도 일본식 한자의 사용을 점점 줄이는 추세이다. 필자의 개인적인 의견은 일본식 한자 사용은 자제하되 표준화 단어와 영어 원문을 병용하는 것이 국제적인 통용성을 고려했을 때 가장 적합하지 않을까 생각한다.

예제 6-2

$v_1(t) = A\sin\omega t$, $v_2(t) = A\sin(\omega t + \theta)$ 일 때, $v_1(t)$와 $v_2(t)$이 상대적인 위상 관계를 '시간'의 단위로 설명하시오.

풀이

$v_2(t)$는 삼각함수로 입력되는 '각도'의 측면에서는 $v_1(t)$보다 θ [rad] 만큼 위상이 앞선다. ωt가 θ가 되는데 걸리는 시간은 $\frac{\theta}{\omega}$초이므로, '시간'적으로는 $v_2(t)$가 $\frac{\theta}{\omega}$초 앞선다고 말할 수 있다.

예제 6-3

$v_1(t) = A\sin\omega t$, $v_2(t) = A\cos\omega t$ 일 때, $v_1(t)$와 $v_2(t)$이 상대적인 위상 관계를 '각도'와 '시간'의 단위로 각각 설명하시오.

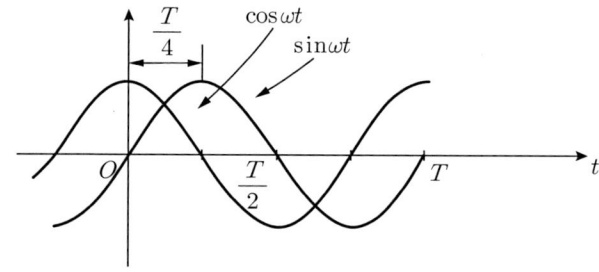

〈 그림 8. $\sin\omega t$와 $\cos\omega t$의 시간축 그래프 〉

풀이

$\sin(\cdot)$ 함수와 $\cos(\cdot)$함수는 각도로 따지면 서로 정확히 $\frac{\pi}{2}$만큼, 시간축의 주기로 따지면 4분의1 주기만큼의 위상차를 갖는다. 위 그림의 그래프를 보면 알 수 있듯이, $\cos(\cdot)$함수가 $\sin(\cdot)$ 함수보다 앞선 위상을 가지므로 다음의 수식이 만족된다.

$$\cos\omega t = \sin\left(\omega\left(t + \frac{T}{4}\right)\right) = \sin\left(\omega t + \frac{\pi}{2}\right) \qquad 6\text{-}12$$

따라서 $\cos(\cdot)$함수는 $\sin(\cdot)$ 함수와 위상만 다른 동일한 파형이므로 앞으로 정현파라고 하면 경우에 따라 $\sin(\cdot)$ 함수와 $\cos(\cdot)$함수를 적절히 사용하여 표현할 수 있음에 유의하자.

3 왜 정현파가 중요한가?

시간적으로 변하는 파동에는 아래 그림과 같이 정현파보다 설명하기도 쉽고 그리기도 훨씬 쉬운 구형파, 삼각파, 톱니파 등등 매우 많은 것이 존재한다.

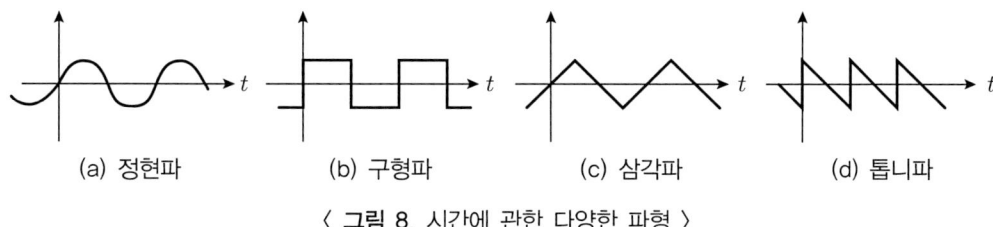

(a) 정현파   (b) 구형파   (c) 삼각파   (d) 톱니파

〈 그림 8. 시간에 관한 다양한 파형 〉

그런데 왜 교류회로를 해석하기 위해 정현파에 대해서 집중적으로 공부를 하는 것일까? 필자는 정현파 회로를 해석하는 방법을 익히는 것보다 정현파가 왜 중요한지 그 이유를 아는 것이 훨씬 중요하다고 생각한다. 회로를 공부하는데 정현파가 중요한 이유는 여러 가지가 있겠지만, 크게 다음의 세 가지를 꼽을 수 있을 것이다.

(1) 정현파는 '회전운동'하는 발전기로부터 만들어지는 전압의 파형이다.
(2) 모든 주기적인 파형은 주파수와 크기가 서로 다른 무수히 많은 정현파의 합으로 표현할 수 있다.
(3) 어떤 주파수 ω_0를 갖는 정현파 전원에 대한 회로 응답 (회로 소자의 전압과 전류)은 동일한 주파수 ω_0를 갖는 (그러나 위상은 다를 수 있는) 정현파로 나타난다.

우선 정현파는 그 자체가 물체의 원운동으로부터 파생된 삼각함수를 이용한 것이므로 원운동과 매우 밀접한 관계가 있다. 주기적인 성질을 갖는 운동 중 가장 흔히 볼 수 있는 것이 원운동이다. 원운동을 하는 물체의 y축 값의 시간적인 변화가 바로 정현파의 형태로 나타나는데 이것은 패러데이의 전자기유도법칙에 의해 발전기로부터 생성되는 교류전압도 마찬가지이다. 현재의 인류 문명을 지탱하는 교류전원이 정현파로 나타나니 정현파를 공부할 수 밖에 없다.

첫 번째 이유는 전기 에너지의 발생을 예로 들었을 때 정현파가 중요함을 나타낸 것인 반면, 두 번째 이유는 전기를 에너지가 아닌 '신호'로 활용하는 전자공학의 관점에서 너무나 중요한 것이다. 두 번째 이유는 결국 '푸리에 정리 (Fourier Theorem)'가 성립하기 때문인데 이 책에서 푸리에 정리를 깊이 다루지는 않겠지만 그 정의는 한 번 짚고 넘어갈 필요가 있다.

> ▶ 푸리에 정리(Fourier Theorem)
> 각주파수가 ω_0인 모든 주기 함수 $v(t)$는 다음과 같이 주파수가 서로 다른 무수히 많은 정현파의 합으로 나타낼 수 있다:
>
> $$v(t) = a_0 + \sum_{n=1}^{\infty} a_n \cos(n\omega_0 t) + b_n \sin(n\omega_0 t) \qquad 6\text{-}13$$

푸리에 정리에 의하면, 그림 8에 나타낸 구형파, 삼각파, 톱니파는 모두 무수히 많은 정현파들의 합으로 나타낼 수가 있다. 따라서 주어진 회로가 정현파 전원에 대해 어떻게 반응하는지 알 수 있다면 임의의 주기 신호에 대한 응답은 전원중첩의 원리에 의해 무수히 많은 정현파에 대한 응답의 합으로 나타낼 수 있다. 이것을 이용하면 특정 주파수 범위의 신호를 여러 가지 방법으로 처리하는 회로를 분석하고 설계할 수 있게 되는 것이다.

세 번째 이유는 이 책에서 앞으로 다룰 교류회로의 정상상태(steady-state) 해석과 밀접한 관계가 있다. R, L, C로 구성된 임의의 회로를 정현파 전원으로 구동할 경우, 그 회로의 모든 노드에 나타나는 전압, 모든 가지에 흐르는 전류는 모두 전원과 동일한 주파수를 갖지만 크기와 위상이 다른 정현파로 나타난다. 이것은 정현파 전원으로 구동했을때만 나타나는 독특한 결과로서 전원이 정현파가 아닌 다른 주기 파형인 경우는 이런 성질이 만족되지 않는다. 따라서 정현파 전원으로 구동되는 경우 회로 해석이 매우 체계적이고 쉬워진다. 세 번째와 두 번째 이유를 합쳐서 생각하면, 정현파 전원에 대한 회로의 응답을 해석할 수 있으면 시간적으로 변화하는 임의의 전원에 대한 응답도 얼마든지 해석할 수 있다는 결론에 도달한다. 물질을 구성하는 기본 유닛으로 원자를 생각할 수 있듯, 어떤 회로의 성질은 정현파에 대한 응답을 기본 유닛으로 설명할 수가 있는 것이다.

이상 간단히 설명했지만, 정현파를 모르고서는 회로이론 뿐 아니라 전자공학이나 기계공학 전반의 내용을 이해할 수 없다. 수학적인 수식이 복잡해 보일 뿐 어려울 것이 없으니 이 책에서 설명하는 정도의 내용은 반드시 익히고 넘어가자.

4. 정현파와 복소수의 관계

4.1 복소수의 표시 방법

복소수(complex number)는 $j^2 = -1$ 을 만족하는 상상속의 숫자 j를 이용하여 만든 수체계로서 모든 복소수는 다음과 같이 두 개의 실수를 이용하여 정의할 수 있다. (이 책에서 복소수는 알파벳 대문자 위에 점을 찍는 것으로 표기하기로 한다.)

$$\dot{Z} = a + jb \quad (a, b\text{는 실수}) \qquad 6\text{-}14$$

여기서 a값을 실수부(real-part), b값을 허수부(imaginary-part)라고 하고, 다음과 같이 표기한다.

$$Re(\dot{Z}) = a, \quad Im(\dot{Z}) = b. \qquad 6\text{-}15$$

식(6-14)와 같이 복소수 하나를 두 개의 실수 a, b를 이용하여 표시할 수 있으므로 x축은 실수부, y축은 허수부 값으로 하는 복소평면상의 한 점으로 복소수 하나를 표시할 수도 있다.

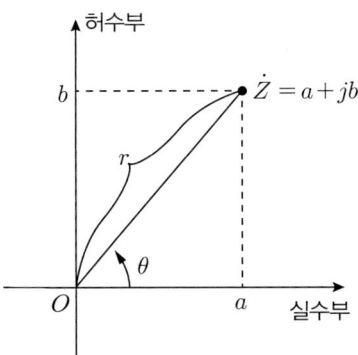

〈 그림 10. 복소수의 직교좌표 및 극좌표 형식 표시 〉

그런데 복소평면상의 한 점의 '좌표'를 이와 같이 x, y축의 값으로 표현할 수도 있지만, 원점에서 그 점까지의 '거리(=복소수의 절대값)'와 원점과 복소수 점을 연결한 선이 x축과 이루는 '각도(복소수의 편각)'로 표현할 수도 있다. 그림 10에서, $\dot{Z}$ 의 위치를 (a, b) 두 개의 숫자로 표현할 수도 있지만 (r, θ)의 두 값으로 쓸 수도 있다는 것이다. 이와 같이, 거리와 각도로 복소수를 표현하는 형식을 '극좌표 형식'이라고 하며, 다음 식과 같이 표현한다.

$$\dot{Z} = a + jb = r \angle \theta,$$
여기서, $r = \sqrt{a^2 + b^2}$, $a = r\cos\theta$, $b = r\sin\theta$.

6-16

예제 6-4

다음 복소수 5개를 좌표평면상의 점들로 표시하고, 극형식으로 표시 형식을 바꾸시오.

(a) $\dot{Z}_1 = 1 + j$ (b) $\dot{Z}_2 = 2 + j$
(c) $\dot{Z}_3 = -1 + j2$ (d) $\dot{Z}_4 = -j$
(e) $\dot{Z}_5 = 2$

풀이

주어진 5개의 복소수는 모두 직교좌표형식으로 표현되어 있다. 직교좌표형식의 복소수를 가로축은 실수부, 세로축은 허수부를 나타내는 좌표평면에 나타내면 아래 그림과 같다.

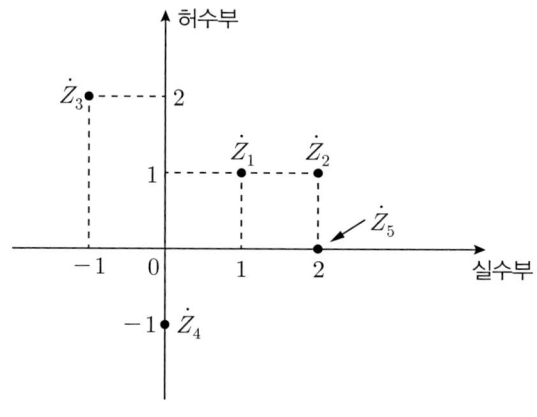

⟨ 그림 11. 좌표평면의 복소수 ⟩

주어진 5개 복소수를 극형식으로 표현하려면, 좌표평면에 표시된 점을 원점과 이은 선분의 길이와 실수축과 이루는 각도를 알면 된다. 이로부터, 5개 복소수를 극형식으로 표현하면 다음과 같다.

$$\dot{Z}_1 = \sqrt{2} \angle \frac{\pi}{4}$$
$$\dot{Z}_2 = \sqrt{5} \angle \tan^{-1}(1/2) \approx \sqrt{5} \angle 0.464$$
$$\dot{Z}_3 = \sqrt{5} \angle (\pi - \tan^{-1}(2)) \approx \sqrt{5} \angle 2.034$$
$$\dot{Z}_4 = 1 \angle \frac{3\pi}{2}$$
$$\dot{Z}_5 = 2 \angle 0$$

6-17

4.2 복소수의 연산

직교좌표형식으로 표현된 복소수의 사칙연산은 다음과 같이 정의된다. (일반적인 다항식 계산과 완전히 동일하되 j^2 이 나올 때마다 -1 로 바꿔주고 최종 결과를 "실수+j실수"로 나타내면 된다.)

$$\dot{Z}_1 = a+jb, \ \dot{Z}_2 = c+jd \text{ 일 때,}$$
$$\dot{Z}_1 \pm \dot{Z}_2 = (a \pm c) + j(b \pm d),$$
$$\dot{Z}_1 \dot{Z}_2 = (a+jb)(c+jd)$$
$$= (ac-bd) + j(da+bc),$$
$$\frac{\dot{Z}_1}{\dot{Z}_2} = \frac{a+jb}{c+jd} = \frac{(a+jb)(c-jd)}{(c+jd)(c-jd)} = \frac{(ac+bd)+j(bc-da)}{c^2+d^2} = \frac{ac+bd}{c^2+d^2} + j\frac{bc-da}{c^2+d^2}$$

6-18

직교좌표형식으로 표시된 경우, 특히 곱셈과 나눗셈이 복잡한데 그렇다고 해서 식(6-18)의 결과를 외워 풀 필요는 없다. 흐름을 이해하고 실제 문제가 주어지면 그 때 그 때 계산을 하면 충분하다.

예제 6-5

$\dot{Z}_1 = 1-j$, $\dot{Z}_2 = 1+j3$ 일 때, 다음의 계산을 수행하시오.

(a) $\dot{Z}_1 + \dot{Z}_2$ (b) $\dot{Z}_1 \dot{Z}_2$

(c) $\dfrac{\dot{Z}_1}{\dot{Z}_2}$

풀이

(a) $\dot{Z}_1 + \dot{Z}_2 = (1-j) + (1+j3) = 2+j2$

(b) $\dot{Z}_1 \dot{Z}_2 = (1-j)(1+j3) = 4+j2$

(c) $\dfrac{\dot{Z}_1}{\dot{Z}_2} = \dfrac{1-j}{1+j3} = \dfrac{(1-j)(1-j3)}{(1+j3)(1-j3)} = \dfrac{-2-j4}{10} = -\dfrac{1}{5} - j\dfrac{2}{5}$

극형식으로 표현된 두 복소수는 우선 두 복소수를 식(6-16)의 정의에 따라 직교좌표형식으로 바꾼 후 식(6-18)에 따라 계산을 하면 된다. 물론 그 경우 결과는 직교좌표형식으로 나올 것이며, 필요한 경우 극형식으로 다시 변환을 해 주면 된다.

예제 6-6

$\dot{Z}_1 = 6\angle \dfrac{\pi}{4}$, $\dot{Z}_2 = 2\angle \dfrac{\pi}{2}$ 일 때, 다음의 계산을 수행하여 결과를 직교좌표형식으로 표현하시오.

(a) $\dot{Z}_1 + \dot{Z}_2$ (b) $\dot{Z}_1 \dot{Z}_2$

(c) $\dfrac{\dot{Z}_1}{\dot{Z}_2}$

풀이

(a) $\dot{Z}_1 + \dot{Z}_2 = (6\angle \dfrac{\pi}{4}) + (3\angle \dfrac{\pi}{2})$
$= 6(\cos\dfrac{\pi}{4} + j\sin\dfrac{\pi}{4}) + 3(\cos\dfrac{\pi}{2} + j\sin\dfrac{\pi}{2})$
$= (3\sqrt{2} + j3\sqrt{2}) + (0 + j3)$
$= 3\sqrt{2} + j(3\sqrt{2} + 3)$

(b) $\dot{Z}_1 \dot{Z}_2 = (6\angle \dfrac{\pi}{4}) \times (3\angle \dfrac{\pi}{2})$
$= 6(\cos\dfrac{\pi}{4} + j\sin\dfrac{\pi}{4}) \times 3(\cos\dfrac{\pi}{2} + j\sin\dfrac{\pi}{2})$
$= (3\sqrt{2} + j3\sqrt{2})(j3)$
$= -9\sqrt{2} + j9\sqrt{2}$

(c) $\dfrac{\dot{Z}_1}{\dot{Z}_2} = \dfrac{6\angle \dfrac{\pi}{4}}{3\angle \dfrac{\pi}{2}} = \dfrac{6(\cos\dfrac{\pi}{4} + j\sin\dfrac{\pi}{4})}{3(\cos\dfrac{\pi}{2} + j\sin\dfrac{\pi}{2})} = \dfrac{(3\sqrt{2} + j3\sqrt{2})}{j3} = \sqrt{2} - j\sqrt{2}$

그런데, 극형식으로 표현된 복소수의 곱셈은 사실 훨씬 간편한 방법이 존재한다. 다음의 식을 살펴보자.

$$\begin{aligned}
\dot{Z}_1 &= r_1 \angle \theta_1, \quad \dot{Z}_2 = r_2 \angle \theta_2 \\
\Rightarrow \dot{Z}_1 \dot{Z}_2 &= (r_1 \angle \theta_1) \times (r_2 \angle \theta_2) \\
&= r_1(\cos\theta_1 + j\sin\theta_1) \times r_2(\cos\theta_2 + j\sin\theta_2) \\
&= r_1 r_2 \{(\cos\theta_1 \cos\theta_2 - \sin\theta_1 \sin\theta_2) + j(\sin\theta_1 \cos\theta_2 + \cos\theta_1 \sin\theta_2)\} \\
&= r_1 r_2 \{\cos(\theta_1 + \theta_2) + j\sin(\theta_1 + \theta_2)\} \\
&= r_1 r_2 \angle (\theta_1 + \theta_2)
\end{aligned}$$

6-19

즉, 극형식으로 표현된 경우 두 복소수의 곱셈은 직교좌표형식으로 변환하지 않고 절대값은 서로 곱하고, 편각은 서로 더함으로써 계산이 가능하다. 극형식으로 표시된 복소수의 역수는 어떻게 표현되는지 다음 식을 살펴보자.

$$\dot{Z}_1 = r_1 \angle \theta_1$$
$$\Rightarrow \frac{1}{\dot{Z}_1} = \frac{1}{r_1 \angle \theta_1} = \frac{1}{r_1(\cos\theta_1 + j\sin\theta_1)}$$
$$= \frac{1}{r_1} \frac{(\cos\theta_1 - j\sin\theta_1)}{(\cos\theta_1 + j\sin\theta_1)(\cos\theta_1 - j\sin\theta_1)}$$
$$= \frac{1}{r_1} \frac{\cos(-\theta_1) + j\sin(-\theta_1)}{\cos^2\theta_1 + \sin^2\theta_1} \qquad 6\text{-}20$$
$$= \frac{1}{r_1}(\cos(-\theta_1) + j\sin(-\theta_1))$$
$$= \frac{1}{r_1} \angle (-\theta_1)$$

위 결과를 이용하면, 극형식으로 표현된 두 복소수의 나눗셈도 다음과 같이 간편하게 계산할 수 있다.

$$\dot{Z}_1 = r_1 \angle \theta_1, \quad \dot{Z}_2 = r_2 \angle \theta_2$$
$$\Rightarrow \frac{\dot{Z}_1}{\dot{Z}_2} = r_1 \angle \theta_1 \times \frac{1}{r_2 \angle \theta_2}$$
$$= r_1 \angle \theta_1 \times \frac{1}{r_2} \angle (-\theta_2) \qquad 6\text{-}21$$
$$= \frac{r_1}{r_2} \angle (\theta_1 - \theta_2)$$

즉, 극형식으로 표현된 경우 두 복소수의 나눗셈은 직교좌표형식으로 변환하지 않고 절대값은 서로 나누고, 편각은 서로 차를 구함으로써 계산할 수 있다. 회로이론에서는 복소수의 극형식 표현이 매우 중요하므로 잘 익혀두기 바란다.

예제 6-7

$\dot{Z}_1 = 6 \angle \frac{\pi}{4}$, $\dot{Z}_2 = 2 \angle \frac{\pi}{2}$ 일 때, 다음의 계산을 수행하여 결과를 극형식으로 표현하시오.

(a) $\dot{Z}_1 \dot{Z}_2$
(b) $\dfrac{\dot{Z}_1}{\dot{Z}_2}$

풀이

예제6-5와 동일한 두 복소수에 대한 계산이지만 곱셈과 나눗셈의 경우 다음과 같이 극형식을 직교좌표형식으로 변환하지 않고 직접 풀 수 있다. 계산 결과가 예제6-5와 동일한지 비교해보기 바란다.

(a) $\dot{Z_1}\dot{Z_2} = (6\angle\frac{\pi}{4}) \times (3\angle\frac{\pi}{2})$
$= (6\times 3)\angle(\frac{\pi}{4}+\frac{\pi}{2})$
$= 18\angle\frac{3\pi}{4}$

(b) $\dfrac{\dot{Z_1}}{\dot{Z_2}} = \dfrac{6\angle\frac{\pi}{4}}{3\angle\frac{\pi}{2}}$
$= \frac{6}{3}\angle(\frac{\pi}{4}-\frac{\pi}{2})$
$= 2\angle(-\frac{\pi}{4})$

4.3 오일러의 공식

교류회로는 정현파가 구동하는 회로인데, 이 회로를 해석하는데 복소수를 사용하겠다는 것이 이 장의 핵심이다. 이것이 가능한 이유는 바로 복소수와 삼각함수를 이어주는 오일러의 공식(Euler's formula)이 존재하기 때문이다. 이 공식은 20세기 초의 위대한 물리학자 리처드 파인만의 저서 「Lectures on Physics」에서 다음과 같이 소개되고 있다.

> ... We summarize with this, <u>the most remarkable formula in mathematics</u>:
>
> $$e^{j\theta} = \cos\theta + j\sin\theta \qquad 6\text{-}22$$
>
> This is our jewel.

실제로 이 공식은 과학과 공학의 모든 분야에서 정말 보석과도 같은 것으로서, 왜 이런 결과가 나오는지는 이 책의 범위를 넘어서므로 다루지 않겠지만 그 결과만은 반드시 기억을 하길 바란다. (사실 복소수라는 개념이나 자연상수 e 라는 개념 자체도 이해하기가 힘든데 "자연상수 e 를 복소수로 거듭제곱"하다니.. 선뜻 감이 오지 않더라도 너무나 당연한 것이니 많은 고민은 하지 않길 바란다.)

식(6-22)를 자세히 살펴보면, $e^{j\theta}$ 또한 복소수이며 실수부는 $\cos\theta$, 허수부는 $\sin\theta$임을 알 수 있는데 이는 복소평면 위에 존재하는 절대값이 1인 어떤 복소수에 해당함을 알 수 있다. ($\because \cos^2\theta + \sin^2\theta = 1$) 따라서 절대값이 r인 임의의 복소수 $\dot{Z}$ 는 항상 다음과 같이 표현할 수 있다.

6장. 교류회로 정상상태 해석을 위한 수학 도구

$$\dot{Z} = re^{j\theta} = r(\cos\theta + j\sin\theta) \qquad 6\text{-}23$$

식(6-23)은 결국 복소수의 극형식 표현과 동일하므로 다음의 식이 성립한다.

$$\dot{Z} = re^{j\theta} = r\angle\theta = r(\cos\theta + j\sin\theta) \qquad 6\text{-}24$$

$re^{j\theta} = r\angle\theta$ 이고 복소수 지수에 대해서도 지수법칙이 성립하므로 극형식으로 표시된 복소수의 곱과 나눗셈에 관한 식(6-19), 식(6-21)이 성립함을 다시 한 번 확인할 수 있다. 이와 같이, 복소수는 여러 가지 형식으로 표현할 수 있으며, 회로이론에서는 특히 극형식과 오일러의 공식을 사용한 형식을 자유자재로 쓸 수 있어야 하므로 많은 연습을 통해 익숙해지기 바란다.

예제 6-8

다음의 복소수를 직교좌표형식으로 변형하고 복소평면상의 점으로 표시하시오.

(a) $\dot{Z}_1 = e^{j\pi}$ (b) $\dot{Z}_2 = 2e^{j\frac{\pi}{4}}$

(c) $\dot{Z}_3 = e^{j(-\frac{\pi}{2})}$

풀이

(a) $\dot{Z}_1 = e^{j\pi} = 1\angle\pi = \cos\pi + j\sin\pi = -1$

(b) $\dot{Z}_2 = 2e^{j\frac{\pi}{4}} = 2\angle\frac{\pi}{4} = 2(\cos\frac{\pi}{4} + j\sin\frac{\pi}{4}) = 2(\frac{1}{\sqrt{2}} + j\frac{1}{\sqrt{2}})$

(c) $\dot{Z}_3 = e^{j(-\frac{\pi}{2})} = 1\angle(-\frac{\pi}{2}) = \cos(-\frac{\pi}{2}) + j\sin(-\frac{\pi}{2}) = -j$

이상의 세 복소수 $\dot{Z}_1, \dot{Z}_2, \dot{Z}_3$을 복소평면상의 점으로 표시하면 다음 그림과 같다.

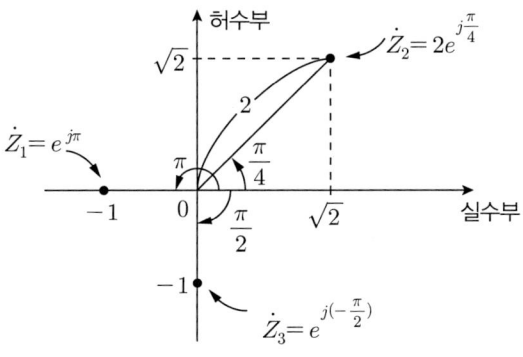

〈 그림 12. 오일러 공식으로 표현된 복소수의 복소평면상의 위치 〉

4.4 정현파의 합성과 페이저(Phasor)

각주파수가 $\omega\,[rad/sec]$인 정현파(sinusoidal wave)에 의해 구동되는 R,L,C회로의 정상상태응답(steady-state response)은 모두 동일한 각주파수 ω를 갖는 또 다른 정현파로 나타난다는 중요한 성질이 있다. 즉, 교류회로의 정상상태응답(전압과 전류)의 시간영역 표현식은 크기(amplitude)와 위상만 다를 뿐, 모두 다음 식과 같은 형태를 띠게 된다는 것이다.[11]

$$f(t) = A\cos(\omega t + \theta) \qquad 6-25$$

이 사실을 따로 증명하지는 않겠지만 그 의미는 반드시 기억을 하기 바란다. 아래 그림과 같이, R,L,C로 구성된 임의의 회로를 정현파 교류전원으로 구동하면 이 회로의 모든 노드 전압과 가지 전류는 모두 동일한 주파수를 갖는 정현파로 나타난다. 크기와 위상만 다른 것이다. 예를 들어, 10KHz 전원으로 구동되는 R,L,C회로의 어디에서도 6KHz 의 주파수를 갖는 정현파나 10KHz의 주파수를 갖는 구형파가 나타날 수는 없다.

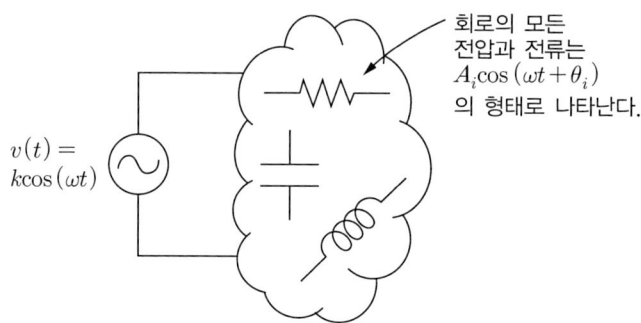

〈 그림 13. 정현파 교류회로의 정상상태응답의 특징 〉

위 식(6-25)에서, A는 응답파형의 크기(진폭)를 결정하고, θ는 서로 다른 파형간의 상대적인 위치, 즉, 위상(phase)을 결정하는데, 교류회로의 정상상태응답을 구한다는 것은 관심이 있는 전압 또는 전류에 대해 결국 크기와 위상을 찾는 것과 동등하다.

위 식(6-25)에서 정의되는 $f(t)$라는 정현파를 절대값은 A, 위상각은 θ인 복소수 F로 대응시켰을 때 복소수 F를 $f(t)$의 위상벡터 또는 페이저(phasor: phase+vector)라고 정의한다.

---

11) sine함수가 아닌 cosine함수를 쓴 이유는 오일러의 공식에서 실수부가 cosine으로 나타나므로 앞으로의 기술이 보다 간결해지기 때문이다. sine과 cosine은 위상만 다를 뿐 변화하는 양상은 동일하므로 어떤 것을 써서 표현하더라도 상관이 없다.

$$f(t) = A\cos(\omega t + \theta) \Leftrightarrow \dot{F} = A\angle\theta = Ae^{j\theta} \qquad 6\text{-}26$$

이와 같이 페이저를 정의하는 이유는 페이저로 정의된 복소수의 합이 삼각함수 합성과 밀접한 관계가 있기 때문이다.

주파수가 동일한 정현파들의 합은 동일 주파수를 갖는 하나의 정현파로 언제나 나타낼 수 있는데 이것은 '삼각함수 합성'의 결과이다. 삼각함수의 합성은 다음 식으로 표현할 수 있다. 꽤나 복잡하고 번거로운 식이다.

$$\begin{aligned} a\sin(\omega t) + b\cos(\omega t) &= K\sin(\omega t + \theta), \\ K &= \sqrt{a^2 + b^2}, \\ \theta &= \tan^{-1}\frac{b}{a}. \end{aligned} \qquad 6\text{-}27$$

위의 합성식은 $\sin(\omega t)$와 $\cos(\omega t)$의 합으로 나타내었지만, 각주파수가 ω인 모든 정현파는 항상 $\cos(\omega t + \alpha)$의 형태로 나타낼 수 있으므로 보다 일반적으로 다음과 같이 삼각함수의 합성을 표현할 수가 있다.

$$a\cos(\omega t + \alpha) + b\cos(\omega t + \beta) = K\cos(\omega t + \theta) \qquad 6\text{-}28$$

위 식(6-28)과 같은 일반적인 삼각함수의 합성은 K와 θ를 식(6-27)과 같이 손쉽게 표현하기 힘들어서 계산이 쉽지 않다. 그런데 다음과 같이 오일러의 공식에서 실수부가 cosine 형태라는 사실을 이용하면 간단한 복소수의 합으로부터 쉽게 계산할 수가 있다.

$$\begin{aligned} a\cos(\omega t + \alpha) + b\cos(\omega t + \beta) &= Re\{ae^{j(\omega t + \alpha)}\} + Re\{be^{j(\omega t + \beta)}\} \\ &= Re\{ae^{j(\omega t + \alpha)} + be^{j(\omega t + \beta)}\} \\ &= Re\{e^{j\omega t}(ae^{j\alpha} + be^{j\beta})\} \\ &= Re\{e^{j\omega t}Ke^{j\theta}\} \\ &= Re\{Ke^{j(\omega t + \theta)}\} \\ &= K\cos(\omega t + \theta). \end{aligned} \qquad 6\text{-}29$$

여기서,

$$\begin{aligned} Ke^{j\theta} &= ae^{j\alpha} + be^{j\beta}, \\ ae^{j\alpha} &= a\angle\alpha = a\cos(\omega t + \alpha)\text{의 페이저} \\ be^{j\beta} &= b\angle\beta = b\cos(\omega t + \beta)\text{의 페이저} \end{aligned} \qquad 6\text{-}30$$

즉, 주파수는 동일하지만 서로 다른 크기와 위상각을 갖는 삼각함수의 합은, 크기와 위상 정보를 가지고 있는 페이저, 즉 복소수의 대수적인 합으로 손쉽게 계산이 가능함을 알 수 있으며 이것은 정현파 교류회로의 정상상태 해석을 페이저로 간편하게 할 수 있는 가장 중요한 이유가 된다.

예제 6-9

다음의 삼각함수 합성을 페이저를 이용하여 계산하고 그 결과를 cosine함수로 나타내시오.
(a) $v_1(t) = \sin \omega t + \cos \omega t$
(b) $v_2(t) = 2\sin(\omega t + 0.8) + 3\cos(\omega t + 1.1)$

풀이

(a) $\sin \omega t = \cos(\omega t - \frac{\pi}{2})$ 이므로 $v_1(t) = \cos(\omega t - \frac{\pi}{2}) + \cos \omega t$ 이며, 이것을 페이저로 나타내면 다음과 같다.

$$v_1(t)\text{의 페이저} = \left\{\cos\left(\omega t - \frac{\pi}{2}\right)\text{의 페이저}\right\} + \{\cos \omega t \text{의 페이저}\}$$
$$\Rightarrow v_1(t)\text{의 페이저를 } \dot{V}_1 \text{이라고 표시하면,} \qquad \text{6-31}$$
$$\dot{V}_1 = 1\angle\left(-\frac{\pi}{2}\right) + 1\angle 0$$

이제 남은 것은 극형식으로 표현된 복소수의 합인데 이것을 손으로 풀려면 다음과 같이 극형식을 직교좌표형식으로 바꾸고 실수부와 허수부를 각각 더하면 된다.

$$\begin{aligned}\dot{V}_1 &= 1\angle\left(-\frac{\pi}{2}\right) + 1\angle 0 \\ &= -j + 1 \\ &= \sqrt{2}\angle\left(-\frac{\pi}{4}\right)\end{aligned} \qquad \text{6-32}$$

$v_1(t)$의 페이저 $\dot{V}_1$의 극형식 표현을 구했으므로 $v_1(t)$의 크기(진폭)와 위상을 구한셈이다. 이로부터, $v_1(t)$는 다음과 같은 정현파로 표현된다.

$$v_1(t) = \sqrt{2}\cos\left(\omega t - \frac{\pi}{4}\right) \qquad \text{6-33}$$

(b) (a)와 달리, 정현파의 위상이 손으로 쉽게 계산할 수 있는 특수각이 아니다. 이런 경우에는 라디안 각도를 입력하여 삼각함수 값을 계산할 수 있는 공학용 계산기(또는 스마트폰 앱)가 필요하며, 다음과 같이 계산할 수 있다.

$$2\sin(\omega t + 0.8) = 2\cos\left(\omega t + 0.8 - \frac{\pi}{2}\right) \approx 2\cos(\omega t - 0.771) \Rightarrow 2\angle -0.771$$
$$3\cos(\omega t + 1.1) \Rightarrow 3\angle 1.1$$

$$\begin{aligned}
\therefore \dot{V}_2 &= 2\angle -0.771 + 3\angle 1.1 \\
&= 2\{\cos(-0.771) + j\sin(-0.771)\} + 3\{\cos 1.1 + j\sin 1.1\} \\
&\approx 2(0.717 - j0.697) + 3(0.454 + j0.891) \\
&= 2.796 + j1.279 \\
&= \sqrt{2.796^2 + 1.279^2} \angle \tan^{-1}\left(\frac{1.279}{2.796}\right) \\
&\approx 3.075 \angle 0.429
\end{aligned}$$

6-34

따라서 삼각함수 합성의 결과는 다음과 같다.

$$v_2(t) \approx 3.075 \cos(\omega t + 0.429)$$

6-35

계산기를 사용했다고는 하지만 위의 계산 과정은 상당히 복잡하다. 삼각함수 합성을 복소수의 합으로 '간단히' 하고자 하는 것이 페이저를 도입한 목적인데 그다지 간단해진 것 같지 않다. 그것은 극형식으로 표현된 복소수의 덧셈이 간단하지 않기 때문이다. 그래서 앞으로 우리는 극형식으로 표현된 복소수도 자유자재로 사칙연산할 수 있는 계산기를 사용하기로 한다. 복소수 계산을 지원하는 공학용 계산기, 스마트폰 앱, 웹사이트 등 다양한 방법이 있으니 각자 알맞은 것을 선택하기 바란다. 다음 그림은 위와 같이 극형식으로 표현된 복소수의 덧셈을 한 번에 해 주는 안드로이드 스마트폰 용 앱 "CalcEn"과 "Complex Number Caculator | Polar Complex Calc"의 계산결과 화면이다.

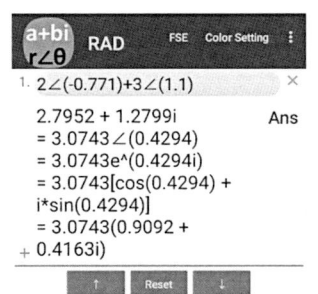

(a) "CalcEn"으로 계산한 극형식 복소수 덧셈 (안드로이드용 애플리케이션) (b) Complex Number Caculator | Polar Complex Calc으로 계산한 극형식 복소수 덧셈 (안드로이드용 애플리케이션)

〈 그림 14. 복소수 계산기 〉

단원 마무리

1. 교류회로란?
   - 크기와 방향(극성)이 모두 변하는 전원을 교류전원이라고 한다.
   - 특히 정현파의 형태로 변하는 교류전원이 중요하므로 정현파의 수학적 의미를 잘 이해해야 한다.

2. 정현파의 수학적 특성
   - 삼각함수는 입력이 각도인 함수이다.
   - 정현파는 각도가 시간에 따라 선형적으로 변하는 사인함수의 출력이다.
   - 삼각함수의 각도가 시간에 대해 $\omega t + \theta$ 와 같이 변할 때, ω 를 각주파수, θ를 위상이라고 한다.
   - 각주파수 $\omega = 2\pi f$ 이며, f 는 동일한 파형이 1초에 몇 번 나타나는가를 나타내는 주파수이다.
   - 각주파수의 단위는 $[rad/sec]$, 주파수의 단위는 $[Hz]$ 이다.

3. 왜 정현파가 중요한가?
   - 방향과 크기가 변하는 다양한 파형이 존재하지만 전기회로에서 정현파가 중요한 이유로 다음의 세 가지를 들 수 있다.
     (1) '회전운동'하는 교류발전기로부터 만들어지는 전압 파형은 정현파로 나타난다.
     (2) 임의의 주기 파형은 주파수와 크기가 서로 다른 무한 개의 정현파의 합으로 나타낼 수 있다. (푸리에 정리)
     (3) 어떤 주파수 ω_0를 갖는 정현파 전원에 대한 회로 응답은 동일한 주파수 ω_0를 갖는 (그러나 위상은 다를 수 있는) 정현파로 나타난다.

4. 정현파와 복소수의 관계
   - 정현파와 복소수는 오일러의 공식으로 연결된다.
   - 임의의 정현파를 극형식으로 나타낸 복소수로 매핑시킬 수 있는데 이것을 페이저라고 한다.
   - 주파수는 동일하지만 서로 다른 크기와 위상각을 갖는 삼각함수의 합은 크기와 위상 정보를 가지고 있는 페이저의 대수적인 합으로 손쉽게 계산이 가능하다.
   - 페이저의 합은 복소수 계산기를 활용하여 계산할 것을 권장한다.

생각해 봅시다

- **질문**: 페이저의 합으로 삼각함수의 합성을 쉽게 계산할 수가 있다. 삼각함수를 복소수로 나타냈을 뿐인데 계산이 간단해지는 이유는 무엇인가?
- **의견**: 페이저는 극형식으로 나타낸 복소수이다. 극형식의 복소수 두 개를 합하는데 필요한 계산량은 삼각함수를 합성할 때 필요한 계산량과 차이가 없다. 그러나 이 과정을 보다 '간단하다'고 하는 이유는 페이저의 합은 복소수의 대수적인 '합'에 불과하므로 개념적으로 훨씬 단순하기 때문이다. 이와 같은 장점을 잘 활용하려면 복소수 계산기를 적극 활용하여야 한다.

6장 개념정리 O, X 퀴즈

1. 삼각함수의 미분공식 $\frac{d}{d\theta}\sin\theta = \cos\theta$ 는 θ의 단위에 상관없이 항상 성립한다. (O, ×)

2. 삼각함수의 각도의 단위로 호도법(radian)을 쓰는 이유 중의 하나는 삼각함수의 미분, 적분이 간결해지기 때문이다. (O, ×)

3. $v(t) = A\cos(\omega t^2)$의 주기는 $\sqrt{\frac{2\pi}{\omega}}$ 이다. (O, ×)

4. $v(t) = A\cos(\omega t + \theta)$의 '$\omega t$축'에서의 주기는 2π 이다. (O, ×)

5. 임의의 두 정현파는 언제나 하나의 정현파로 합성할 수 있다. (O, ×)

6. 오일러의 공식 $e^{j\theta} = \cos\theta + j\sin\theta$ 는 θ가 degree(°)로 표현되어도 성립한다. (O, ×)

7. 정현파의 각주파수 ω가 커질수록 시간축의 주기는 짧아진다. (O, ×)

8. 두 정현파의 곱은 각 정현파의 페이저를 곱하여 쉽게 구할 수 있다. (O, ×)

9. 주파수가 서로 다른 두 정현파의 합은 각 정현파의 페이저를 이용하여 쉽게 구할 수 있다. (O, ×)

10. 정현파의 페이저에는 정현파의 크기(진폭)와 주파수, 위상 정보가 모두 들어있다. (O, ×)

11. 페이저는 복소수이다. (O, ×)

12. 두 복소수를 곱하거나 나눌 때는 극형식 표현이 편리하다. (O, ×)

13 편각이 90°인 복소수의 실수부는 어떤 값이라도 가질 수 있다. (O, ×)

14 극형식으로 표현된 두 페이저를 더하려면 각 페이저를 직교좌표형식으로 바꾸어 계산하거나 극형식 계산이 가능한 복소수 계산기를 이용해야 한다. (O, ×)

15 주파수가 서로 다른 두 개의 정현파 전원으로 구동되는 회로의 전압, 전류는 더 큰 진폭을 갖는 정현파의 주파수를 갖는 정현파로 나타난다. (O, ×)

[6장 퀴즈 정답 및 해설]

1	2	3	4	5	6	7	8	9	10	11	12	13	14	15
X	O	X	O	X	X	O	X	X	X	O	O	X	O	X

1. 삼각함수의 미분공식 $\frac{d}{d\theta}\sin\theta = \cos\theta$는 θ의 단위가 radian 일 때 성립한다. 삼각함수의 미분은 각도의 변화율에 대한 삼각함수 값의 변화율의 비인데 각도의 단위는 한바퀴를 얼마의 숫자로 표현할 것인가를 나타내므로 각도 단위는 각도의 변화율과 밀접한 관계가 있기 때문이다.

2. 1번과 같은 이유이다.

3. 주어진 코사인 함수는 각도가 ωt^2으로 변하므로 시간이 증가함에 따라 각도가 제곱으로 커진다. 따라서 시간축에 대해서 이 함수는 주기함수가 될 수 없다.

4. $v(t) = A\cos(\omega t + \theta)$ 에서 ωt 의 단위는 각도이다. 따라서 주기는 $2\pi[rad]$이다.

5. 각주파수가 같은 임의의 정현파 두 개는 동일 각주파수를 갖는 하나의 정현파로 합성될 수 있다. 각주파수가 다른 정현파의 합은 더 이상 정현파가 아니다.

6. 오일러의 공식 $e^{j\theta} = \cos\theta + j\sin\theta$ 또한 θ가 radian으로 표현될 때 성립한다.

7. 정현파의 각주파수 $\omega = 2\pi f = \frac{2\pi}{T}$ 이다. 따라서 각주파수가 커질수록 주기 T는 짧아진다.

8. 페이저의 합으로부터 주파수가 같은 두 정현파의 합을 구할 수 있다.

9. 8번과 같은 이유이다.

10. 정현파의 페이저는 정현파의 크기와 위상으로 구성되는 복소수이다.

11. 10번과 같은 이유이다.

12. 극형식은 복소수의 곱과 나누기에 편리하고 직교좌표형식은 합과 차에 편리하다.

13. 편각이 90°인 복소수는 순허수이며 실수부는 언제나 0이다.

14. 페이저의 합이 개념적으로는 편리하지만 극형식으로 표현되어 있으므로 직교좌표형식으로 바꾸어 합하거나 복소수 계산기를 사용해야 한다.

15. 독립전원중첩의 원리에 의해 서로 다른 주파수를 갖는 두 개의 정현파 전원으로 구동되는 회로의 응답은 서로 다른 주파수를 갖는 정현파의 합으로 나타나므로 더 이상 정현파가 아니다.

6장 연습문제

1 다음 정현파의 최대값과 주파수(Hz), 주기(초)를 각각 구하시오.

1) $2\cos(100t + 30°)$

2) $\sqrt{2}\sin(200\pi t + \frac{\pi}{4})$

2 다음 그래프는 $A\cos(\omega t + \theta)$ 를 시간축에서 그린 것이다. 각각에 대하여 최대값 A, 주기 $T[\sec]$, 주파수 $f[Hz]$, 각주파수 $\omega[rad/\sec]$, 위상 $\theta[rad]$을 구하시오.

1)
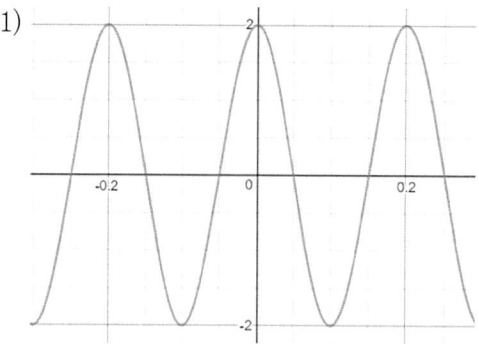

2)
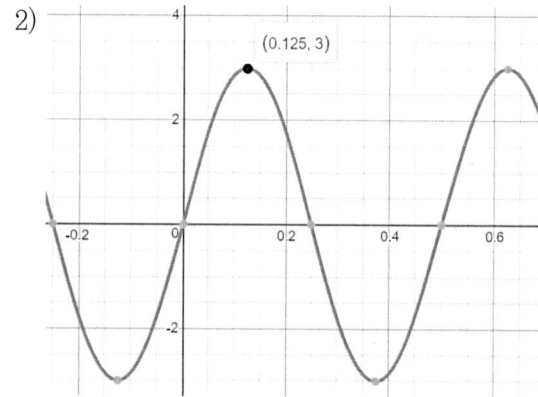

3 각주파수가 $20\pi[rad/sec]$, 최대값이 4, 위상이 $\theta = \dfrac{\pi}{3}$ 인 코사인 파형이 있다. 이 파형의 $t = 1[sec]$ 일 때의 값을 구하시오.

4 다음 파형은 회로의 어떤 두 지점 전압 $v_1(t)$와 $v_2(t)$를 동시에 오실로스코프로 관찰한 것이다. 물음에 답하시오. (오실로스코프의 가로축 한 눈금은 0.05초, 세로축 한 눈금은 $1[V]$로 설정되었다고 가정한다.)

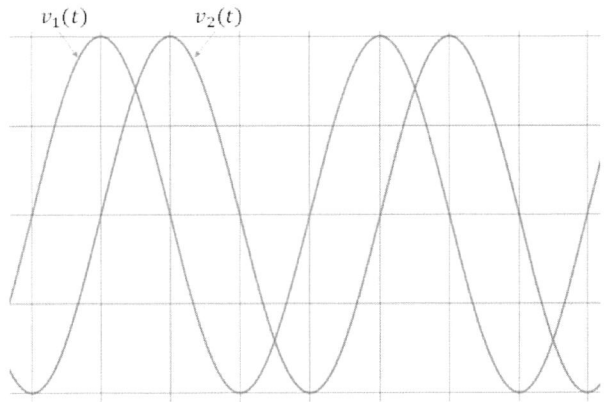

1) $v_1(t)$와 $v_2(t)$의 최대값과 주기(초), 주파수(Hz)는 각각 얼마인가?

2) $v_1(t)$와 $v_2(t)$ 중 위상이 앞서는 것은 어떤 것이며, 몇 라디안 앞서는가?

5 다음의 직교좌표형식으로 표현된 복소수를 극형식으로 변형하시오. (각도는 degree(°)로 표현하시오)

1) $1 + j$

2) $j3$

3) $-1-j$

4)

6 다음의 극형식으로 표현된 복소수를 직교좌표형식으로 변형하시오.

1) $2 \angle 30°$

2) $\sqrt{2} \angle 90°$

3) $3 \angle 180°$

4) $2\sqrt{2} \angle -45°$

7 다음의 복소수를 오일러의 공식을 이용하여 $Ae^{j\theta}$ 의 형식으로 표현하시오. (θ는 라디안으로 표기하시오)

1) $3 \angle 30°$

2) $-1-j$

3) $j2$

4) -3

8 다음의 계산 결과를 복소수의 극형식으로 표현하시오. (각도는 degree(°)로 표현하시오)

1) $(1+j)(1-j)$

2) $\dfrac{1+j}{1-j}$

3) $\dfrac{3\angle 30° \times (1-j2)}{1+j}$

4) $2\angle 45° \times 3\angle -45°$

5) $\dfrac{4\angle 60°}{2\angle 30°} \times (j3)$

6) $\dfrac{2\angle 60° + 3\angle -30°}{2\angle 45° + j2}$

7) $3e^{j\frac{\pi}{3}} \times 2\angle 30°$

8) $\dfrac{1+j+3e^{-j\frac{\pi}{4}}}{2-j}$

9 다음의 삼각함수를 페이저로 나타내시오.

1) $v_1(t) = 2\cos(100t + 30°)$

2) $v_2(t) = \sqrt{2}\cos(20t - 60°)$

3) $v_3(t) = 3\sin(2\pi t - 20°)$

4) $v_4(t) = 3\cos(10\pi t + \dfrac{\pi}{3})$

5) $v_5(t) = 0.5\sin(10\pi t + \dfrac{\pi}{4})$

6) $v_6(t) = -2\cos(200t + 30°)$

10 다음의 삼각함수 합성을 페이저를 이용하여 계산하고 그 결과를 cosine함수로 나타내시오.
(복소수 계산기를 활용하고, 결과는 소수 셋째자리에서 반올림하시오)

1) $v_1(t) = 3\cos\omega t + 4\sin\omega t$

2) $v_2(t) = \sqrt{2}\cos(2\omega t + 30°) + \sin(2\omega t - 60°)$

3) $v_3(t) = 2\sin(\omega t - 30°) + \sqrt{3}\cos(\omega t - 15°) + \cos(\omega t)$

4) $v_4(t) = 2\cos(\omega t + 30°) - \sqrt{3}\sin(\omega t + 15°)$

5) $v_5(t) = -2\cos(377t + 20°) - \sqrt{3}\sin(377t + 55°)$

7장 페이저를 이용한 교류회로 정상상태 해석

단원 목표

- R, L, C로 구성된 정현파 교류회로의 정상상태응답은 동일 주파수를 갖는 정현파의 대수적인 합으로 나타남에 착안하여 주파수 영역에서 페이저의 대수적인 연산으로 쉽게 구할 수 있음을 이해한다.
- R, L, C의 전압-전류 관계식으로부터 이들 소자의 전압과 전류를 페이저로 표현하면 전압과 전류의 관계식이 마치 옴의 법칙과 유사해짐을 이해한다.
- 다양한 R, L, C 교류회로의 정상상태 응답을 페이저를 이용하여 구할 수 있다.
- 주파수 영역에서 페이저로 나타낸 전압과 전류의 비인 임피던스의 개념을 이해하고 임피던스의 합성을 통한 등가 임피던스를 구할 수 있다.

1 페이저를 이용한 해석이 가능한 이유

아래 그림은 정현파 교류회로의 정상상태응답(steady-state response)은 전원과 동일한 주파수를 갖는 정현파로 나타남을 이용하여(그림 1의 (a)) 임의의 소자 D_1, D_2, D_3가 포함된 정현파 교류회로의 전압, 전류들을 시간에 관한 함수 및 그에 관한 페이저로 각각 표현한 것이다 (그림 1의 (b)). 페이저는 시간에 관한 함수가 아닌 복소수이므로 이 회로의 모든 전압, 전류는 시간에 무관한 '상수값'이다. 그림 1의 (b)와 같이 회로를 표현한 것을 '주파수 영역 (frequency domain)'의 표현이라고도 한다.

만약 각 소자의 전압 페이저와 전류 페이저의 관계식이 옴의 법칙과 유사한 대수식으로 표현된다면 페이저로 표현된 교류회로의 전압, 전류를 찾는 것은 마치 직류전원으로 구동되는 저항회로를 해석하는 것과 매우 유사할 것임을 짐작할 수 있다. (다만 방정식을 구성하는 계수나 상수, 그리고 찾고자 하는 미지수가 실수가 아닌 복소수라는 차이가 있을 뿐이다.) 다행히 우리가 관심을 가지는 저항, 커패시터, 인덕터의 경우, 소자 양단의 전압 페이저와 소자를 흐르는 전류 페이저의 관계는 매우 간단한 대수식으로 표현할 수 있다. 이제 그 관계식이 무엇인지 살펴보고 이로부터 페이저를 이용한 교류회로 정상상태 해석법을 공부해 보자.

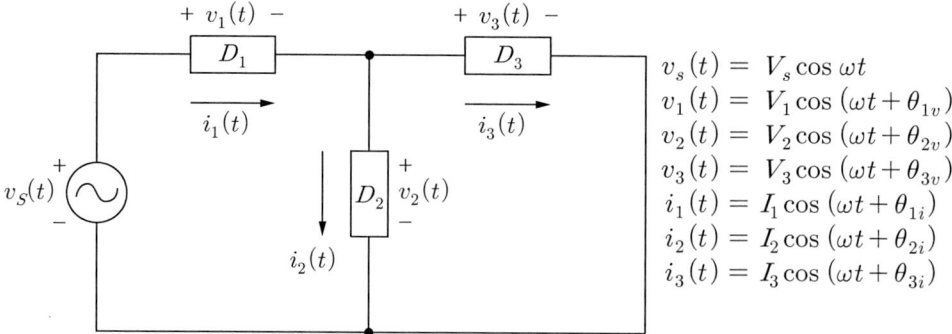

(a) 시간에 관한 함수로 나타낸 정현파 교류회로의 전압, 전류

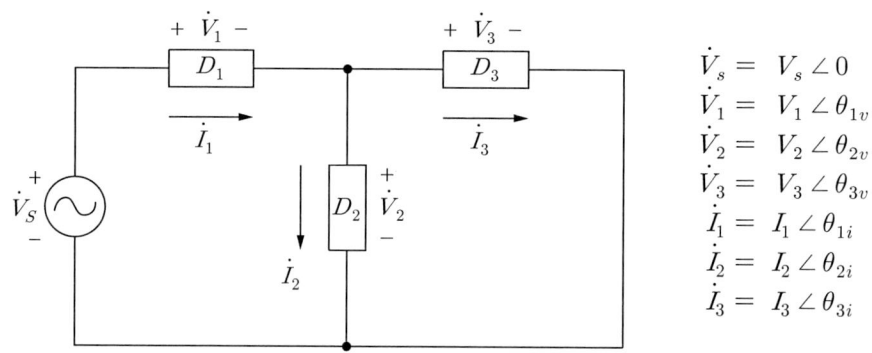

(b) 페이저로 나타낸 정현파 교류회로의 전압, 전류

〈 그림 1. 정현파 교류회로의 정상상태응답과 페이저 〉

2. R, L, C의 전압/전류 페이저의 관계

2.1 저항의 전압/전류 페이저의 관계

(a) 시간에 관한 함수 　　　(a) 페이저

〈그림 2. 저항의 전압, 전류 〉

7장. 페이저를 이용한 교류회로 정상상태 해석

저항을 정의하는 옴의 법칙은 시간에 무관하게 성립한다. 따라서 위 그림에서 저항 양단의 전압 $v_R(t)$가 정현파인 경우 저항을 통해 흐르는 전류 $i_R(t)$는 다음 식과 같이 전압과 주파수와 위상이 동일하고 크기(진폭)는 옴의 법칙에 의해 결정되는 정현파가 된다.

$$v_R(t) = V_R \cos(\omega t + \theta)$$
$$\Rightarrow i_R(t) = \frac{v_R(t)}{R} = \frac{V_R}{R} \cos(\omega t + \theta) = I_R \cos(\omega t + \theta) \; (\because \text{옴의 법칙})$$

7-1

그러므로 $v_R(t)$와 $i_R(t)$의 페이저를 각각 $\dot{V}_R$, $\dot{I}_R$이라고 하면, 두 페이저 간에는 다음의 관계식이 성립한다.

$$\dot{V}_R = V_R \angle \theta, \; \dot{I}_R = I_R \angle \theta = \frac{V_R}{R} \angle \theta = \frac{1}{R}(V_R \angle \theta)$$
$$\therefore \dot{I}_R = \frac{\dot{V}_R}{R} \quad \text{또는} \quad \dot{V}_R = \dot{I}_R R$$

7-2

즉, 저항의 경우, 전압과 전류를 페이저로 나타냈을때도 옴의 법칙이 동일하게 성립함을 알 수 있다.

2.2 커패시터의 전압/전류 페이저의 관계

저항과 달리 커패시터의 전압, 전류 관계식은 시간에 관한 미분으로 표현된다. 커패시터 양단의 전압이 정현파인 경우 전류의 페이저를 구하기 위해 오일러 공식을 이용하여 시간에 관한 미분을 계산하면 다음과 같다.

$$v_C(t) = V_C \cos(\omega t + \theta) = V_C \, Re\{e^{j(\omega t + \theta)}\}$$
$$(\because e^{j(\omega t + \theta)} = \cos(\omega t + \theta) + j\sin(\omega t + \theta))$$
$$\Rightarrow i_C(t) = C\frac{dv_c(t)}{dt} = C\frac{d}{dt}\left[V_C \, Re\{e^{j(\omega t + \theta)}\}\right]$$
$$= CV_C \, Re\left\{\frac{d}{dt}e^{j(\omega t + \theta)}\right\} = CV_C \, Re\{j\omega e^{j(\omega t + \theta)}\}$$
$$= CV_C \, Re\{e^{j\omega t} \times j\omega e^{j\theta}\}$$

7-3

그러므로 $v_C(t)$와 $i_C(t)$의 페이저를 각각 $\dot{V}_C$, $\dot{I}_C$이라고 하면, 두 페이저 간에는 다음의 관계식이 성립한다.

$$\dot{V}_C = V_C \angle \theta,$$
$$\dot{I}_C = CV_C(j\omega e^{j\theta}) = j\omega C(V_C e^{j\theta}) = j\omega C(V_C \angle \theta)$$
$$\therefore \dot{I}_C = j\omega C \dot{V}_C \text{ 또는 } \dot{V}_C = \frac{1}{j\omega C}\dot{I}_C$$

7-4

즉, 커패시터의 경우, 전압의 페이저는 전류의 페이저에 $\frac{1}{j\omega C}$라는 상수를 곱한 것과 같게 된다. 이것은 저항의 경우 R이라는 값으로 옴의 법칙이 성립하듯, 커패시터의 경우에는 $\frac{1}{j\omega C}$라는 값이 마치 저항과 같은 역할을 하여 전압과 전류 페이저 간에 주파수 영역에서 옴의 법칙이 성립하는 것이다. 이 때, '마치 저항과 같은' $\frac{1}{j\omega C}$를 커패시터의 임피던스(impedance)라고 부르며 단위는 저항과 동일한 $[\Omega]$을 쓴다.

(a) 시간영역의 전압, 전류, 커패시턴스   (b) 주파수영역의 전압페이저, 전류페이저, 임피던스
〈그림 3. 커패시터의 전압, 전류〉

2.3 인덕터의 전압/전류 페이저의 관계

인덕터의 전압, 전류 관계식도 시간에 관한 미분으로 표현된다. 인덕터를 통해 흐르는 전류가 정현파인 경우 전압의 페이저를 구하기 위해 오일러 공식을 이용하여 시간에 관한 미분을 계산하면 다음과 같다.

$$i_L(t) = I_L \cos(\omega t + \theta) = I_L Re\{e^{j(\omega t + \theta)}\}$$
$$(\because e^{j(\omega t + \theta)} = \cos(\omega t + \theta) + j\sin(\omega t + \theta))$$
$$\Rightarrow v_L(t) = L\frac{di_L(t)}{dt} = L\frac{d}{dt}\left[I_L Re\{e^{j(\omega t + \theta)}\}\right]$$
$$= LI_L Re\left\{\frac{d}{dt}e^{j(\omega t + \theta)}\right\} = LI_L Re\{jwe^{j(\omega t + \theta)}\}$$
$$= LI_L Re\{e^{j\omega t} \times j\omega e^{j\theta}\}$$

7-5

그러므로 $i_L(t)$와 $v_L(t)$의 페이저를 각각 $\dot{I}_L$, $\dot{V}_L$이라고 하면, 두 페이저 간에는 다음의 관계식이 성립한다.

$$\dot{I}_L = I_L \angle \theta,$$
$$\dot{V}_L = L I_L (j\omega e^{j\theta}) = j\omega L (I_L e^{j\theta}) = j\omega L (I_L \angle \theta) \quad \text{7-6}$$
$$\therefore \dot{V}_L = (j\omega L) \dot{I}_L \text{ 또는 } \dot{I}_L = \frac{1}{j\omega L} \dot{V}_L$$

즉, 인덕터의 경우, 전압의 페이저가 전류의 페이저에 $j\omega L$ 이라는 상수를 곱한 것과 같게 된다. 이 것은 저항의 경우 R 이라는 값으로 옴의 법칙이 성립하듯, 인덕터의 경우에는 $j\omega L$ 이라는 값이 마치 저항과 같은 역할을 하여 전압과 전류 페이저 간에 일종의 옴의 법칙이 성립하는 것이다. 이때, '마치 저항과 같은' $j\omega L$ 을 인덕터의 임피던스(impedance)라고 부르며 단위는 저항과 동일한 [Ω]을 쓴다.

(a) 시간영역의 전압, 전류, 인덕턴스   (b) 주파수영역의 전압페이저, 전류페이저, 임피던스
〈 그림 4. 인덕터의 전압, 전류 〉

3 R, L, C 회로의 교류회로 정상상태 해석

2절에서 저항, 커패시터, 인덕터는 모든 전압과 전류가 페이저로 표현된 주파수 영역에서 저항값이 각각 R, $\frac{1}{j\omega C}$, $j\omega L$ 인 저항처럼 표현할 수 있음을 확인하였다. 이 책에서 별도로 증명하지는 않겠지만, 주파수 영역에서 페이저로 나타낸 전압과 전류간에는 키르히호프의 전압, 전류 법칙 또한 성립한다. 그렇다면 주파수 영역에서 회로를 해석하는 것은 전압, 전류, 저항값이 실수로 표현된 직류 저항회로를 해석하는 것과 실수가 복소수로 바뀌었을 뿐, 방법은 완전히 동일하다는 결론에 도달한다. 이것이 R, L, C 회로의 교류회로 정상상태 해석 방법의 핵심이다.

3.1 RC 직렬회로의 교류회로 정상상태 해석

아래 그림과 같이 전압원이 $v_s(t) = V_s \cos \omega t \,[V]$ 로 주어진 RC 직렬회로의 정상상태 해석을 페이저를 이용하여 해 보자.

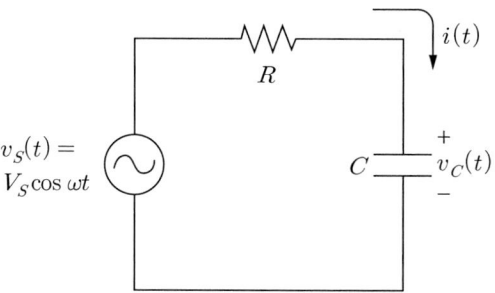

〈 그림 5. 정현파로 구동되는 RC 직렬회로 〉

위 회로의 정상상태 해석을 하여 $v_C(t)$를 구한다는 것은 이 회로로부터 만들어지는 다음의 미분방정식을 푼다는 것과 동등하다. (정상상태 해석이므로 미분방정식의 해에서 과도응답 부분은 제외한 강제응답만 찾는 것임)

$$RC\frac{dv_C(t)}{dt} + v_C(t) = V_s \cos \omega t \qquad 7\text{-}7$$

위 미분방정식의 강제응답은 다음과 같은 형태를 띠게 되며 이것을 식(7-7)에 대입하여 삼각함수의 덧셈정리, 삼각함수의 합성 등을 적용하면 강제응답의 미정계수, 즉, 진폭(V_C)과 위상(θ_C)을 구할 수 있다.

$$v_C(t) = V_C \cos(\omega t + \theta_C) \qquad 7\text{-}8$$

그러나 위 회로를 아래 그림과 같이 주파수 영역으로 표현하면 시간영역에서 미정계수법에 의한 미분방정식 풀이를 하지 않고 복소수로 표현된 전압, 전류, 저항만의 대수방정식 풀이로 회로를 해석할 수 있다.

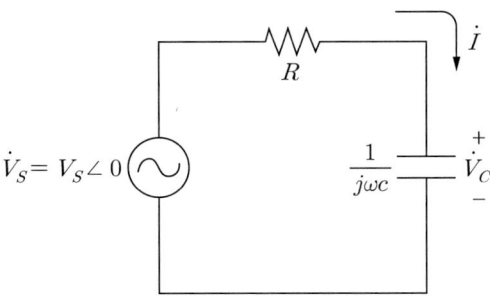

〈 그림 6. RC 직렬회로의 주파수 영역 표현 〉

위와 같이 주파수 영역에서 표현된 RC 직렬회로의 $\dot{V}_C$를 구하는 방법은 다음과 같이 저항 두 개가 직렬로 연결된 다음의 직류전원 회로에서 R_2 양단의 전압 V_2를 구하는 것과 완전히 동일하다. 여러 가지 방법이 있겠지만 이 경우에는 두 저항간의 전압 분배를 이용하는 것이 가장 간단하며 그 결과는 아래의 식과 같다.

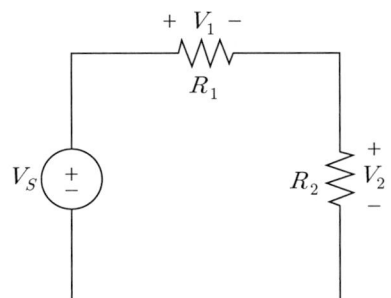

〈 그림 7. 저항 2개가 직렬로 연결된 회로 〉

$$V_2 = V_s \times \left(\frac{R_2}{R_1 + R_2} \right) \qquad 7-9$$

그림 6은 그림 7의 R_2가 $\frac{1}{j\omega C}$일 뿐 전압과 전류 페이저 간에 만족하는 관계식은 옴의 법칙과 동일하므로 전압 분배법칙을 동일하게 적용하여 다음과 같이 $\dot{V}_C$를 쉽게 구할 수 있다. (아래 식의 최종 결과를 암기할 필요는 없다. 풀이 과정에서 커패시터의 임피던스 $\frac{1}{j\omega C}$를 마치 저항처럼 다루어 풀었다는 것만 기억하면 된다.)

$$\dot{V}_C = \dot{V}_s \times \frac{\frac{1}{j\omega C}}{R + \frac{1}{j\omega C}}$$
$$= \dot{V}_s \times \frac{1}{1 + j\omega RC}$$

7-10

예제 7-1

다음 RC 직렬회로가 정상상태일때 커패시터 양단의 전압 $v_C(t)$을 구하시오.

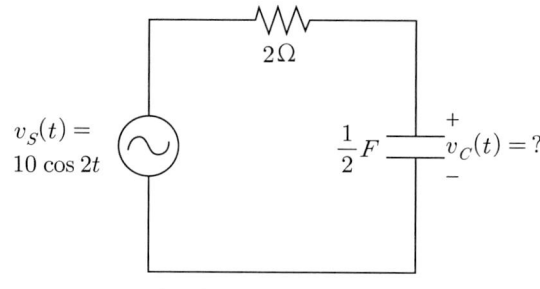

〈 그림 8. 예제 7-1 회로 〉

풀이

주어진 회로는 각주파수 $\omega = 2\,[rad/\sec]$인 교류회로이다. 따라서 이 회로를 주파수 영역에서 표현하기 위해 커패시터의 임피던스 $\dot{Z}_C$를 구하면 다음 식과 같다.

$$\dot{Z}_C = \frac{1}{j\omega C} = \frac{1}{j \times 2 \times \frac{1}{2}} = \frac{1}{j}\,[\Omega]$$

7-11

따라서 그림 7의 시간영역 회로는 아래 그림과 같은 주파수 영역 회로로 표현할 수 있다.

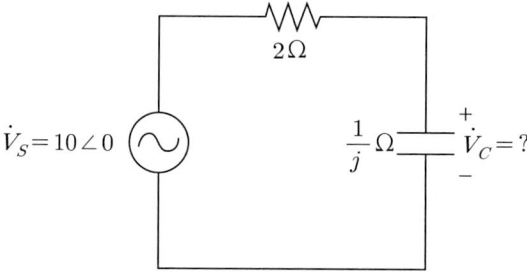

〈 그림 9. 예제7-1 회로의 주파수 영역 표현 〉

7장. 페이저를 이용한 교류회로 정상상태 해석

위 그림에서 커패시터 양단의 전압 페이저 $\dot{V}_C$는 식(7-10)과 마찬가지로 주파수 영역에서의 두 임피던스 $2[\Omega]$과 $\frac{1}{j}[\Omega]$간에 전원 전압 $\dot{V}_s$가 분배된 것임을 이용하여 다음 식과 같이 표현할 수 있다.

$$\dot{V}_C = \dot{V}_s \times \left(\frac{\frac{1}{j}}{2+\frac{1}{j}} \right) = (10\angle 0) \times \left(\frac{1}{j2+1} \right) [V] \qquad 7\text{-}12$$

〈 그림 10. 복소수 계산기의 활용 〉

복소수 계산기의 결과를 이용하면, 커패시터 양단의 전압 페이저 $\dot{V}_C$는 다음과 같이 계산된다.

$$\dot{V}_C = (10\angle 0) \times \left(\frac{1}{j2+1} \right) \\ \approx 4.4721 \angle -1.1071 \, [V] \qquad 7\text{-}13$$

주파수 영역에서 $\dot{V}_C$가 어떤 복소수인지 계산하였으므로 이것으로부터 $v_C(t)$의 진폭과 위상을 알게 되었다. 따라서 시간 영역에서 $v_C(t)$는 다음과 같이 표현된다.

$$\dot{V}_C \approx 4.4721 \angle -1.1071 \, [V] \\ \therefore v_C(t) \approx 4.4721 \cos(2t - 1.1071) \, [V] \qquad 7\text{-}14$$

3.2 RLC 직렬회로의 교류회로 정상상태 해석

아래 그림과 같이 전압원이 $v_s(t) = V_s \cos \omega t \, [V]$로 주어진 RLC 직렬회로의 정상상태 해석을 페이저를 이용하여 해 보자.

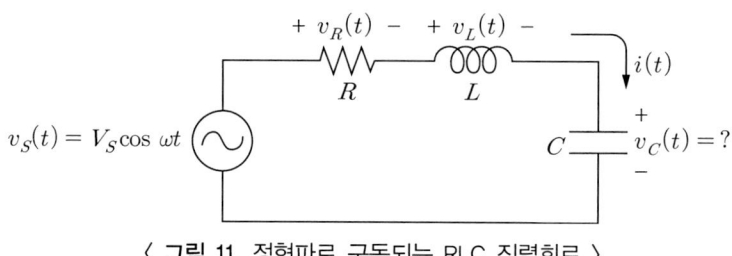

〈 그림 11. 정현파로 구동되는 RLC 직렬회로 〉

위 회로에 대해 키르히호프 전압법칙을 적용하면 다음과 같다.

$$v_R(t) + v_L(t) + v_C(t) = V_s \cos \omega t \qquad 7-15$$

RLC 직렬회로이므로 저항과 인덕터, 커패시터에는 동일한 전류 $i(t)$가 흐름을 이용하면 식(7-15)에서 $v_R(t), v_L(t)$를 다음과 같이 $v_C(t)$에 관한 식으로 표현할 수 있다.

$$\begin{aligned} i(t) &= C \frac{dv_C(t)}{dt} \\ \Rightarrow v_R(t) &= i(t)R = RC \frac{dv_C(t)}{dt}, \\ v_L(t) &= L \frac{di(t)}{dt} = LC \frac{d^2 v_C(t)}{dt^2}. \end{aligned} \qquad 7-16$$

식(7-16)을 식(7-15)에 대입하면 다음과 같이 $v_C(t)$에 관한 2차 미분방정식을 찾을 수 있다.

$$LC \frac{d^2 v_C(t)}{dt^2} + RC \frac{dv_C(t)}{dt} + v_C(t) = V_s \cos \omega t \qquad 7-17$$

이 회로의 정현파 정상상태응답을 구한다는 것은 위와 같이 복잡한 2차 미분방정식을 푸는 것과 동일하다. 이 미분방정식은 식을 유도하는 과정도 간단하지 않고 그 풀이 또한 상당히 복잡하다. 이제, 동일한 문제를 주파수 영역으로 변환하여 페이저를 이용해 풀어보자. 다음 그림은 그림 5의 시간영역

회로를 주파수 영역으로 변환한 것이다. 이 과정에서 L과 C의 인덕턴스 ($L[H]$), 커패시턴스 ($C[F]$) 값이 각각 $j\omega L[\Omega]$ 과 $\frac{1}{j\omega C}[\Omega]$ 라는 임피던스로 변환된 것에 특히 주의하자.

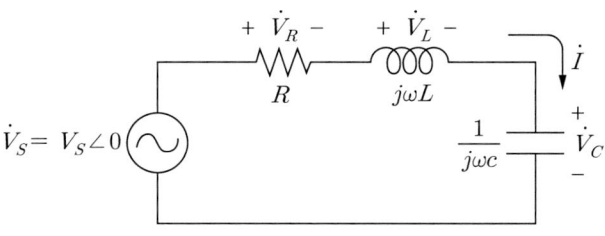

〈 그림 12. RLC 직렬회로의 주파수 영역 표현 〉

위 회로는 임피던스가 각각 $R, j\omega L, \frac{1}{j\omega C}$ 인 주파수 영역에서의 '저항'이 직렬로 연결된 회로이다. 따라서 커패시터 양단의 전압 페이저 $\dot{V}_C$ 는 다음과 같이 주파수 영역에서의 전압분배법칙으로부터 손쉽게 계산할 수 있다.

$$\dot{V}_C = \dot{V}_s \times \frac{\frac{1}{j\omega C}}{R + j\omega L + \frac{1}{j\omega C}} \qquad 7\text{-}18$$
$$= \dot{V}_s \times \frac{1}{j\omega RC - \omega^2 LC + 1}$$

식(7-18)을 복소수의 극형식으로 정리하면 $\dot{V}_C$의 크기(절대값)과 위상을 V_s, ω, R, L, C로 표현할 수 있겠으나 그 과정과 결과가 매우 번잡하다. 이와 같은 문자식의 표현은 주파수의 변화 또는 R, L, C 값의 변화에 따른 응답의 변화를 고찰하는데 유용하지만 이번 장에서는 페이저라는 복소수를 이용한 정현파 회로 해석의 순서와 방법을 이해하는데 집중한다. 따라서 $\dot{V}_C$의 계산 및 그로부터 $v_C(t)$를 구하는 과정은 다음 예제와 같이 실제 회로 소자값을 이용하여 확인하기로 한다.

예제 7-2

다음 RLC 직렬회로가 정상상태일때 커패시터 양단의 전압 $v_C(t)$을 구하시오.

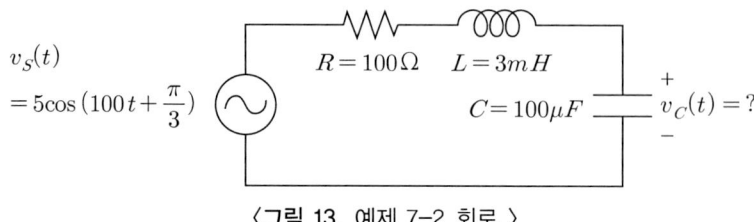

〈 그림 13. 예제 7-2 회로 〉

풀이

주어진 회로를 구동하는 전원 $v_s(t)$의 각주파수 $\omega = 100\,[rad/\sec]$ 이다. 따라서 이 회로를 주파수 영역으로 변환할 경우 $3m[H]$ 인덕터의 임피던스 $\dot{Z}_L$과 $100\mu[F]$ 커패시터의 임피던스 $\dot{Z}_C$는 각각 다음과 같다.

$$\dot{Z}_L = j\omega L = j100 \times 3 \times 10^{-3} = j0.3\,[\Omega],$$
$$\dot{Z}_C = \frac{1}{j\omega C} = \frac{1}{j100 \times 100 \times 10^{-6}} = -j100\,[\Omega].$$

7-19

따라서 주파수 영역에서의 회로는 다음과 같이 표현할 수 있다.

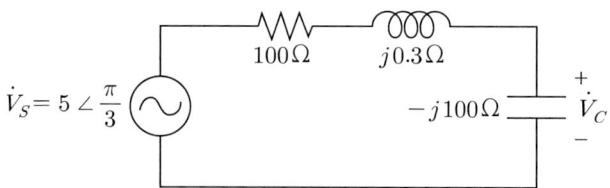

〈 그림 14. 예제7-2 회로의 주파수 영역 표현 〉

이제, 주파수 영역에서의 전압분배법칙에 의해 커패시터 양단의 전압 페이저 $\dot{V}_C$는 다음과 같이 복소수 대수 연산으로 구할 수 있다.

$$\begin{aligned}\dot{V}_C &= \dot{V}_s \times \frac{\dot{Z}_C}{R + \dot{Z}_L + \dot{Z}_C} \\ &= 5\angle\frac{\pi}{3} \times \frac{-j100}{100 + j0.3 - j100} \\ &\approx 3.5408\angle 0.2603\,[V]\end{aligned}$$

7-20

물론 위의 계산 또한 다음과 같이 복소수 계산기를 이용하면 쉽게 결과를 얻을 수 있다.

<그림 15. 식(7-20) 풀이의 복소수 계산기의 활용>

식(7-20)으로부터 $\dot{V}_C$의 절대값은 $3.5408\,[V]$, 위상은 $0.2603\,[rad]$ 임을 알았으므로, $v_C(t)$는 다음과 같이 표현할 수 있다.

$$\dot{V}_C \approx 3.5408 \angle 0.2603$$
$$\Rightarrow v_C(t) \approx 3.5408 \cos{(100t + 0.2603)}\,[V]$$

7-21

3.3 복잡한 R, L, C 회로의 정상상태 해석

전압, 전류가 페이저로 표현되는 주파수 영역에서는 인덕터와 커패시터 또한 저항처럼 다룰 수 있고 키르히호프의 전압, 전류 법칙 또한 성립한다[12]. 따라서 직류전원과 저항만으로 구성된 회로에서 적용하였던 노드 해석법과 메쉬 해석법을 정현파 교류회로의 정상상태 해석에도 그대로 적용할 수 있다. 다만 계산에 등장하는 값들이 모두 복소수로 표현된다는 차이만 있을 뿐이다.

---

12) 키르히호프의 전압, 전류 법칙은 전압과 전류의 '합'에 대한 성질이다. 주파수가 동일한 정현파의 합을 페이저의 합으로 변환할 수 있다는 것이 페이저의 가장 중요한 성질이므로 페이저로 나타낸 전압과 전류에 대해서도 키르히호프의 전압, 전류 법칙은 자연스럽게 성립한다.

주파수 영역에서 페이저를 이용한 회로의 해석은 시간 영역에서의 복잡한 미분방정식 풀이보다는 훨씬 간단하지만 회로가 복잡해질수록 복소수의 계산 자체를 손으로 하는 것은 매우 번잡하고 실수를 하기가 쉽다. 따라서 우리는 회로로부터 풀어야 할 복소 계수 방정식 자체를 찾는데 집중하고 방정식의 실제 풀이는 복소수의 사칙연산뿐 아니라 복소수로 구성된 행렬 연산도 가능한 복소수 계산기를 적극 활용하기로 한다.

예제 7-3

다음의 회로가 정상상태일때 노드 전압 $v_1(t)$와 $v_2(t)$를 구하시오.

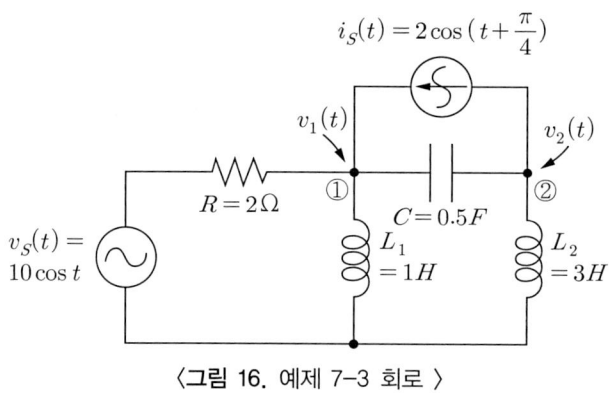

〈 그림 16. 예제 7-3 회로 〉

풀이

주어진 회로에는 더 이상 합성할 수 없는 인덕터와 커패시터가 총 3개 있으므로 미지의 노드 전압을 구하려면 3차 미분방정식을 풀어야 한다. 한 편 이 회로를 구동하는 전압원 $v_s(t)$와 전류원 $i_s(t)$의 각주파수 $\omega = 1[rad/\sec]$로서 동일하다. 따라서 이 회로를 다음 그림과 같이 주파수 영역으로 변환할 수 있다.

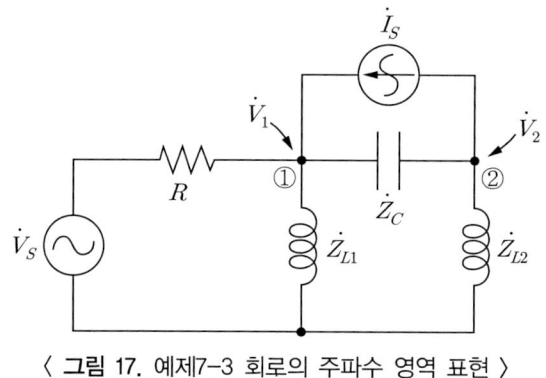

〈 그림 17. 예제7-3 회로의 주파수 영역 표현 〉

전압원과 전류원의 페이저 $\dot{V}_s$, $\dot{I}_s$ 인덕터 L_1의 임피던스 $\dot{Z}_{L1}$과 인덕터 L_2의 임피던스 $\dot{Z}_{L2}$ 그리고 커패시터 C의 임피던스 $\dot{Z}_C$는 각각 다음과 같은 값을 가진다.

$$\begin{aligned}
\dot{V}_s &= 10 \angle 0\,[V], \\
\dot{I}_s &= 2 \angle \frac{\pi}{4}\,[A], \\
\dot{Z}_{L1} &= j\omega L_1 = j1 \times 1 = j\,[\Omega], \\
\dot{Z}_{L2} &= j\omega L_2 = j1 \times 3 = j3\,[\Omega], \\
\dot{Z}_C &= \frac{1}{j\omega C} = \frac{1}{j1 \times 0.5} = -j2\,[\Omega].
\end{aligned}$$

7-22

이제 주파수 영역에서 전원의 페이저와 각 소자의 임피던스를 모두 찾았으므로 이 값들을 이용하여 노드 ①과 노드 ②에서 각각 노드 방정식을 세워 찾고자 하는 $\dot{V}_1$과 $\dot{V}_2$ 연립방정식을 세워야 한다.

그림 17의 노드 ①에서 키르히호프 전류법칙을 적용하면 다음과 같은 노드 방정식을 얻을 수 있다.

$$\frac{\dot{V}_1 - \dot{V}_s}{R} + \frac{\dot{V}_1}{\dot{Z}_{L1}} + \frac{\dot{V}_1 - \dot{V}_2}{\dot{Z}_C} - \dot{I}_s = 0$$

7-23

마찬가지로 노드 ②에서 키르히호프 전류법칙을 적용하면 다음과 같은 노드 방정식을 얻을 수 있다.

$$\frac{\dot{V}_2 - \dot{V}_1}{\dot{Z}_C} + \frac{\dot{V}_2}{\dot{Z}_{L2}} + \dot{I}_s = 0$$

7-24

식(7-23)과 식(7-24)에 식(7-22)의 복소수 값을 대입하여 미지수 $\dot{V}_1$, $\dot{V}_2$에 대해 정리하면 다음과 같은 이원일차연립방정식을 얻게 된다.

$$\begin{aligned}
\left(\frac{1}{2} - j\frac{1}{2}\right)\dot{V}_1 - j\frac{1}{2}\dot{V}_2 &= 2 \angle \frac{\pi}{4} + 5, \\
-j\frac{1}{2}\dot{V}_1 + j\frac{1}{6}\dot{V}_2 &= -\left(2 \angle \frac{\pi}{4}\right).
\end{aligned}$$

7-25

이제 위의 연립방정식을 풀면 $v_1(t)$와 $v_2(t)$의 페이저 $\dot{V}_1$, $\dot{V}_2$를 구할 수 있다. 식(7-25)를 복소수 계산기로 풀기 위해 다음과 같이 행렬을 이용한 식으로 방정식을 표현해 보자.

$$\begin{pmatrix} \frac{1}{2} - j\frac{1}{2} & -j\frac{1}{2} \\ -j\frac{1}{2} & j\frac{1}{6} \end{pmatrix} \begin{pmatrix} \dot{V}_1 \\ \dot{V}_2 \end{pmatrix} = \begin{pmatrix} 2 \angle \frac{\pi}{4} + 5 \\ -\left(2 \angle \frac{\pi}{4}\right) \end{pmatrix}$$

7-26

위 식(7-26)으로부터 $\dot{V}_1, \dot{V}_2$는 다음 식과 같이 역행렬의 곱을 계산하여 풀 수가 있다.

$$\begin{pmatrix} \dot{V}_1 \\ \dot{V}_2 \end{pmatrix} = \begin{pmatrix} \frac{1}{2}-j\frac{1}{2} & -j\frac{1}{2} \\ -j\frac{1}{2} & j\frac{1}{6} \end{pmatrix}^{-1} \begin{pmatrix} 2\angle\frac{\pi}{4}+5 \\ -(2\angle\frac{\pi}{4}) \end{pmatrix} \approx \begin{pmatrix} 1.7297\angle 0.4098 \\ 11.1912\angle 1.9102 \end{pmatrix} \qquad 7\text{-}27$$

식(7-27)의 계산을 손으로 직접 하는 것은 번거로울뿐 아니라 무리수까지 포함되어 정확하지도 않다. 무엇보다 계산 자체에 너무 많은 노력을 쏟게 되어 정작 필요한 교류회로 해석 방법의 흐름을 놓치기 쉽다. 다음 그림과 같이 복소수 행렬 연산이 가능한 계산기 프로그램이 있으니 꼭 찾아서 활용할 것을 권장한다.

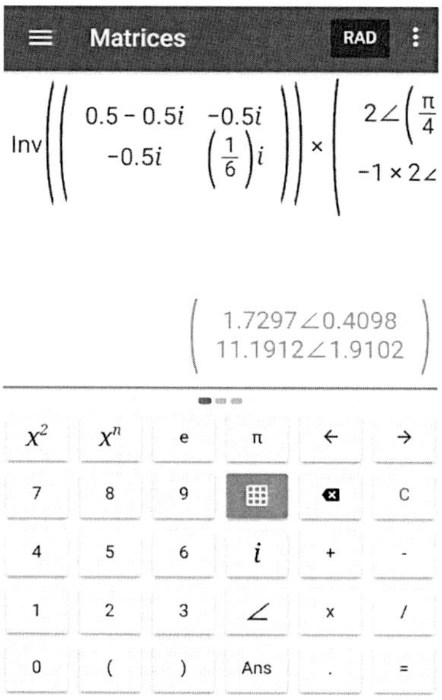

〈 그림 18. 식(7-27) 풀이의 복소수 계산기의 활용 〉

$\dot{V}_1, \dot{V}_2$을 찾았으므로 다음과 같이 시간영역의 함수 $v_1(t), v_2(t)$로 변환할 수 있다.

$$\begin{aligned} \dot{V}_1 &\approx 1.7297\angle 0.4098 \Rightarrow v_1(t) \approx 1.7297\cos(t+0.4098)\,[V] \\ \dot{V}_2 &\approx 11.1912\angle 1.9102 \Rightarrow v_2(t) \approx 11.1912\cos(t+1.9102)\,[V] \end{aligned} \qquad 7\text{-}28$$

3.4 임피던스의 합성과 등가 임피던스

2절에서 저항 $R[\Omega]$, 커패시턴스 $C[F]$, 인덕턴스 $L[H]$은 주파수영역에서 시간영역의 저항과 비슷한 역할을 하는 임피던스 $R[\Omega]$, $\frac{1}{j\omega C}[\Omega]$, $j\omega L\,[\Omega]$ 을 각각 갖는다고 하였다(ω는 회로를 구동하는 정현파의 각주파수). 이 임피던스는 저항과 비슷한 역할을 할 뿐 아니라 임피던스가 직병렬 연결되었을 때 등가 임피던스로 '합성'하는 방법 또한 저항의 합성과 완전히 동일하다.

임피던스 $\dot{Z}_1, \dot{Z}_2, ..., \dot{Z}_N$이 직렬로 연결된 경우 전체 연결의 등가 임피던스 $\dot{Z}_{eq}$는 다음과 같다.

$$\dot{Z}_{eq} = \sum_{k=1}^{N} \dot{Z}_k \qquad 7\text{-}29$$

임피던스 $\dot{Z}_1, \dot{Z}_2, ..., \dot{Z}_N$이 병렬로 연결된 경우 전체 연결의 등가 임피던스 $\dot{Z}_{eq}$는 다음과 같다.

$$\frac{1}{\dot{Z}_{eq}} = \sum_{k=1}^{N} \frac{1}{\dot{Z}_k} \qquad 7\text{-}30$$

저항의 임피던스는 순수한 실수이고 커패시터와 인덕터의 임피던스는 순수한 허수인데 반해, 이들이 직병렬로 연결되어 구성된 임의의 임피던스 $\dot{Z}$는 다음과 같이 실수부와 허수부를 모두 가질 수 있다.

$$\dot{Z} = R + jX \qquad 7\text{-}31$$

여기서 임피던스의 실수부 R은 저항(resistance), 허수부 X는 리액턴스(reactance)라고 구별하여 부른다.

한편, 저항의 역수를 전도도(conductance)라고 정의하듯이, 임피던스 $\dot{Z}$의 역수를 어드미턴스(admittance) $\dot{Y}$라고 정의하는데 어드미턴스 또한 실수부와 허수부를 모두 가질 수 있으므로 다음과 같이 표시할 수 있다.

$$\dot{Y} = \frac{1}{\dot{Z}} = G + jB \qquad 7\text{-}32$$

여기서 어드미턴스의 실수부 G는 전도도(conductance), 허수부 B는 서셉턴스(susceptance)라고 구별한다.

예제 7-4

아래 회로에서 A-B 단자로 바라본 등가 임피던스 $\dot{Z}_{eq}$를 구하고 극형식으로 표현하시오. (회로를 구동하는 정현파의 각주파수 $\omega = 1,000\,[rad/sec]$이다.)

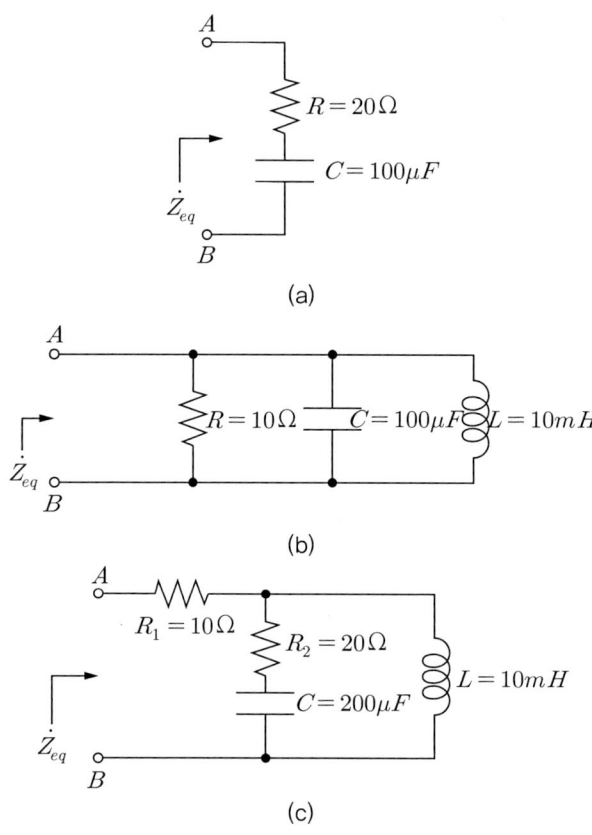

⟨ 그림 19. RLC 소자의 연결과 등가 임피던스 ⟩

풀이

커패시턴스가 C인 커패시터의 임피던스는 $\frac{1}{j\omega C}$, 인덕턴스가 L인 인덕터의 임피던스는 $j\omega L$임을 이용하여 각각의 회로를 주파수영역으로 변환한 후, 임피던스의 합성법을 이용하여 A-B 단자 사이의 등가 임피던스를 구한다.

(a) 그림 19(a)의 회로를 주파수 영역으로 변환하면 다음 그림과 같이 커패시터가 $\dot{Z}_C$라는 임피던스를 갖는 소자로 표현된다.

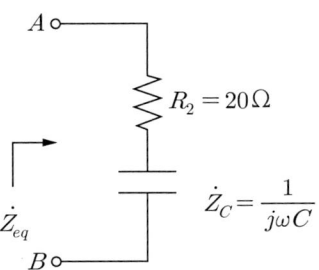

〈 **그림 20.** 그림 19(a) 회로의 주파수영역 표현 〉

따라서 A-B 단자로 바라본 등가 임피던스는 다음 식과 같이 계산된다.

$$\begin{aligned}\dot{Z}_{eq} &= R + \dot{Z}_C \\ &= R + \frac{1}{j\omega C} \\ &= 20 - \frac{j}{10^3 \times 100 \times 10^{-6}} \\ &= 20 - j10\,[\Omega] \\ &\approx 22.36 \angle -0.46\,[\Omega]\end{aligned}$$

7-33

(b) 그림 19(b)의 회로를 주파수 영역으로 변환하면 다음 그림과 같이 커패시터와 인덕터가 각각 $\dot{Z}_C$, $\dot{Z}_L$이라는 임피던스를 갖는 소자로 표현된다.

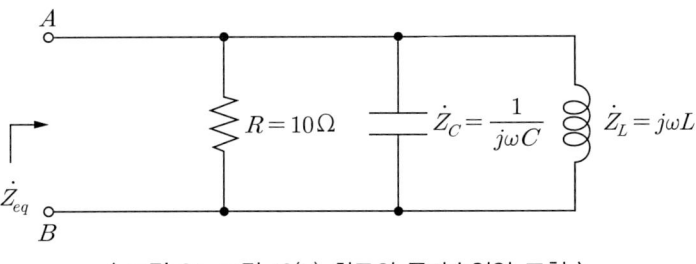

〈 **그림 21.** 그림 19(b) 회로의 주파수영역 표현 〉

따라서 A-B 단자로 바라본 등가 임피던스는 다음 식과 같이 계산된다.

$$\dot{Z}_{eq} = R \parallel \dot{Z}_C \parallel \dot{Z}_L$$
$$= R \parallel \frac{1}{j\omega C} \parallel j\omega L$$
$$= 10 \parallel \left(\frac{-j}{10^3 \times 100 \times 10^{-6}}\right) \parallel (j \times 10^3 \times 10 \times 10^{-3})$$
$$= 10 \parallel (-j10) \parallel (j10)$$
$$= \left(\frac{-j100}{10 - j10}\right) \parallel (j10)$$
$$= (5 - j5) \parallel (j10)$$
$$= 10\angle 0\,[\Omega]$$

7-34

참고로, 이 회로 A-B 단자 사이에 커패시터와 인덕터가 연결되어 있음에도 불구하고 등가임피던스는 순수한 저항 (실수 성분)만을 가지는 것을 알 수 있다. 물론 이 회로를 구동하는 각주파수 $\omega = 1,000\,[rad/sec]$ 가 다른 값을 가지면 $\dot{Z}_{eq}$는 저항 성분 이외의 리액턴스 성분(허수 성분)도 가질 수 있으며 이는 동일한 소자로 구성된 회로가 어떤 주파수로 구동되는가에 따라 주파수영역에서는 다른 특성을 가질 수 있음을 보여주는 것이다. '회로의 주파수 특성'이라는 개념이 정의되는 이유이다.

(c) 그림 19(c)의 회로를 주파수 영역으로 변환하면 다음 그림과 같이 커패시터와 인덕터가 각각 $\dot{Z}_C$, $\dot{Z}_L$ 이 라는 임피던스를 갖는 소자로 표현된다.

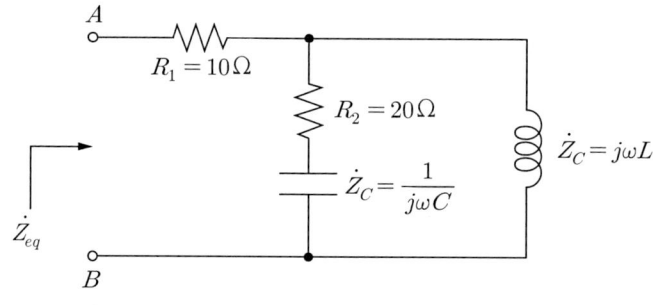

⟨ **그림 22.** 그림 19(c) 회로의 주파수영역 표현 ⟩

따라서 A-B 단자로 바라본 등가 임피던스는 다음 식과 같이 계산된다.

$$\dot{Z}_{eq} = R_1 + \{(R_2 + \dot{Z}_C) \parallel \dot{Z}_L\}$$
$$= R_1 + \left\{\left(R_2 + \frac{1}{j\omega C}\right) \parallel j\omega L\right\}$$
$$= 10 + \left\{\left(20 - \frac{j}{10^3 \times 200 \times 10^{-6}}\right) \parallel j \times 10^3 \times 10 \times 10^{-3}\right\}$$
$$= 10 + \{(20 - j5) \parallel j10\}$$
$$= 10 + \frac{50(1 + j4)}{20 + j5}$$
$$\approx 14.71 + j8.82\,[\Omega]$$
$$\approx 17.15\angle 0.54\,[\Omega]$$

단원 마무리

1. 페이저를 이용한 해석이 가능한 이유
   - 정현파 교류회로의 응답은 전원과 같은 주파수를 갖는 정현파로 나타난다.
   - R, L, C 는 페이저로 나타낸 전압과 전류의 관계식이 옴의 법칙과 유사해진다.
   - 따라서 정현파 교류회로의 모든 전압, 전류를 페이저로 나타내었을 때, 회로 해석에 필요한 연립방정식은 모드 이들 페이저의 대수적인 합으로 나타난다.

2. R, L, C의 전압/전류 페이저의 관계
   - R, L, C의 전압과 전류 페이저의 비례 상수는 각각 $R, j\omega L, \frac{1}{j\omega C}$ 이며 이들의 단위는 모두 $[\Omega]$ 이다.
   - 따라서 주파수 영역에서 R, L, C는 모두 $R, j\omega L, \frac{1}{j\omega C}$ 의 저항을 갖는 저항처럼 행동한다.

3. R, L, C 회로의 교류회로 정상상태 해석
   - R, L, C로 구성된 정현파 교류회로의 정상상태 해석은 원칙적으로 N차 미분방정식의 강제응답을 풀어야 하고 3차 이상은 매우 어려워지지만 페이저를 이용하면 차수에 관계없이 손쉬운 복소수 계산만으로 가능하다.
   - R, L, C가 주파수 영역에서 저항과 유사하게 행동할 때 저항값에 해당하는 전압과 전류 페이저의 비례상수를 각각의 임피던스라고 한다. 이들 소자가 직병렬로 연결된 경우 시간 영역에서 직병렬 저항의 합성과 동일한 방법으로 합성 임피던스를 계산할 수 있다.
   - 주파수 영역에서의 회로 분석은 직류전원과 저항으로 구성된 회로에서와 동일한 해석법 및 회로정리를 동원하여 수행할 수 있다. 이 때 다양한 복소수 계산을 요구하지만 복소수를 펜으로 계산하는 데 너무 매몰되지 않도록 복소수 계산기의 적극 활용을 권장한다.

생각해 봅시다

- **질문**: 정현파 교류회로의 과도응답은 페이저를 이용하여 계산할 수 없다. 그 이유는 무엇일까?
- **의견**: 과도응답은 전원과 무관하게 회로의 구성 자체만으로 결정되는 응답으로서 시간이 지나면 소멸되는 특징이 있다. 한편, 페이저를 이용한 회로 분석 기법은 정현파 교류전원에 의한 강제응답이 정현파로 나타남을 이용하는 것이므로 과도응답의 계산에는 전혀 도움을 주지 못한다.

7장 개념정리 O, X 퀴즈

1 페이저를 이용하여 정현파 교류회로의 정상상태 해석을 할 수 있는 이유는 같은 주파수를 갖는 두 정현파의 합을 페이저의 합으로 계산할 수 있기 때문이다. (O, ×)

2 정현파로 구동되는 선형회로를 페이저로 해석할 경우, 페이저가 포함된 방정식에 전류나 전압 페이저가 서로 곱해지는 경우는 나타나지 않는다. (O, ×)

3 페이저의 편각은 항상 라디안(radian)으로만 나타내야 한다. (O, ×)

4 페이저의 절대값은 반드시 해당 정현파의 진폭(amplitude)으로 나타내야 한다. (O, ×)

5 페이저로 나타낸 R, L, C의 임피던스 합성방법은 직류회로의 저항 합성 방법과 동일하다. (O, ×)

6 정현파 교류회로의 과도응답(transient response)도 페이저를 이용하면 손쉽게 계산할 수 있다. (O, ×)

7 정현파 교류회로의 정상상태응답(steady-state response)은 미분방정식을 풀어야만 알 수가 있다. (O, ×)

8 어떤 2-단자 회로의 임피던스가 양수인 허수부를 가지면 이 회로는 저항과 인덕터가 직렬연결된 것과 동등하다고 볼 수 있다. (O, ×)

9 어떤 2-단자 회로의 임피던스가 음수인 허수부를 가지면 이 회로는 저항과 커패시터가 직렬연결된 것과 동등하다고 볼 수 있다. (O, ×)

10 R, L, C로 구성된 2-단자 회로의 임피던스는 음수인 실수부를 가질 수 있다. (O, ×)

11 R, L, C로 구성된 2-단자 회로의 임피던스는 90°보다 크고 180°보다 작은 편각을 가질 수 있다. (o, ×)

12 커패시터의 임피던스가 갖는 편각은 주파수가 커질수록 작아진다. (o, ×)

13 인덕터의 임피던스가 갖는 절대값은 주파수가 커질수록 커진다. (o, ×)

14 주파수 영역에서 페이저를 이용한 노드해석법의 풀이 절차는 직류전원과 저항으로 구성된 회로에 대한 것과 동일하다. (o, ×)

15 R,L,C로 구성된 2-단자 회로의 임피던스는 허수부가 없는 순실수가 될 수도 있다. (o, ×)

[7장 퀴즈 정답 및 해설]

1	2	3	4	5	6	7	8	9	10	11	12	13	14	15
O	O	X	X	O	X	X	O	O	X	X	X	O	O	O

1 오일러의 공식으로부터 같은 주파수를 갖는 정현파의 합을 복소수의 합으로 계산할 수 있음을 보일 수 있다.

2 선형회로의 경우 전압과 전류의 관계식은 모두 선형이므로 서로 곱해지거나 제곱이 되는 등의 비선형적인 관계는 나타나지 않는다.

3 페이저는 정현파에 대한 복소수 표현이며 복소수의 편각은 어떤 단위로 나타내어도 상관이 없다.

4 페이저의 절대값은 정의하기에 따라 정현파의 진폭으로 나타낼 수도 있고 정현파의 실효치로 나타낼 수도 있다. 주파수 영역과 시간 영역을 오갈때 규칙만 일관되게 적용하면 문제될 것이 없다. 본 교재에서는 정현파의 진폭을 페이저의 크기, 즉, 절대값으로 나타낸다.

5 주파수 영역에서 R, L, C는 마치 저항처럼 행동하며 합성 임피던스 또한 합성 저항을 구하듯이 대수적으로 계산 가능하다.

6 페이저는 정현파 교류회로의 정상상태응답을 구할 때만 유용한 기법이다.

7 6번과 마찬가지 이유이다.

8 인덕터의 임피던스는 허수부가 양수인 순허수이다.

9 커패시터의 임피던스는 허수부가 음수인 순허수이다.

10 R, L, C로 구성된 회로의 임피던스의 실수부(저항성분)는 언제나 양수이다.

11 10번과 같은 이유로 R, L, C로 구성된 회로의 임피던스는 편각이 $-90°$와 $90°$ 사이에만 존재한다.

12 커패시터의 임피던스는 허수부가 음수인 순허수이다. 따라서 편각은 주파수에 상관없이 언제나 $-90°$이다.

13 인덕터의 임피던스는 $j\omega L$이므로 절대값 ωL은 주파수에 비례한다.

14 주파수 영역으로 변환하면 직류전원과 저항으로 구성된 회로에서 사용했던 노드 해석법, 메쉬 해석법의 절차와 방법을 그대로 적용하여 정상상태 응답을 구할 수 있다.

15 R, L, C로 구성된 회로의 임피던스는 구성에 따라 얼마든지 순실수가 될 수도 있다.

7장 연습문제

1 아래 그림과 같이 수동부호규약을 만족하는 $v(t)$와 $i(t)$가 다음과 같이 주어졌을 때, 이 소자는 저항, 커패시터, 인덕터 중 어떤 것에 해당하며 그 소자값은 얼마인지 답하시오.

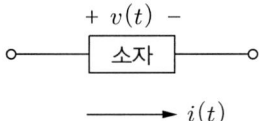

1) $v(t) = 3\cos(377t + 30°)[V]$, $i(t) = 2\cos(377t - 60°)[A]$

2) $v(t) = 2\cos(10^5 t - 60°)[V]$, $i(t) = \sin(10^5 t + 120°)[A]$

3) $v(t) = 4\sin(25t + 10°)[V]$, $i(t) = 2\cos(25t - 80°)[A]$

2 다음의 시간영역 회로도를 주파수영역의 표현으로 변환하여 그리시오.

1)

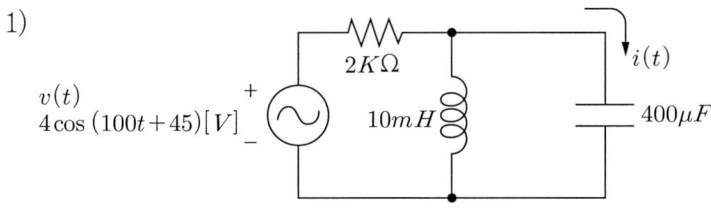

2) $v(t) = 10\cos wt[V]$

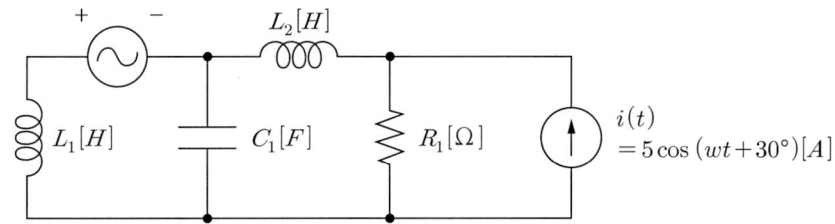

3 다음 그림과 같이 소자1과 소자2과 직렬로 연결된 상태에서 $v_1(t) = 2\cos(377t + 30°)[V]$, $v_2(t) = 3\sin(377t + 45°)[V]$ 로 각각 측정되었다. 이 때 $v_3(t)$의 식을 구하시오.

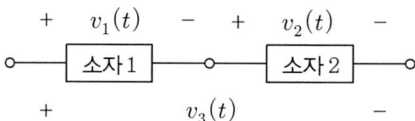

4 다음의 회로에서 소자 '가'에 흐르는 전류 $i_1(t) = 2\cos(10t)[A]$이고, 소자 '나'에 흐르는 전류 $i_2(t) = 4\cos(10t - 30°)[A]$이라고 하자. 이 때, $2[H]$ 인덕터에 걸린 전압 $v(t)$를 구하기 위한 다음의 물음에 답하시오.

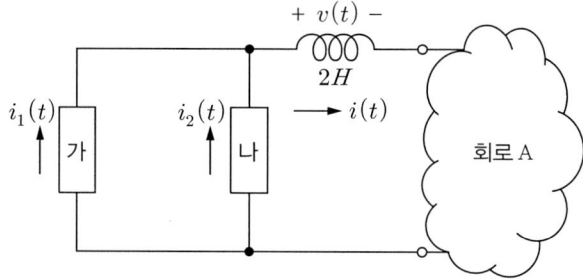

1) 인덕터에 흐르는 전류 $i(t)$를 구하고 인덕터의 전압, 전류 관계식으로부터 인덕터의 전압 $v(t)$를 구하시오.

2) 이번에는 주어진 회로를 주파수 영역으로 변환하고 인덕터의 전압 페이저 $\dot{V}$를 구한 뒤 그로부터 인덕터의 전압 $v(t)$를 구하시오.

5 다음 회로를 구동하는 주파수가 $1[kHz]$ 일 때, X-Y 단자로 바라본 임피던스 $\dot{Z}$ 를 구하시오.

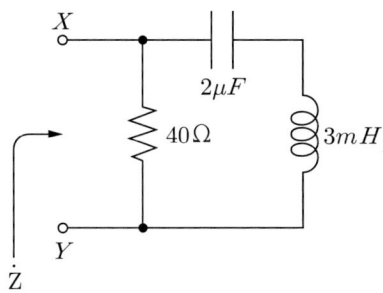

6 다음 회로의 X-Y 단자로 바라본 등가 임피던스 $\dot{Z}= 200[\Omega]$이 되기 위한 C 값을 구하시오. (단, 이 회로를 구동하는 주파수는 $20[kHz]$이다.)

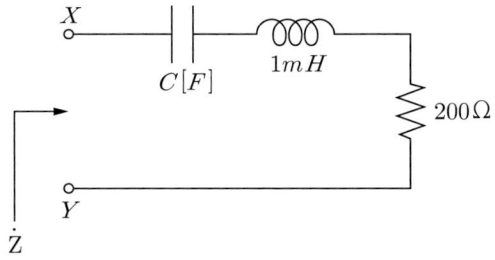

7 다음 회로의 저항 R의 값을 변화시키면서 전압원 $v(t)$와 전압원이 공급하는 전류 $i(t)$의 파형을 관찰할 때, $v(t)$와 $i(t)$의 위상이 일치하게 되는 R 값을 찾으시오.

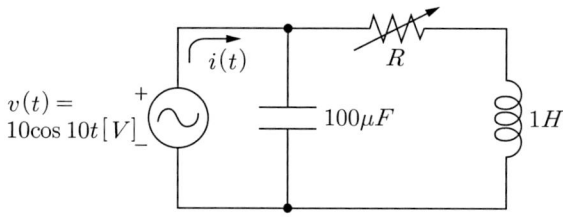

8 아래의 회로에서 $v_S(t), v_R(t), v_C(t)$가 다음과 같이 측정되었다. 이 때 $v_L(t)$의 식을 구하시오.

$$v_S(t) = 7.5\cos(\omega t + 85°)\,[V],$$
$$v_R(t) = 3.5\cos(\omega t + 50°)\,[V],$$
$$v_C(t) = 4.5\cos(\omega t - 20°)\,[V].$$

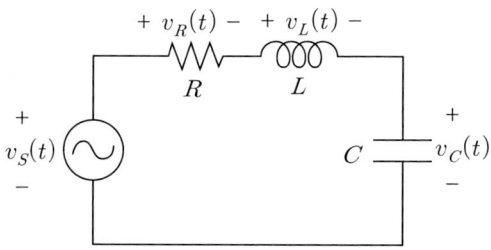

9 아래의 회로에서 $i_1(t), i_2(t)$ 가 다음과 같이 측정되었다. 이 때 $i_3(t)$의 식을 구하시오.

$$i_1(t) = 2.3\cos(10t - 10°)\,[A],$$
$$i_2(t) = 1.5\cos(10t + 30°)\,[A].$$

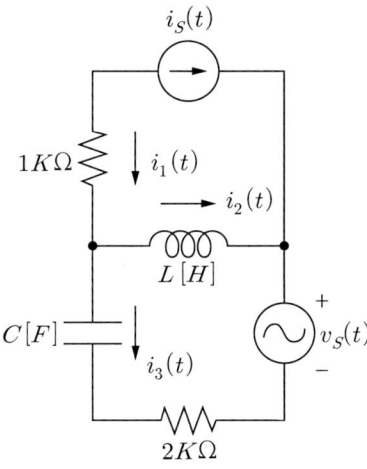

10 다음의 회로 (a), (b) 각각에 대하여 정상상태(steady-state)의 $v(t)$와 $i(t)$를 구하시오.

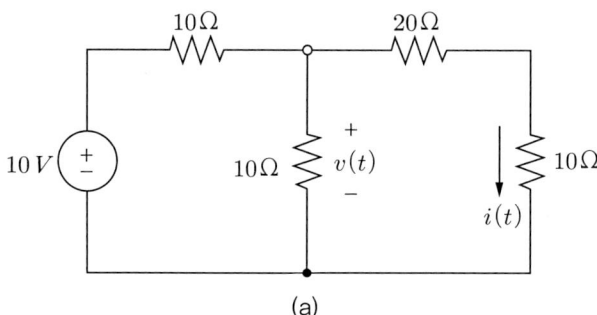

(a)

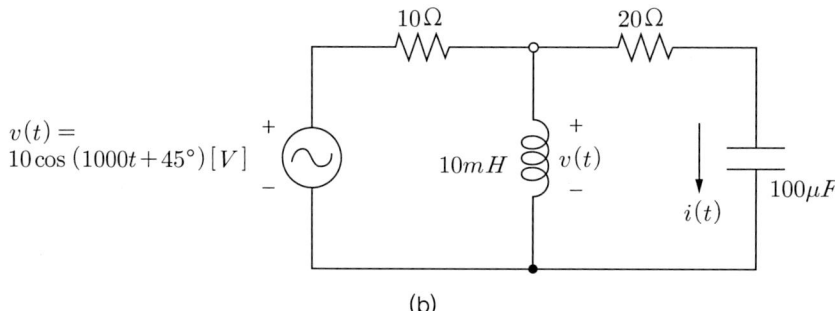

(b)

11 다음의 회로에서 $v(t)$를 주파수영역에서의 전압분배법칙을 활용하여 구하시오.

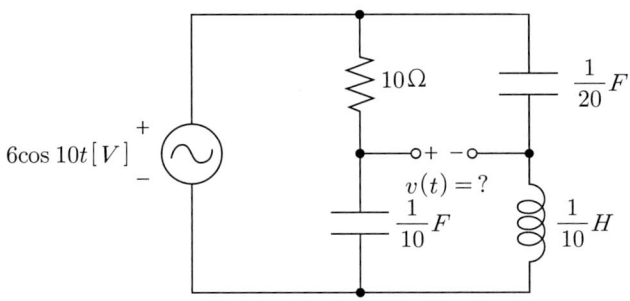

12 다음의 회로에서 $v_a(t)$와 $v_b(t)$를 주파수영역에서의 노드 해석법을 활용하여 구하시오.

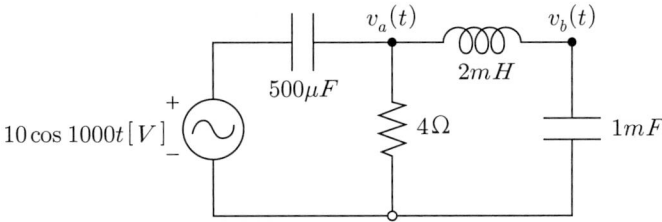

13 다음의 회로에 대하여 물음에 답하시오.

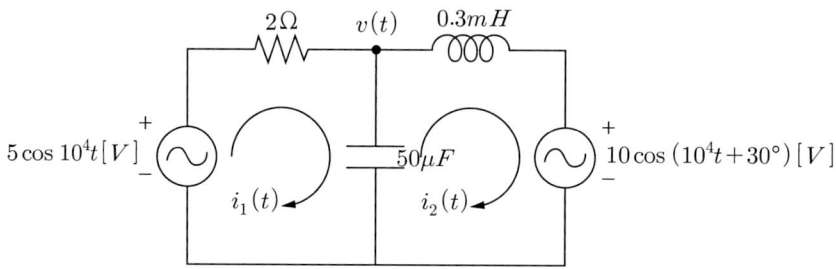

1) 주파수영역에서의 메쉬해석법을 활용하여 메쉬 전류 $i_1(t), i_2(t)$를 각각 구하시오.

2) 1)의 결과를 이용하여 $v(t)$를 구하시오.

8장 교류회로의 전력

> **단원 목표**
> - 정현파의 평균값과 실효값을 계산하는 방법과 의미를 이해할 수 있다.
> - 정현파 교류회로의 임의 소자가 소모하는 순간전력과 평균전력을 의미를 이해고 전압과 전류의 위상차와의 관계를 설명할 수 있다.
> - 정현파 교류회로에서 R, L, C가 소모하는 평균전력을 계산하고 임피던스의 위상각과의 관계를 설명할 수 있다.
> - 역률을 정의하고 정현파 교류회로의 평균전력과의 관계를 설명할 수 있다.
> - 순간전력의 파형으로부터 유효전력(평균전력), 무효전력의 개념을 설명할 수 있다.
> - 정현파 교류회로의 복소전력을 정의하고 이로부터 피상전력, 유효전력(평균전력), 무효전력을 유도할 수 있다.
> - 전력 삼각형을 이용하여 역률 개선의 개념과 필요성을 이해하고 유효전력이 일정한 상태에서 역률을 개선하는 방법을 이해한다.

1 정현파의 평균값과 실효값

정현파 교류회로의 전력을 분석하기 위해서는 주기적인 파형의 시간적인 평균값과 실효값의 개념을 정확히 이해하여야 한다. 어떤 집단의 통계적 특성을 1차적으로 반영하는 '평균'을 정의하듯이 시간축에서 T의 주기로 변하는 주기 파형 $v(t)$에 대해서는 다음과 같이 평균값 V_{av}를 정의할 수 있다. (아래 식에서 t_0는 임의의 어떤 값이든 상관이 없다. 계산의 편의를 위해 $t_0 = 0$으로 두는 것이 일반적이다.)

$$V_{av} = \frac{1}{T}\int_{t_0}^{t_0+T} v(t)dt \ [V] \qquad 8\text{-}1$$

위 적분식이 복잡해 보일 수 있지만, 사실 이 식은 우리가 일상생활에서 아주 편하게 사용하는 '평균'의 개념을 연속적인 시간축에서 적용한 것에 불과하다. 식(8-1)의 양변에 T를 곱한 다음 식을 살펴보자.

$$T \times V_{av} = \int_{t_0}^{t_0 + T} v(t)dt \qquad 8-2$$

식(8-2)의 우변은 $v(t)$라는 그래프의 적분구간($t_0 \leq t \leq t_0 + T$)에서 부호까지 고려한 면적[13]을 나타내므로 평균값 V_{av}는 동일한 면적을 만들어내는 직사각형의 '높이'에 해당한다 (가로는 T). 이 개념을 임의의 주기 파형 $v(t)$에 대해 아래 그림으로 나타내었으니 참고하기 바란다.

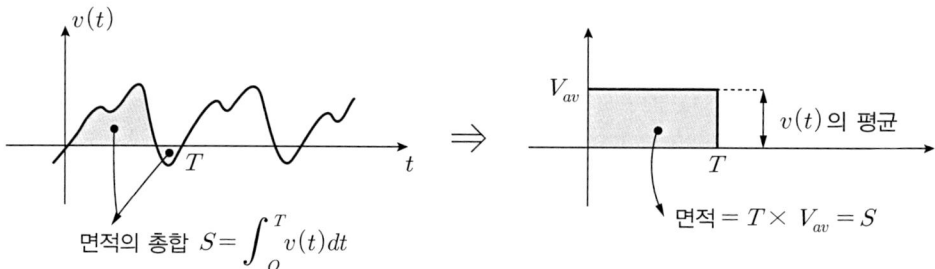

〈 그림 1. 주기파형의 평균의 개념 〉

이와 같은 주기함수의 평균 개념을 이해하지 못하면 식(8-2)은 절대로 기억에 남을 수 없으니 아래 예제들을 통해 꼭 익히도록 하자.

예제 8-1

아래의 구형파, 삼각파, 정현파는 모두 시간에 관한 주기함수이다. 각 파형의 평균값을 계산하시오. ($v_3(t) = A\cos(\omega t)$, $\omega = \dfrac{2\pi}{T}$)

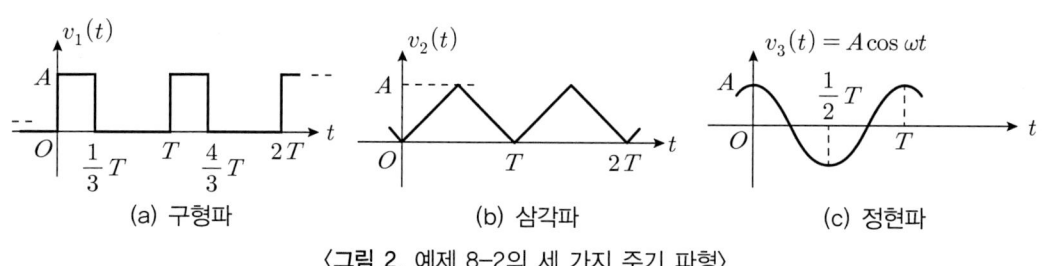

〈그림 2. 예제 8-2의 세 가지 주기 파형〉

---

13) 함수값이 음수인 구간의 면적(=적분값)은 음수가 된다는 뜻이다.

풀이

세 가지 파형 각각에 대하여 한 주기 내에서 그래프가 이루는 면적을 구하고 이것을 주기 T로 나누어준 것이 평균이다.

(a) 이 구형파의 한 주기 내에서의 면적은 $\frac{1}{3}AT$이다. 따라서 평균 = $\dfrac{\frac{1}{3}AT}{T} = \frac{1}{3}A$이다. 이것을 그림으로 표현하면 다음과 같다.

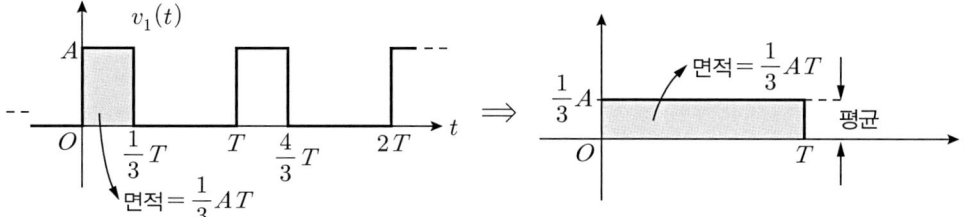

〈 그림 3. 구형파의 평균 개념 〉

(b) 이 삼각파의 한 주기 내에서의 면적은 $\frac{1}{2}AT$이다. 따라서 평균 = $\dfrac{\frac{1}{2}AT}{T} = \frac{1}{2}A$이다. 이것을 그림으로 표현하면 다음과 같다.

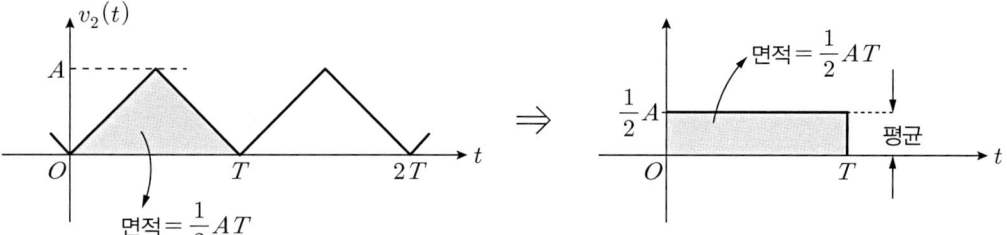

〈 그림 4. 삼각파의 평균 개념 〉

(c) 정현파 $v_3(t) = A\cos(\omega t)$는 시간축의 위쪽 면적과 아래쪽 면적이 정확히 일치한다. 따라서 한 주기 내에서의 총 면적은 적분을 계산하나마나 '0'이다. 따라서 평균도 0이다.

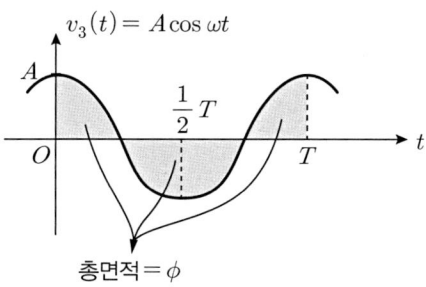

〈 그림 5. 정현파의 평균 개념 〉

위의 예제 8-1에서 보았듯이, 정현파의 경우 주기나 진폭에 상관없이 항상 평균이 0이 되므로 평균을 구하는 의미가 없어진다. 진폭이 매우 큰 전압 파형은 분명히 진폭이 작은 전압 파형과는 다른 영향을 회로에 미칠 것이므로 이 둘을 구분할 다른 값이 필요한데 이 경우 많이 사용되는 개념이 '실효값(effective value)'이라는 것이다. 실효값은 RMS(Root-Mean-Square) 값이라고도 하며, 주기가 T [sec]인 주기 파형 $v(t)$의 실효값 V_{rms}를 다음과 같이 정의한다.

$$V_{rms} = \sqrt{\frac{1}{T}\int_{t_0}^{t_0+T} v^2(t)dt} \qquad 8\text{-}3$$

위 식(8-3)과 식(8-1)을 비교해 보면 알겠지만, RMS 값은 글자그대로 "제곱의 평균에 루트를 씌운 것"이다. 이것을 영어식으로 표현한 말이 바로 Root of Mean(평균) of Square 인 것이다. RMS 값은 기초 통계에서 어떤 집단의 성질을 나타내는 또 다른 통계값인 '표준편차'를 구하는 것과 계산의 흐름이 동일하다. 어떤 값들의 평균값과의 편차는 언제나 양수와 음수가 혼재하므로 -- 반의 평균키보다 큰 학생과 작은 학생이 언제나 존재하듯이 -- 이 '편차들의 평균'을 구하기 위해 편차를 직접 더하면 언제나 0이 된다. 따라서 '편차들의 평균'에 준하는 값을 구하기 위해 편차를 제곱한 값(언제나 0보다 크거나 같은 수가 된다)의 평균을 구할 수 있는데 이것을 '분산'이라고 한다. 그런데 원래의 편차를 제곱했으니 전체적으로 값이 뻥튀기 되었으므로 분산에 루트를 씌워 원래의 크기 정도로 만들고 이것을 '표준편차'라고 정의한다.

식(8-3)은 이 과정을 시간에 관한 연속함수 $v(t)$의 시시각각의 값에 대해 적용한 것이다. $v(t)$의 한 주기 동안의 평균을 직접 구하자니 양수와 음수가 혼재하므로 일단 제곱부터하고 ($\Rightarrow v^2(t)$) 이것에 대한 평균을 구한 후 ($\Rightarrow \frac{1}{T}\int_{t_0}^{t_0+T} v^2(t)dt$) 그것에 루트($\sqrt{}$)를 씌운 것이다. 식(8-1)의 평균값의 정의와 식(8-3)의 실효값의 정의식은 처음에는 다소 복잡고 혼돈스러울 수 있으나 수식을 암기하려고 하지 말고 그 개념을 명확히 이해하여 언제든 여러 가지 형태로 표현할 수 있도록 노력하자.

예제 8-2

아래의 구형파, 삼각파, 정현파는 모두 시간에 관한 주기함수이다. 각 파형의 실효값(RMS값)을 계산하시오. ($v_3(t) = A\cos(\omega t)$, $\omega = \dfrac{2\pi}{T}$)

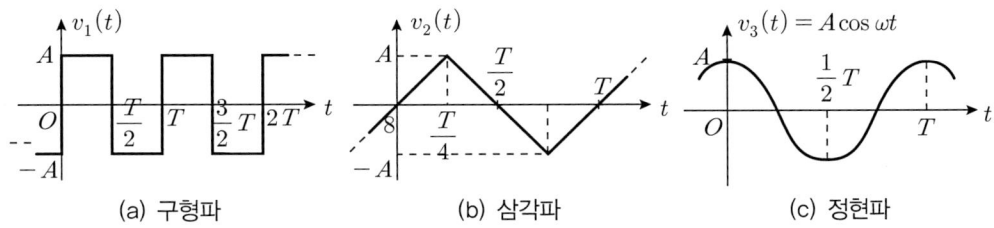

(a) 구형파　　　　(b) 삼각파　　　　(c) 정현파

⟨ 그림 6. 예제 8-2의 세 가지 주기 파형 ⟩

풀이

세 가지 파형 각각을 제곱한 후, 한 주기 내에서 그래프가 이루는 면적을 구하고 이것을 주기 T로 나누어준 값에 루트($\sqrt{\ }$)를 씌운 것이 실효값(RMS값)이다.

(a) 이 구형파는 예제8-1(a)와 달리 한 주기 동안 양수와 음수의 값이 대칭적으로 나타나므로 평균은 0이다. 실효값을 구하기 위해 원래 파형을 제곱한 새로운 주기 파형에 대해 평균을 구하면 A^2이다. 따라서

$$v_1(t)\text{의 실효값} = \sqrt{v_1^2(t)\text{의 평균}} = \sqrt{A^2} = A \qquad 8\text{-}4$$

이다.

(b) 이 삼각파는 예제8-1(b)와 달리 한 주기 동안 양수와 음수의 값이 대칭적으로 나타나므로 평균은 0이다. 실효값을 구하기 위해 원래 파형을 제곱한 새로운 주기 파형에 대해 평균을 구해야 하는데 파형의 대칭적인 특성상 제곱의 평균을 $0 \le t \le T$ 까지 구할 필요 없이 $0 \le t \le \dfrac{T}{4}$ 구간에서만 구해도 동일하다.

우선, $0 \le t \le \dfrac{T}{4}$ 구간에서 $v_2(t)$는 다음 식으로 표현되는 일차함수이다.

$$v_2(t) = \dfrac{4A}{T}t \ (0 \le t \le \dfrac{T}{4}) \qquad 8\text{-}5$$

따라서 이 구간에서 $v_2^2(t)$의 평균은 다음과 같이 구할 수 있다.

$$v_2^2(t)\text{의 평균} = \frac{1}{T/4}\int_0^{\frac{T}{4}} v_2^2(t)\,dt$$
$$= \frac{4}{T}\int_0^{\frac{T}{4}} \left(\frac{4A}{T}t\right)^2 dt$$
$$= \frac{4}{T}\left(\frac{4A}{T}\right)^2 \left[\frac{t^3}{3}\right]_0^{\frac{T}{4}}$$
$$= \frac{A^2}{3}$$

8-6

따라서

$$v_2(t)\text{의 실효값} = \sqrt{v_2^2(t)\text{의 평균}} = \sqrt{\frac{A^2}{3}} = \frac{A}{\sqrt{3}} \approx 0.577A$$

8-7

이다.

(c) 정현파 $v_3(t) = A\cos(\omega t)$는 시간축의 위쪽 면적과 아래쪽 면적이 정확히 일치하므로 평균도 0이다. 이 파형에 대해 실효치를 구하려면 다음과 같은 $v_3(t)$의 제곱의 평균을 구해야 한다.

$$\frac{1}{T}\int_0^T v_3^2(t)\,dt = \frac{1}{T}\int_0^T A^2\cos^2(\omega t)\,dt$$

8-8

위의 적분식을 계산하기 위해 $\cos^2(\omega t) = \frac{1}{2}(\cos(2\omega t)+1)$ 임을 이용하면,

$$v_3^2(t)\text{의 평균} = \frac{1}{T}\int_0^T v_3^2(t)\,dt$$
$$= \frac{1}{T}\int_0^T A^2\cos^2(\omega t)\,dt$$
$$= \frac{1}{T}\int_0^T \frac{A^2}{2}(\cos(2\omega t)+1)\,dt$$
$$= \frac{A^2}{2T}\left\{\int_0^T \cos(2\omega t)\,dt + \int_0^T 1\,dt\right\}$$
$$= \frac{A^2}{2}$$

8-9

따라서

$$v_3(t)\text{의 실효값} = \sqrt{v_3^2(t)\text{의 평균}} = \sqrt{\frac{A^2}{2}} = \frac{A}{\sqrt{2}} \approx 0.707A$$

8-10

이다.

예제 8-3

(1) 아래 그림 7(a)와 같이 정현파 교류전압원 $v(t) = A\cos(\omega t)\,[V]$ 가 저항에 전력을 공급하는 상황에서 저항이 소모하는 순간전력 $p(t)$를 구하시오.

(2) (1)에서 구한 $p(t)$의 평균값(= 평균전력 = P_{AC})을 구하시오.

(3) 교류전압원을 $V_{DC}[V]$ 인 직류전압원으로 바꾼 그림 7(b)에서 저항이 소모하는 평균전력 P_{DC} 가 (1)에서 계산한 평균전력 P_{AC}와 동일하게 하려면 V_{DC}를 몇 $[V]$로 해야 하는지 계산하고, 이것이 $v(t)$의 실효값 (RMS값)과 어떤 관계를 가지는지 설명하시오.

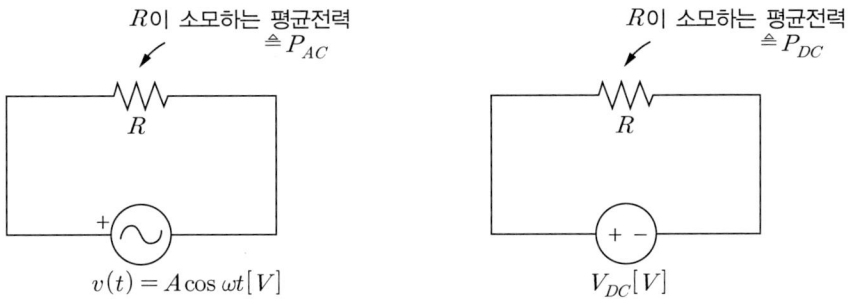

(a) 교류회로의 저항에서 소모하는 평균전력   (b) 직류회로의 저항에서 소모하는 평균전력

〈 그림 7. 예제 8-4의 회로 〉

풀이

(1) 그림 7(a)의 저항 R 양단에 걸린 전압은 $v(t)$이고, 저항에 흐르는 전류 $i(t) = \dfrac{v(t)}{R}$이므로, 저항에서 소모하는 순간전력 $p(t)$는 다음 식으로 계산된다.

$$p(t) = v(t)i(t) = v(t) \times \frac{v(t)}{R} = \frac{v^2(t)}{R}$$
$$= \frac{A^2\cos^2(\omega t)}{R}$$
$$= \frac{A^2}{2R}(\cos(2\omega t) + 1)\,[W] \qquad 8\text{-}11$$

(2) 식(8-17)에서 구한 $p(t)$는 $\cos(2\omega t)$에 의해 주기가 $\dfrac{T}{2}$ 인 주기 함수이다. ($\omega = 2\pi f = \dfrac{2\pi}{T}$) 따라서 이 함수의 한 주기동안 평균 P_{AC}는 다음과 같이 구할 수 있다.

$$\begin{aligned}
P_{AC} &= \frac{1}{T/2}\int_0^{\frac{T}{2}} p(t)\,dt \\
&= \frac{2}{T}\int_0^{\frac{T}{2}} \frac{A^2}{2R}(\cos(2\omega t)+1)\,dt \\
&= \frac{A^2}{RT}\left(\int_0^{\frac{T}{2}}\cos(2\omega t)\,dt + \int_0^{\frac{T}{2}} 1\,dt\right) \\
&= \frac{A^2}{RT}\times \frac{T}{2} = \frac{A^2}{2R}\,[W]
\end{aligned}$$
8-12

(3) 그림 7(b)의 회로에서 저항이 소모하는 순간전력은 $\frac{V_{DC}^2}{R}[W]$인 상수값이므로 저항이 소모하는 평균전력 P_{DC} = 순간전력 = $\frac{V_{DC}^2}{R}[W]$이다. 따라서 $P_{AC} = P_{DC}$를 만족시키는 V_{DC}는 다음과 같이 구할 수 있다.

$$P_{AC} = \frac{A^2}{2R} = P_{DC} = \frac{V_{DC}^2}{R}$$
$$\therefore V_{DC} = \frac{A}{\sqrt{2}}\,[V]$$
8-13

식(8-19)의 결과는 식(8-16), 즉, '$v(t) = A\cos(\omega t)$의 실효값'과 동일하다. 이와 같이, 정현파의 실효값은 그 정현파로 표현되는 교류전압원이 저항에 공급하는 평균전력과 같은 평균전력을 공급할 수 있는 직류전압원의 크기와 동일하며 이것이 곧 '실효값'이라는 명칭이 붙은 이유이다. $v(t) = A\cos(\omega t)\,[V]$는 어떤 순간에는 최대 $A[V]$의 전압을 공급하지만 또 다른 순간에는 그보다 작은 값을 공급하므로 실효적으로는(effectively) $\frac{A}{\sqrt{2}}[V]$라는 일정한 전압을 공급하는 직류전원과 동일한 평균전력을 공급한다고 볼 수 있다는 의미이다.

2 순간전력과 평균전력

2.1 정현파 교류회로에서의 순간전력

1장에서 '전력(전력, electric power)'의 개념을 소개하였는데 이것은 어느 순간 회로가 초당 소모하는 에너지를 나타내는 것으로서 보다 정확히 얘기하면 '순간전력 (instantaneous power)'을 정의한 것이었다. 회로의 2-단자 사이에서 소모되는 순간전력은 아래 그림과 같이 전압과 전류의 곱으로 정의된다.

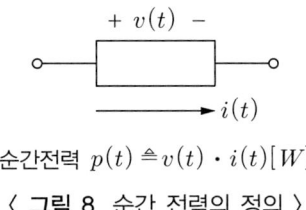

순간전력 $p(t) \triangleq v(t) \cdot i(t)\,[W]$

〈 그림 8. 순간 전력의 정의 〉

그림 8에서 네모 상자로 표시한 부분은 저항이나 인덕터와 같은 소자 하나일 수도 있고 이런 소자들이 여러 개 연결된 네트워크일 수도 있다. 여기서, 전압과 전류의 방향은 수동 부호 규약에 따라 정하였음을 잊지 말기 바란다. 전압과 전류가 시간에 관한 함수로 나타나므로 전력 또한 시간에 관한 함수 $p(t)$로 표현할 수 있으며, $p(t_x) > 0$ 이라면 $t = t_x$인 시점에서 전력은 소모되고 있는 상태를 의미한다.

정현파 전원으로 구동되는 R,L,C 회로의 경우, 전압과 전류 또한 전원과 동일한 주파수를 갖는 정현파로 나타난다고 하였다. 따라서 정현파 교류회로의 소자 (또는 소자들의 네트워크)에서 소모되는 전력은 '주파수는 같으나 크기와 위상이 다른 두 정현파의 곱'으로 표현될 것이다. 이 곱을 수학적으로 어떻게 다룰 것인가가 8장의 주제라고 해도 과언이 아니다.

각주파수가 ω인 정현파 전원으로 구동되는 교류 V_m, I_m 회로의 2-단자 사이에 걸린 임의의 전압과 전류는 다음과 같이 각주파수는 동일하지만 진폭()과 위상(θ_V, θ_I)이 서로 다른 정형파로 표현할 수 있다. (물론 경우에 따라서 위상이 서로 같을 수도 있다.)

$$v(t) = V_m \cos(\omega t + \theta_V)\,[V] \qquad 8\text{-}14$$

$$i(t) = I_m \cos(\omega t + \theta_I)\,[A] \qquad 8\text{-}15$$

2-단자 사이에서 소모되는 순간전력 $p(t)$는 식(8-14)와 식(8-15)를 곱하여 다음과 같이 계산할 수 있다.

$$\begin{aligned} p(t) &= v(t)i(t) \\ &= V_m \cos(\omega t + \theta_V) I_m \cos(\omega t + \theta_I) \\ &= V_m I_m \{\cos(\omega t + \theta_V)\cos(\omega t + \theta_I)\}\,[W] \end{aligned} \qquad 8\text{-}16$$

여기서, $\cos\alpha \cdot \cos\beta = \{\cos(\alpha+\beta) + \cos(\alpha-\beta)\}/2$ 임을 적용하면 위의 식은 다음과 같이 변형된다.

$$\begin{aligned} p(t) &= v(t)\,i(t) \\ &= V_m I_m \{\cos(\omega t + \theta_V)\cos(\omega t + \theta_I)\} \\ &= \frac{1}{2} V_m I_m \{\cos(2\omega t + \theta_V + \theta_I) + \cos(\theta_V - \theta_I)\}\ [W] \end{aligned}$$

8-17

식(8-17)로부터, 각주파수가 ω인 정현파 교류회로의 순간전력 $p(t)$는 각주파수가 2ω인 정현파 $\cos(2\omega t + \theta_V + \theta_I)$에 $\cos(\theta_V - \theta_I)$가 더해진 형태로 나타남을 알 수가 있다. $\cos(\theta_V - \theta_I)$는 전압과 전류의 '위상차 $\theta_V - \theta_I$'에 의해 결정되는 상수값임을 꼭 기억하기 바란다. 이 위상차가 정현파 교류전력의 소모전력을 계산할 때 핵심적인 역할을 하게 된다.

사실, 이 장에서 정의할 정현파 교류회로의 소모 전력에 관한 많은 개념들은 모두 위의 식(8-17)로 설명또는 유도가 가능하다. 다만, 이 식 자체가 정현파 교류회로의 소모 전력에 관한 성질을 직관적으로 나타내기에는 다소 복잡하고 계산이 번거로우므로 보다 단순한 용어와 계산법을 도입하는 것이다. 그것을 이해하는 것이 이 장의 가장 큰 목표이다.

> **예제 8-4**
>
> 회로를 구동하는 정현파 교류전원의 주파수가 $60[Hz]$라고 하자. 이 소자의 양단에 걸린 전압의 진폭이 $20[V]$, 위상이 $27°$이고, 소자를 통하여 흐르는 전류의 진폭이 $10[A]$, 위상이 $58°$라면 이 소자가 소모하는 순간전력 $p(t)$는 어떻게 표현되는가?
>
> **풀이**
>
> 주파수가 $f = 60[Hz]$이므로, 이 회로의 각주파수 ω는 다음과 같다.
>
> $$\omega = 2\pi f = 2\pi \times 60 \approx 377\,[rad/sec]$$
>
> 8-18
>
> 따라서 식(8-4)의 결과로부터 순간전력 $p(t)$는 다음과 같이 표현된다.
>
> $$\begin{aligned} p(t) &= \frac{1}{2} V_m I_m \{\cos(2\omega t + \theta_V + \theta_I) + \cos(\theta_V - \theta_I)\} \\ &\approx \frac{1}{2} \times 20 \times 10 \times \{\cos(2 \times 377t + 27° + 58°) + \cos(27° - 58°)\} \\ &\approx 100\{\cos(754t + 85°) + 0.86\}\,[W] \end{aligned}$$
>
> 8-19

2.2 정현파 교류회로에서의 평균전력과 역률의 개념

주기가 $T[\sec]$인 정현파 교류회로에서는 임의의 2-단자 사이에서 소모하는 전력 또한 주기가 $\frac{T}{2}[\sec]$인 정현파로 나타남을 식(8-17)에서 확인하였다. 1절의 식(8-1)에서는 이와 같이 시간에 따라 변하는 주기함수의 특성을 나타내는 값으로 시간축에서의 평균값을 정의하였으며, 주기적인 순간전력 $p(t)$에 대해서도 다음과 같이 '평균전력 P_{av}'을 정의할 수 있다.

$$P_{av} = 순간전력\ p(t)의\ 평균값 = \frac{2}{T}\int_{t_0}^{t_0+\frac{T}{2}} p(t)dt\ [W] \qquad 8-20$$

평균전력 P_{av}를 정의하는 식(8-20)에 식(8-17)을 대입하여 계산하면 다음과 같다.

$$\begin{aligned}
P_{av} &= 순간전력\ p(t)의\ 평균값 = \frac{2}{T}\int_{t_0}^{t_0+\frac{T}{2}} p(t)dt \\
&= \frac{2}{T}\int_{t_0}^{t_0+\frac{T}{2}} \frac{1}{2} V_m I_m \{\cos(2\omega t + \theta_V + \theta_I) + \cos(\theta_V - \theta_I)\}\ dt \\
&= \frac{V_m I_m}{T} \left\{ \int_{t_0}^{t_0+\frac{T}{2}} \cos(2\omega t + \theta_V + \theta_I)\ dt + \int_{t_0}^{t_0+\frac{T}{2}} \cos(\theta_V - \theta_I)\ dt \right\} \\
&= \frac{V_m I_m}{T} \times \frac{T}{2} \cos(\theta_V - \theta_I) \\
&= \frac{1}{2} V_m I_m \cos(\theta_V - \theta_I)\ [W]
\end{aligned} \qquad 8-21$$

식(8-21)에서, 2-단자 회로에 걸린 전압과 전류의 위상차 $\theta_V - \theta_I$를 θ_d로 표기하면, 이 장에서 가장 중요한 다음의 결과를 얻게 된다.

$$평균전력\ P_{av} = \frac{1}{2} V_m I_m \cos\theta_d\ [W]\ \ (\theta_d \equiv \theta_V - \theta_I) \qquad 8-22$$

정현파 교류회로의 임의의 2-단자 사이에서 소모되는 순간전력은 식(8-17)처럼 복잡하게 나타나지만 평균전력은 전압과 전류의 위상차 θ_d의 코사인값, 전압과 전류의 최대값의 곱으로 손쉽게 계산이 된다는 뜻이다. (이 식의 $\frac{1}{2}$이라는 값은 교류회로의 전력을 얘기하는데 혼란스럽지만 중요한 역할을 하는데, 이에 대해서는 추후에 설명하기로 한다.)

예제 8-5

정현파 교류회로의 2-단자회로 사이의 전압, 전류가 다음 식을 각각 만족한다고 한다.

$$v(t) = 10\cos(377t + 25°) \, [V] \quad \text{8-23}$$

$$i(t) = 5\cos(377t + \frac{\pi}{3}) \, [A] \quad \text{8-24}$$

이때, 이 2-단자 회로가 소모하는 순간전력 $p(t)$와 평균전력 P_{av}를 각각 구하시오.

풀이

$\omega = 377 \, [rad/\sec]$, $\theta_V = 25°$, $\theta_I = \frac{\pi}{3}$ 이므로,

$$2\omega = 2 \times 377 = 754 \, [rad/\sec] \quad \text{8-25}$$

$$\theta_V + \theta_I = 25° + \frac{\pi}{3} = 25° + 60° = 85° \quad \text{8-26}$$

$$\theta_V - \theta_I = 25° - \frac{\pi}{3} = 25° - 60° = -35° \quad \text{8-27}$$

따라서 식(8-17), 식(8-22)로부터 순간전력 $p(t)$와 평균전력 P_{av}를 다음과 같이 구할 수 있다.

$$\begin{aligned}\text{순간전력 } p(t) &= \frac{1}{2}V_m I_m \{\cos(2\omega t + \theta_V + \theta_I) + \cos(\theta_V - \theta_I)\} \\ &= \frac{1}{2} \times 10 \times 5 \times \{\cos(754t + 85°) + \cos(-35°)\} \\ &\approx 25\{\cos(754t + 85°) + 0.82\} \, [W]\end{aligned} \quad \text{8-28}$$

$$\begin{aligned}\text{평균전력 } P_{av} &= \frac{1}{2}V_m I_m \cos\theta_d \quad (\theta_d \equiv \theta_V - \theta_I) \\ &= \frac{1}{2} \times 10 \times 5 \times \cos(-35°) \\ &\approx 20.48 \, [W]\end{aligned} \quad \text{8-29}$$

이제 식(8-22)의 결과를 이용하여 각주파수가 $\omega \, [rad/\sec]$인 정현파 전원으로 구동되는 R, L, C 회로의 기본 소자들 및 이들의 임의의 네트워크가 소모하는 평균전력을 각각 계산해보자. 정현파 전원으로 구동되는 R, L, C 회로의 모든 전압, 전류는 크기(진폭)와 위상만으로 표현되는 페이저로 나타낼 수 있으므로 식(8-14)와 식(8-15)를 각각 전압 페이저 $\dot{V} = V_m \angle \theta_V$, 전류 페이저 $\dot{I} = I_m \angle \theta_I$ 로 나타내고 기본 소자들의 전압과 전류의 위상차를 구하기로 한다. 이때, 전압과 전류 페이저는 $\dot{V} = \dot{I}\dot{Z}$ 라는 주파수영역에서의 옴의 법칙으로 표현되고, 임피던스 $\dot{Z}$ 는 소자들에 따라 달리 정의됨

을 활용한다.

(1) 저항이 소모하는 평균전력

저항의 주파수 영역에서의 임피던스 $\dot{Z} = R\angle 0\ [\Omega]$ 이므로 전압-전류 관계식은 다음 식과 같이 표현된다.

$$\dot{I} = \frac{\dot{V}}{\dot{Z}} = \frac{\dot{V}}{R} \Rightarrow I_m \angle \theta_I = \frac{V_m}{R} \angle \theta_V \qquad 8\text{-}30$$

따라서 이 식으로부터 다음의 관계식을 얻을 수 있다.

$$I_m = \frac{V_m}{R},\ \ \theta_d = 0\ (\because \theta_I = \theta_V) \qquad 8\text{-}31$$

이 식으로부터 저항에 걸리는 정현파 전압과 전류의 위상차는 언제나 0 이 됨을 알 수 있다. 따라서 식(8-22)로 나타나는 평균전력식에 포함된 $\cos\theta_d = 1$이 되어 저항에서 소모되는 평균전력 $P_{av,R}$ 은 다음과 같이 계산된다.

$$\begin{aligned}P_{av,R} &= \frac{1}{2}V_m I_m \cos\theta_d \\ &= \frac{1}{2}V_m I_m \\ &= \frac{V_m^2}{2R} = \frac{I_m^2 R}{2}\ \ [W]\end{aligned} \qquad 8\text{-}32$$

(2) 커패시터가 소모하는 평균전력

커패시턴스가 $C\,[F]$인 커패시터의 주파수 영역에서의 임피던스 $\dot{Z} = \dfrac{1}{j\omega C}\ [\Omega]$ 이므로 전압-전류 관계식은 다음 식과 같이 표현된다.

$$\dot{I} = \frac{\dot{V}}{\dot{Z}} = j\omega C \times \dot{V} \qquad 8\text{-}33$$

$j\omega C = \omega C \angle 90°$ 임을 이용하면 식(8-26)은 다음과 같이 변형된다.

$$\dot{I} = \frac{\dot{V}}{\dot{Z}} = j\omega C \times \dot{V} = (\omega C \angle 90°) \times (V_m \angle \theta_V)$$
$$= \omega C V_m \angle (\theta_V + 90°)$$
$$= I_m \angle \theta_I$$
$$\therefore I_m = \omega C V_m, \quad \theta_I = \theta_V + 90°$$
8-34

따라서 커패시터의 경우 $\theta_d = \theta_V - \theta_I = -90°$ 이다. 커패시터에서는 전압의 위상이 전류보다 90° 뒤처지는 것이다. 전압과 전류의 위상차를 알았으므로 정현파로 구동되는 커패시터에서 소모되는 평균전력은 다음과 같다.

$$\begin{aligned} P_{av,C} &= \frac{1}{2} V_m I_m \cos \theta_d \\ &= \frac{1}{2} V_m I_m \cos(-90°) \\ &= 0 \ [W] \end{aligned}$$
8-35

커패시터의 경우 소모하는 전력이 평균적으로 0이라는 뜻이다. 커패시터는 에너지 '저장' 소자이다. 에너지를 소모하거나 생성하지 않고 공급된 에너지는 저장했다가 그대로 회로로 돌려보내는 성질을 가지고 있다. 정현파로 구동되는 경우 커패시터는 저장과 공급을 정확히 똑같은 정도로 반복하기 때문에 평균적으로 소모하는 전력은 0이 된다고 설명할 수 있다.

(3) 인덕터가 소모하는 평균전력

인덕턴스가 $L[H]$인 인덕터의 주파수 영역에서의 임피던스 $\dot{Z} = j\omega L \ [\Omega]$ 이므로 전압-전류 관계식은 다음 식과 같이 표현된다.

$$\dot{V} = \dot{Z}\dot{I} = j\omega L \times \dot{I}$$
8-36

$j\omega L = \omega L \angle 90°$ 임을 이용하면 식(8-36)은 다음과 같이 변형된다.

$$\dot{V} = \dot{Z}\dot{I} = j\omega L \times \dot{I} = (\omega L \angle 90°) \times (I_m \angle \theta_I)$$
$$= \omega L I_m \angle (\theta_I + 90°)$$
$$= V_m \angle \theta_V$$
$$\therefore V_m = \omega L I_m, \quad \theta_V = \theta_I + 90°$$
8-37

따라서 커패시터의 경우 $\theta_d = \theta_V - \theta_I = +90°$ 이다. 인덕터에서는 전압의 위상이 전류보다 90°

앞서는 것이다. 전압과 전류의 위상차를 알았으므로 정현파로 구동되는 인덕터에서 소모되는 평균전력은 다음과 같다.

$$\begin{aligned} P_{av,L} &= \frac{1}{2} V_m I_m \cos \theta_d \\ &= \frac{1}{2} V_m I_m \cos(+90°) \\ &= 0 \; [W] \end{aligned}$$

8-38

인덕터의 경우에도 커패시터와 마찬가지로 소모하는 전력이 평균적으로 0이라는 뜻이다. 인덕터 또한 에너지 '저장' 소자이다. 에너지를 소모하거나 생성하지 않고 공급된 에너지는 저장했다가 그대로 회로로 돌려보내는 성질을 가지고 있다. 정현파로 구동되는 경우 인덕터는 에너지의 저장과 공급을 정확히 똑같은 정도로 반복하기 때문에 평균적으로 소모하는 전력은 0이 된다고 설명할 수 있다.

(4) 임의의 임피던스 $\dot{Z}$가 소모하는 평균전력

저항, 커패시터, 인덕터가 연결된 2-단자 회로의 임의의 임피던스 $\dot{Z}$에서 소모하는 평균전력을 생각해보자. $\dot{Z} = Z \angle \theta_Z$라고 하면 전압-전류 관계식으로부터 전압과 전류의 크기, 위상의 관계를 다음과 같이 구할 수 있다.

$$\begin{aligned} \dot{I} &= \frac{\dot{V}}{\dot{Z}} \\ &= \frac{V_m \angle \theta_V}{Z \angle \theta_Z} \\ &= \frac{V_m}{Z} \angle (\theta_V - \theta_Z) \\ &= I_m \angle \theta_I \\ \therefore I_m &= \frac{V_m}{Z}, \; \theta_d = \theta_V - \theta_I = \theta_Z \end{aligned}$$

8-39

즉, 임의의 임피던스에 걸린 정현파 전압과 전류의 위상차 θ_d는 바로 임피던스의 위상각 θ_Z가 된다는 것이다. 이 사실을 알았으므로 앞으로는 임피던스의 위상각을 알 때 전압과 전류의 위상차를 구하기 위해 굳이 식(8-39)와 같은 과정을 거칠 필요가 없다. 따라서 임의의 임피던스에서 소모되는 평균전력 P_{av}는 다음과 같이 표현된다.

$$P_{av} = \frac{1}{2} V_m I_m \cos \theta_d$$
$$= \frac{1}{2} V_m I_m \cos \theta_Z \ [W] \ (V_m = I_m Z) \qquad \text{8-40}$$

사실 저항, 커패시터, 인덕터에서 소모되는 평균전력의 식(8-25,28,31)은 식(8-40)의 특수한 경우라고 할 수 있다.

(5) 역률의 정의

식(8-40)에서, 전압과 전류의 진폭 V_m, I_m은 임피던스 $\dot{Z}$의 크기 Z와 비례 관계에 있으므로 전압과 전류의 곱으로 나타나는 평균전력은 Z에 의해서만 결정되는 것 같지만, 동일한 Z에 대해서도 $\dot{Z}$의 위상각 θ_Z의 코사인 값, 즉, $\cos \theta_Z$에 따라 평균전력은 변할 수가 있음을 알 수 있다. 이와 같이 정현파 교류회로의 임피던스 $\dot{Z}$에서 소모되는 평균전력에 영향을 미치는 $\cos \theta_Z$ 값을 역률(power factor)이라고 하고, 다음과 같이 표기한다.

$$역률(power\ factor) = pf = \cos \theta_Z \qquad \text{8-41}$$

R, L, C 회로의 저항 R은 양수이므로 임피던스 $\dot{Z}$는 복소평면의 1, 4분면에만 존재할 수 있다. 따라서 $-90° \leq \theta_Z \leq 90°$를 항상 만족하며 그에 따라 역률($= \cos \theta_Z$)의 값은 다음의 범위만 가질 수가 있음에 주의한다.

$$0 \leq pf \leq 1 \qquad \text{8-42}$$

역률이 0인 경우 그 임피던스는 평균적으로 전력을 소모하지 않는다고 할 수 있다. 커패시터와 인덕터가 그런 경우이다. 역률이 1인 경우는 동일한 전압 정현파를 가했을 때 가장 큰 평균전력을 소모한다고 볼 수 있는데 그것을 결정하는 것은 임피던스 $\dot{Z}$의 위상각임을 명심하자.

예제 8-6

정현파 교류회로의 2-단자회로 사이의 임피던스 $\dot{Z} = 4 \angle 30° \ [\Omega]$ 이라고 하자. 이 임피던스의 양단에 $\dot{V} = 8 \angle 0° \ [V]$의 전압이 걸려있는 경우, 다음의 질문에 답하시오.
(1) 이 임피던스의 역률은 얼마인가?
(2) 이 임피던스가 소모하는 평균전력은 얼마인가?

> 풀이

(1) 임피던스 $\dot{Z}$의 위상각 $\theta_Z = 30°$ 이다. 따라서 이 임피던스의 역률은 다음과 같다.

$$pf = \cos\theta_Z = \cos 30° = \frac{\sqrt{3}}{2} \qquad 8\text{-}43$$

(2) 임피던스 $\dot{Z}$의 크기 $Z = 4[\Omega]$이다. 따라서 이 임피던스에 흐르는 전류 $\dot{I}$의 크기 $I_m = \dfrac{V_m}{Z} = \dfrac{8}{4} = 2[A]$ 이다. 따라서 이 임피던스가 소모하는 평균전력은 다음과 같이 계산된다.

$$\begin{aligned}
\text{평균전력 } P_{av} &= \frac{1}{2}V_m I_m \cos\theta_Z \\
&= \frac{1}{2} \times 8 \times 2 \times \cos 30° \\
&= 4\sqrt{3} \ [W]
\end{aligned} \qquad 8\text{-}44$$

3 순간전력의 파형과 유효전력(평균전력), 무효전력의 개념

3.1 정현파 교류회로에서의 순간전력 파형과 평균전력

이 장의 모든 내용의 출발점인 식(8-17)에 식(8-40)에서 정의한 평균전력 P_{av}의 식을 적용하면 다음과 같이 순간전력 파형의 식 $p(t)$를 변형할 수 있다.

$$\begin{aligned}
p(t) &= v(t)i(t) \\
&= \frac{1}{2}V_m I_m \{\cos(2\omega t + \theta_V + \theta_I) + \cos(\theta_V - \theta_I)\} \\
&= \frac{1}{2}V_m I_m \cos(2\omega t + \theta_V + \theta_I) + \frac{1}{2}V_m I_m \cos(\theta_V - \theta_I) \\
&= \frac{1}{2}V_m I_m \cos(2\omega t + \theta_V + \theta_I) + \frac{1}{2}V_m I_m \cos\theta_Z \\
&= \frac{1}{2}V_m I_m \cos(2\omega t + \theta_V + \theta_I) + P_{av}
\end{aligned} \qquad 8\text{-}45$$

식(8-45)가 의미하는 바를 시각적으로 이해하기 위해 $v(t), i(t), p(t)$를 시간축의 그래프로 나타내면 다음 그림 9 와 같다. ($v(t) = 2\cos(t)\,[V]$, $i(t) = \cos(t - \dfrac{\pi}{4})\,[A]$ 라고 가정. 따라서 $\theta_V - \theta_I = \dfrac{\pi}{4}$.)

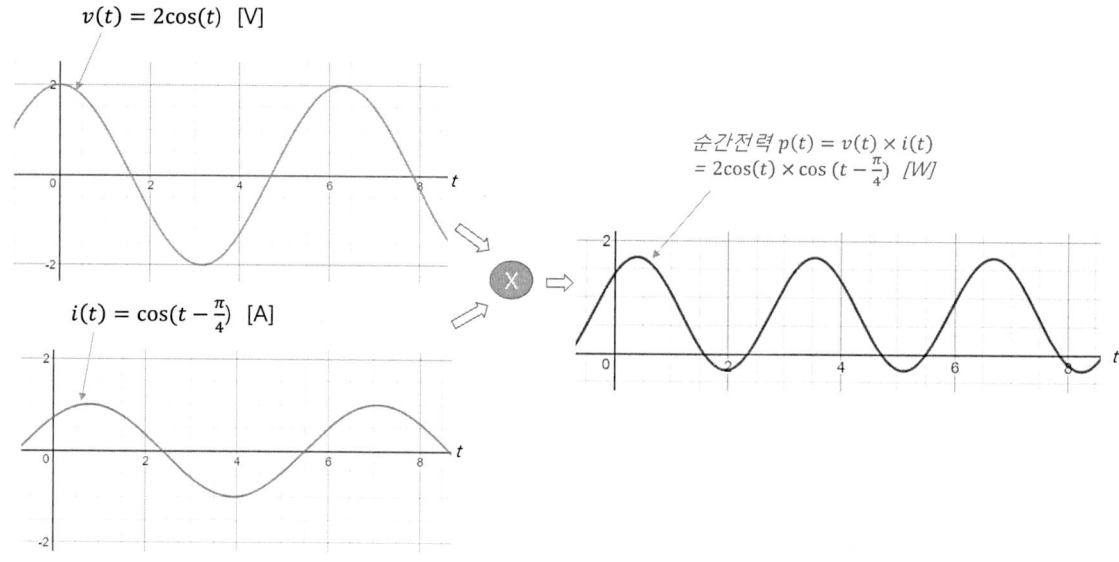

〈 그림 9. 전압, 전류, 순간전력 파형 비교 ($v(t) = 2\cos(t)$, $i(t) = \cos(t - \frac{\pi}{4})$인 경우) 〉

그림 9에서 전압 $v(t)$와 전류 $i(t)$의 곱인 순간전력 $p(t)$는 주파수가 2배인 또 다른 정현파로 나타나지만 시간축에 비대칭인 것을 알 수가 있다.[14] 순간전력이 음수인 구간동안은 전력을 소모하지 못하고 다시 회로에 반환을 하는데 여기서 교류 전력 전달의 비효율이 발생하는 것이다.

식(8-45)를 보면 순간전력 $p(t)$는 각주파수가 2ω 인 코사인파에 P_{av} 라는 상수값이 더해진 형태라는 것을 알 수 있으며, 이것을 아래 그림10과 같이 고주파성분(코사인파)와 상수(평균전력)의 합으로 볼 수 있음을 나타내었으니 참고하기 바란다.

---

[14] 물론 전압과 전류의 위상차가 정확히 90°가 되면 커패시터나 인덕터의 경우처럼 순간전력 파형도 시간축에 대칭이 된다.

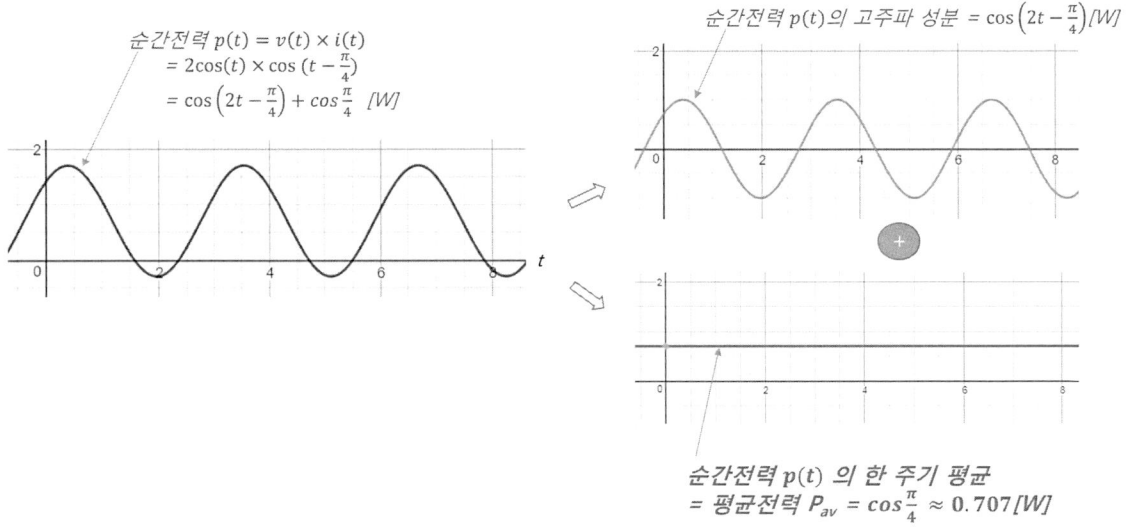

〈 그림 10. 순간전력(시간에 관한 함수)과 평균전력(상수)의 개념 ($v(t) = 2\cos(t)$, $i(t) = \cos(t - \frac{\pi}{4})$인 경우) 〉

3.2 정현파 교류회로에서의 순간전력과 유효전력(평균전력), 무효전력의 개념

지금까지 설명한 평균전력 P_{av}는 부하 임피던스에서 실제로 소모되는, 그래서 의미 있는 일을 하는 전력이라는 의미에서 '유효전력(active power 또는 real power)'이라고도 하며 보통 P 라고 표기한다.

$$\text{유효전력 } P = P_{av} = \frac{1}{2} V_m I_m \cos(\theta_v - \theta_i) = \frac{1}{2} V_m I_m \cos\theta_Z \ [W] \qquad 8\text{-}46$$

한 편, 그림 9 또는 그림 10의 순간전력 파형을 보면 알 수 있듯, 전압 $v(t)$와 전류 $i(t)$의 위상이 어긋나면 순간전력이 음수인 구간이 발생하는데 이 구간동안은 임피던스가 회로로 전력을 내보내는 상황이다. 정상상태의 직류회로에서는 도저히 나타날 수 없는 이와 같은 상황이 바로 교류회로 전력 분석을 어렵게 (또는 재미있게) 만드는 것이다. 이 상황을 설명하기 위해 순간전력의 정의식 식(8-17)을 유도할 때 사용한 $v(t)$와 $i(t)$의 식을 다음과 같이 변형해 보자. (식(8-17)의 $v(t)$, $i(t)$를 그대로 사용할 수 있지만 의미는 그대로 가지면서 계산의 복잡도를 줄이기 위해 $t = 0$일 때 전압의 위상이 0 이고, $\theta_V - \theta_I = \theta$ 로 다시 정의하는 것이다.)

$$v(t) = V_m \cos(\omega t) \ [V] \qquad 8\text{-}47$$

$$i(t) = I_m \cos(\omega t - \theta) \ [A] \qquad 8\text{-}48$$

이 식을 이용하여 순간전력 $p(t)$의 식을 다음과 같이 변형할 수 있다.

$$\begin{aligned} p(t) &= v(t)i(t) \\ &= V_m I_m \{\cos(\omega t)\cos(\omega t - \theta)\} \\ &= \frac{1}{2} V_m I_m \{\cos(2\omega t - \theta) + \cos\theta\} \ [W] \end{aligned}$$

8-49

이 식은 식(8-17)과 개념적으로 완전히 동일한 식으로서 그림 9, 10의 그래프 분석 및 평균전력의 개념은 이 식으로부터 동일하게 표현됨을 알 수 있다. 그런데, 이 식(8-49)는 평균전력(= 유효전력)의 의미를 잘 보여주기는 하지만 임피던스에 존재하는 리액턴스 성분, 즉, 커패시터나 인덕터와 같이 에너지를 소모하지는 않고 저장, 방출을 반복하는 성분이 순간전력에 어떤 기여를 하는지는 보여주지 못한다. 이를 위해, 위의 식(8-49)를 다음과 같이 변형해 보자. ($\cos(\omega t - \theta) = \cos\omega t \cos\theta + \sin\omega t \sin\theta$ 임을 이용)

$$\begin{aligned} p(t) &= v(t)i(t) \\ &= V_m I_m \{\cos(\omega t)\cos(\omega t - \theta)\} \\ &= V_m I_m \{\cos(\omega t) \times (\cos(\omega t)\cos\theta + \sin(\omega t)\sin\theta)\} \\ &= V_m I_m \{\cos\theta \cos^2(\omega t) + \sin\theta \sin(\omega t)\cos(\omega t)\} \end{aligned}$$

8-50

위 식에 $\cos^2\alpha = \dfrac{1+\cos 2\alpha}{2}$, $\sin\alpha \cos\alpha = \dfrac{\sin 2\alpha}{2}$ 임을 적용하면,

$$\begin{aligned} p(t) &= v(t)i(t) \\ &= V_m I_m \{\cos\theta \cos^2(\omega t) + \sin\theta \sin(\omega t)\cos(\omega t)\} \\ &= V_m I_m \left\{\cos\theta \frac{1+\cos(2\omega t)}{2} + \sin\theta \frac{\sin(2\omega t)}{2}\right\} \\ &= \frac{1}{2} V_m I_m \cos\theta (1+\cos(2\omega t)) + \frac{1}{2} V_m I_m \sin\theta \sin(2\omega t) \\ &\equiv p_{active}(t) + p_{reactive}(t) \ [W] \end{aligned}$$

8-51

($p_{active}(t) = \dfrac{1}{2} V_m I_m \cos\theta (1+\cos(2\omega t))$, $p_{reactive}(t) = \dfrac{1}{2} V_m I_m \sin\theta \sin(2\omega t)$)

식(8-49)와 식(8-51)은 동일한 $p(t)$를 다르게 표현한 것인데, 식(8-51)의 최종 결과식을 구성하는 $p_{active}(t)$와 $p_{reactive}(t)$의 그래프를 그려보면 그림 10과는 사뭇 다른 해석을 할 수가 있다.

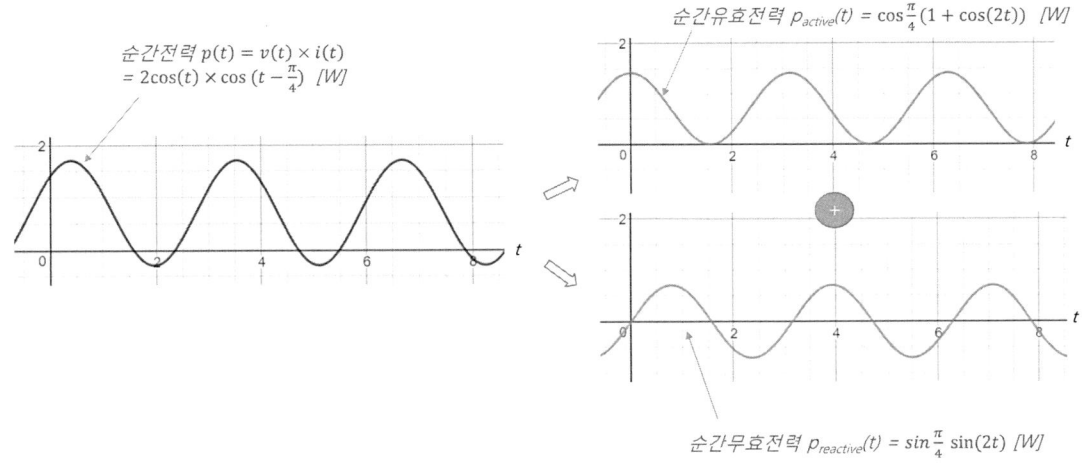

< 그림 11. 순간유효전력과 순간무효전력의 개념 ($v(t) = 2\cos(t)$, $i(t) = \cos\left(t - \frac{\pi}{4}\right)$인 경우) >

즉, 위 그림 11을 보면 알 수 있듯이, 위상각이 θ인 임피던스에서 관찰되는 순간전력 파형 $p(t)$는 모든 시간에서 항상 양수 (즉, 항상 전력 소모)인 $p_{active}(t)$와 한 주기동안 양수와 음수가 동일한 만큼 반복되는 $p_{reactive}(t)$로 구성된다. 이때, $p_{reactive}(t)$와 같은 성분이 존재하는 이유는 바로 임피던스에 포함된 순수 리액턴스 성분, 즉, 에너지의 저장과 방출을 정확히 동일한 양만큼 반복하는 커패시터와 인덕터와 같은 소자 때문다. $p_{active}(t)$의 한주기 평균은 유효전력 P 와 같지만 $p_{reactive}(t)$의 한주기 평균은 0이다. 그래서, $p_{active}(t)$를 '순간유효전력 (instantaneous active power),' $p_{reactive}(t)$를 '순간무효전력 (instantaneous reactive power)'라고도 부른다.

$p_{reactive}(t)$의 크기(진폭)인 $\frac{1}{2}V_m I_m \sin\theta$ 를 특별히 '무효전력(wattless-power 또는 reactive power)' 이라고 부르며, 전압과 전류의 위상각 θ_v, θ_i 를 써서 보다 일반적으로 정의하면 다음과 같다.

$$\text{무효전력 } Q = \frac{1}{2}V_m I_m \sin(\theta_v - \theta_i) = \frac{1}{2}V_m I_m \sin\theta_Z \ [VAR] \qquad 8\text{-}52$$

유효전력은 시간에 관한 평균의 개념인 반면, 무효전력은 리액턴스에 의한 에너지의 저장과 방출을 설명하는 순간무효전력 $p_{reactive}(t)$의 '진폭'이므로 사실 서로 동일한 잣대로 비교할 수 없는 개념임에 유의하자. 이렇게 서로 다른 개념에서 도출된 전력임을 나타내기 위해 무효전력의 단위로는 $[W]$를 쓰지 않고 $[VAR]$를 사용한다[15]. 유효전력과 무효전력에 관해서는 다음 절에서 다시 다루기로 한다.

---

15) VAR: Volt-Ampere-Reactive

예제 8-7

정현파 교류회로의 2-단자회로 사이의 임피던스 $\dot{Z} = 2\angle 60°\,[\Omega]$ 이라고 하자. 이 임피던스의 양단에 $v(t) = 4\cos(20\pi t)\,[V]$의 전압이 걸려있는 경우, 다음의 질문에 답하시오.

(1) 이 임피던스에 흐르는 전류의 시간파형 $i(t)$를 구하시오.
(2) 이 임피던스가 소모하는 순간전력파형 $p(t)$를 구하고, 순간유효전력 $p_{active}(t)$와 순간무효전력 $p_{reactive}(t)$를 구하시오. $p_{active}(t)$와 $p_{reactive}(t)$의 그래프를 동일한 시간축에 그리시오.
(3) 순간유효전력 $p_{active}(t)$의 한 주기 평균을 구하고, 이것이 식(8-46)의 결과와 동일한지 확인하시오.
(4) 순간무효전력 $p_{reactive}(t)$로부터 이 임피던스가 소모하는 무효전력을 구하시오.

풀이

(1) $\dot{V} = 4\angle 0°\,[V]$이다. 따라서 이 임피던스에 흐르는 전류의 페이저 $\dot{I}$는 다음과 같다.

$$\dot{I} = \frac{\dot{V}}{\dot{Z}} = \frac{4\angle 0°}{2\angle 60°} = 2\angle -60°\,[A] \qquad 8\text{-}53$$

따라서 이 임피던스에 흐르는 전류의 시간파형 $i(t)$는 다음과 같다.

$$i(t) = 2\cos(20\pi t - 60°)\,[A] \qquad 8\text{-}54$$

(2) 순간전력 $p(t) = v(t) \times i(t)\,[W]$ 임을 이용하면,

$$\begin{aligned} p(t) &= v(t)i(t) \\ &= 8\cos(20\pi t)\cos(20\pi t - 60°)\,[W] \end{aligned} \qquad 8\text{-}55$$

$\cos(20\pi t - 60°) = \cos(20\pi t)\cos(60°) + \sin(20\pi t)\sin(60°)$ 임을 이용하면 $p(t)$는 다음과 같이 변형된다.

$$\begin{aligned} p(t) &= 8\cos(20\pi t)\cos(20\pi t - 60°) \\ &= 8\cos(20\pi t)\{\cos(20\pi t)\cos(60°) + \sin(20\pi t)\sin(60°)\} \\ &= 4\cos^2(20\pi t) + 4\sqrt{3}\sin(20\pi t)\cos(20\pi t) \end{aligned} \qquad 8\text{-}56$$

여기서, $\cos^2(20\pi t) = \dfrac{1+\cos(40\pi t)}{2}$, $\sin(20\pi t)\cos(20\pi t) = \dfrac{\sin(40\pi t)}{2}$ 임을 이용하면,

$$\begin{aligned} p(t) &= 4\cos^2(20\pi t) + 4\sqrt{3}\sin(20\pi t)\cos(20\pi t) \\ &= 2(1+\cos(40\pi t)) + 2\sqrt{3}\sin(40\pi t)\,[W] \end{aligned} \qquad 8\text{-}57$$

이다. 따라서 순간유효전력 $p_{active}(t)$와 순간무효전력 $p_{reactive}(t)$는 다음 식과 같음을 알 수 있다.

$$\text{순간유효전력 } p_{active}(t) = 2(1+\cos(40\pi t))\ [W] \qquad 8\text{-}58$$

$$\text{순간무효전력 } p_{reactive}(t) = 2\sqrt{3}\sin(40\pi t)\ [W] \qquad 8\text{-}59$$

식(8-58, 59)가 나타내는 파형은 둘 다 $\omega = 40\pi\ [rad/\sec]$ 인 주기 파형이다. 이 파형의 주기는 다음 식으로부터 구할 수 있다.

$$\omega = 2\pi f = \frac{2\pi}{T} \Rightarrow T = \frac{2\pi}{\omega} = \frac{2\pi}{40\pi} = \frac{1}{20}\ [\sec] \qquad 8\text{-}60$$

따라서 $p_{active}(t)$와 $p_{reactive}(t)$의 파형을 같은 시간 축에 겹치면 다음과 같이 그릴 수 있다. $p_{active}(t)$는 전 구간에서 0보다 크거나 같고, $p_{reactive}(t)$는 양수와 음수 구간이 동일한 크기로 반복됨을 확인할 수 있다.

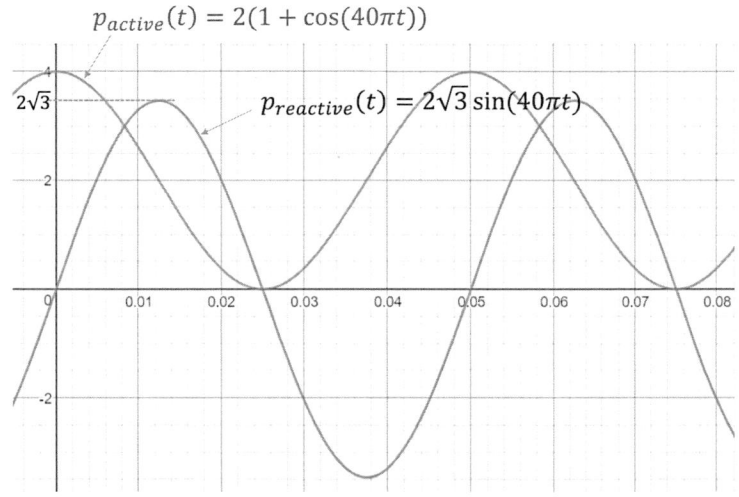

⟨ 그림 12. 순간유효전력 $p_1(t)$와 순간무효전력 $p_2(t)$의 그래프 ⟩

(3) 식(8-58)의 순간유효전력 $p_{active}(t)$의 한 주기 평균은 다음과 같다.

$$\begin{aligned}
p_{active}(t)\text{의 한 주기 평균} &= \frac{1}{T}\int_0^T p_1(t)\,dt \quad (T = \frac{1}{20}\ [\sec]) \\
&= \frac{1}{T}\int_0^T 2(1+\cos(40\pi t))\,dt \\
&= \frac{1}{T}\int_0^T 2\,dt + \frac{1}{T}\int_0^T 2\cos(40\pi t)\,dt \\
&= 2 + 0 = 2\ [W]
\end{aligned} \qquad 8\text{-}61$$

한 편, 식(8-46)에서 정의한 유효전력은 다음과 같이 계산된다.

$$\text{유효전력 } P = \frac{1}{2} V_m I_m \cos(\theta_v - \theta_i) \text{에서,}$$
$$V_m = 4[V], I_m = 2[A], \theta_v = 0°, \theta_i = -60° \text{이므로,}$$
$$P = \frac{1}{2} \times 4 \times 2 \times \cos 60° = 2[W].$$

8-62

따라서 순간유효전력 $p_{active}(t)$의 한 주기 평균과 유효전력은 동일함을 확인할 수 있다.
(4) 식(8-59)의 순간무효전력식의 크기(진폭)가 무효전력이므로, 무효전력은 $2\sqrt{3}\,[VAR]$ 이다.

지금까지 시간영역에서 위상이 서로 다른 두 정현파의 '곱'으로부터 평균전력(유효전력)과 무효전력의 개념을 유도하였다. 그런데, 단순한 정현파의 곱이지만 이것으로부터 의미를 도출하는 과정은 꽤나 복잡한 삼각함수 관련 계산을 요구한다. 이것을 피하고 보다 직관적인 전력분석의 도구를 만들기 위하여, 그리고 정상상태의 정현파 교류회로를 해석할 때 도입한 전압과 전류의 페이저를 활용하기 위하여 '복소전력'의 개념을 도입하게 된다. 지금까지의 과정은 복소전력의 효용을 설명하기 위한 중간과정이라고 이해하면 좋겠다.

4 정현파 교류회로의 복소전력

지금까지 살펴봤듯이, 위상이 서로 다른 전압 $v(t)$와 전류 $i(t)$의 곱으로 나타나는 순간전력 $p(t)$의 수식을 알고 나면 시시각각 변하는 전력값과 한 주기 평균 소모전력(유효전력), 무효전력 등을 모두 알 수 있으므로 정현파 교류회로의 전력소모 분석은 모두 가능하게 된다. 그런데, 정현파 교류회로의 전압, 전류를 페이저라는 복소수를 이용하여 주파수영역에서 편리하게 분석했으므로 전력소모도 마찬가지로 주파수영역에서, 즉, 복소수를 이용하여 분석할 수 있지 않을까 하는 생각이 자연스럽게 들 것이다.

그와 같은 생각으로부터 정의된 것이 바로 '복소전력(Complex Power)'이라는 개념이다. 복소전력을 도입하면 시간영역의 분석이 주파수영역으로 바뀌므로 '시시각각'이라는 개념 자체가 사라진다. 복소전력으로 교류회로의 전력을 분석하면 시간영역에서 순간전력의 분석 없이 평균전력(유효전력)과 무효전력을 즉시 얻을 수 있게 된다.

임피던스 $\dot{Z}$의 양단에 걸린 전압 페이저를 $\dot{V}$, 임피던스를 통해 흐르는 전류 페이저를 $\dot{I}$라고 할 때, 이 임피던스에서 소모되는 복소전력을 $\dot{S}$ 라고 표기하고, 다음과 같이 정의한다. (복소전력도 전압과 전류의 곱이므로 물리적인 단위는 $[W]$와 동일하지만 평균전력(유효전력)과 구분하기 위해 $[VA]$를 단위로 쓴다.)

$$\dot{S} \equiv \frac{1}{2} \dot{V} \dot{I}^* \ [VA] \qquad \text{8-63}$$

시간영역에서 전력 = 전압×전류이지만 $\dot{S} \neq \dot{V}\dot{I}$ 임에 주의하자. 식(8-63)에서, $\dot{I}^*$ 는 $\dot{I}$ 의 켤레복소수로서, 다음과 같이 허수부 또는 위상각의 부호를 바꾸는 것으로 정의한다.

$$\begin{aligned}\dot{I} &= a + jb = r \angle \theta \\ \Rightarrow \dot{I}^* &\equiv a - jb = r \angle -\theta\end{aligned} \qquad \text{8-64}$$

정현파 교류회로의 정상상태 해석에서 시간영역의 전압, 전류 파형은 주파수영역에서 전압, 전류 페이저로 완벽하게 상호 변환되었다. 그러니 주파수영역에서 복소전력이 전압과 전류 페이저의 곱에 대응이 되지 않을까, 즉, $\dot{S} = \dot{V}\dot{I}$ 로 정의되지 않을까 예상했을지도 모르겠지만 그렇지가 않다. 페이저는 정현파의 '합'을 복소수로 쉽게 계산하고자 하는 아이디어에서 고안된 개념이지만 정현파의 '곱'에 대해서는 그렇게 편리한 결과를 주지 못한다.

식(8-63)으로 정의된 복소전력의 의미를 이해하기 위해 전압 $v(t)$, 전류 $i(t)$를 각각 페이저로 나타내면 다음과 같다.

$$v(t) = V_m \cos(\omega t + \theta_v) \ [V] \Rightarrow \dot{V} = V_m \angle \theta_v \ [V] \qquad \text{8-65}$$

$$i(t) = I_m \cos(\omega t + \theta_i) \ [A] \Rightarrow \dot{I} = I_m \angle \theta_i \ [A] \qquad \text{8-66}$$

위 식을 복소전력의 정의식 식(8-63)에 대입하면,

$$\begin{aligned}\dot{S} &= \frac{1}{2} \dot{V} \dot{I}^* \\ &= \frac{1}{2}(V_m \angle \theta_v) \times (I_m \angle -\theta_i) \\ &= \frac{1}{2} V_m I_m \angle (\theta_v - \theta_i) \\ &= \frac{1}{2} V_m I_m \cos(\theta_v - \theta_i) + j\frac{1}{2} V_m I_m \sin(\theta_v - \theta_i) \ [VA]\end{aligned} \qquad \text{8-67}$$

이 된다. 복소전력 $\dot{S}$의 실수부와 허수부는 식(8-46)과 식(8-52)에서 각각 정의한 유효전력 P, 무효전력 Q 와 동일함을 알 수 있다. 즉,

$$\dot{S} = \frac{1}{2} \dot{V} \dot{I}^* = P + jQ \ [VA] \qquad 8\text{-}68$$

이 성립하는 것이다. 따라서 임피던스 양단의 전압과 전류 페이저로부터 복소전력을 계산하면, 다음과 같이 유효전력과 무효전력을 손쉽게 얻을 수 있다.

$$Re\{\dot{S}\} = P = \text{유효전력} = \frac{1}{2} V_m I_m \cos(\theta_V - \theta_I) \ [W] \qquad 8\text{-}69$$

$$Im\{\dot{S}\} = Q = \text{무효전력} = \frac{1}{2} V_m I_m \sin(\theta_V - \theta_I) \ [VAR] \qquad 8\text{-}70$$

한편, 복소전력 $\dot{S}$ 의 크기 S 는 다음 수식으로부터 전압과 전류의 실효값(RMS값)의 곱임을 알 수가 있는데 이것을 '피상전력(apparent power)'라고 부르고 $[VA]$ 라는 별도의 단위를 사용한다.

$$\begin{aligned}\text{피상전력} &= |\dot{S}| = S \\ &= \sqrt{P^2 + Q^2} \\ &= \frac{1}{2} V_m I_m \\ &= \frac{V_m}{\sqrt{2}} \frac{I_m}{\sqrt{2}} = V_{rms} I_{rms} \ [VA]\end{aligned} \qquad 8\text{-}71$$

피상전력은 전압과 전류의 위상차가 없을 때 임피던스에 전달되는 최대 유효전력을 의미하며, 전압과 전류 파형의 실효값을 곱하면 얻을 수 있다. 전압과 전류의 위상차가 생기면 임피던스에 전달되는 유효전력(P)는 언제나 피상전력(S)보다 작아진다.

식(8-71)에서 알 수 있듯이, 전압과 전류 파형의 실효값(RMS값)을 사용하면 '$\frac{1}{2}$' 이라는 factor가 없어지므로 표현이 단순해지는 면이 있다. 교류 전력을 분석할 때는 전압이나 전류 파형의 실효값을 얘기하는지 크기(진폭)를 얘기하는지 잘 구분해야 하니 주의하자.

지금까지 설명한 복소전력 $\dot{S}$의 크기, 실수부, 허수부의 의미를 다음 그림과 같은 '전력 삼각형(power triangle)'로 나타내기도 한다.

8장. 교류회로의 전력

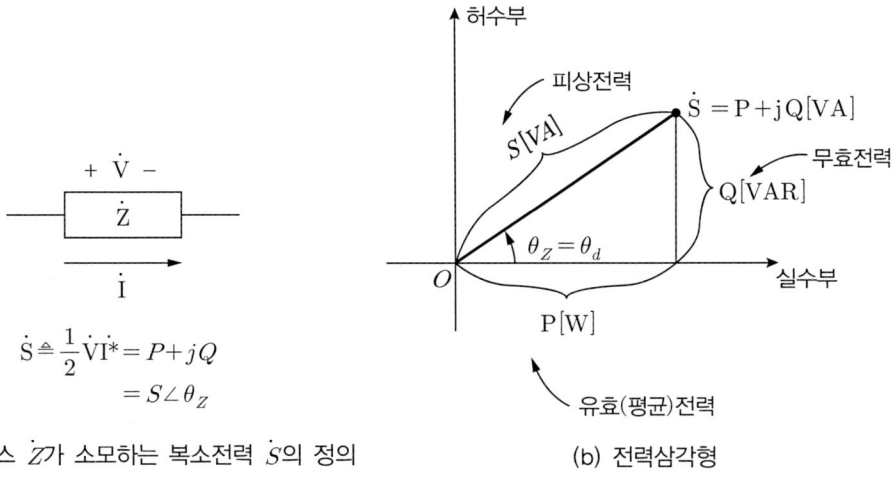

(a) 임피던스 $\dot{Z}$가 소모하는 복소전력 $\dot{S}$의 정의   (b) 전력삼각형

〈 그림 13. 복소전력과 전력삼각형 〉

예제 8-9

아래의 정현파 교류회로에 대하여 다음 질문에 답하시오.

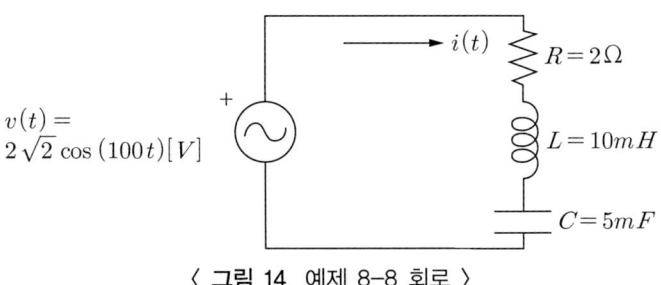

〈 그림 14. 예제 8-8 회로 〉

(1) 그림 14의 회로를 주파수 영역으로 변환하고, R, L, C로 구성되는 부하의 총 임피던스 $\dot{Z}$를 구하시오.
(2) 이 회로에 흐르는 전류 $i(t)$의 페이저 $\dot{I}$를 구하고, 그것으로부터 시간영역의 $i(t)$를 구하시오.
(3) 임피던스 $\dot{Z}$에서 소모되는 복소전력 $\dot{S}$를 계산하고, 유효전력 P와 무효전력 Q를 구하시오.
(4) 임피던스 $\dot{Z}$에서 소모되는 전력을 표현하는 전력삼각형을 그리시오. 복소전력 $\dot{S}$가 복소평면의 몇 사분면에 있는지 확인하고 그 이유를 설명하시오.
(5) 그림 14의 회로에서 저항 R에서 소모되는 평균전력을 시간영역에서 구하고, 이것이 (3)에서 구한 유효전력 P와 동일함을 확인하시오.

풀이

(1) 그림 14의 회로를 주파수 영역으로 변환한 회로는 다음과 같다. (여기서, $\omega = 100\,[rad/\sec]$이다.)

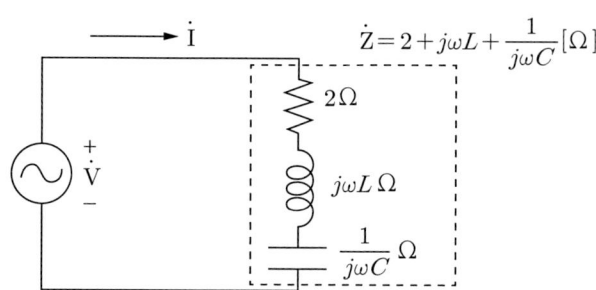

〈그림 15. 예제 8-8 회로의 주파수 영역 표현〉

이 회로의 정현파 교류전원 $v(t)$가 구동하는 부하는 R, L, C 직렬회로이다. 따라서 이 직렬회로의 총 임피던스 $\dot{Z}$는 다음 식과 같이 R, L, C의 임피던스를 모두 합한 것이 된다.

$$\dot{Z} = R + j\omega L + \frac{1}{j\omega C}\ [\Omega] \qquad 8\text{-}72$$

여기서,

$$j\omega L = j(100 \times 10 \times 10^{-3}) = j\ [\Omega]$$
$$\frac{1}{j\omega C} = -j\frac{1}{100 \times 5 \times 10^{-3}} = -j2\ [\Omega]. \qquad 8\text{-}73$$

이므로, 총 임피던스 $\dot{Z}$는 다음 식과 같다.

$$\begin{aligned}\dot{Z} &= R + j\omega L + \frac{1}{j\omega C}\\ &= 2 + j - j2\\ &= 2 - j\ [\Omega]\end{aligned} \qquad 8\text{-}74$$

(2) 전압페이저 $\dot{V} = 2\sqrt{2}\angle 0°\ [V]$이므로, 전류페이저 $\dot{I}$는 다음 식과 같이 계산된다.

$$\begin{aligned}\dot{I} &= \frac{\dot{V}}{\dot{Z}}\\ &= \frac{2\sqrt{2}}{2-j}\ [A]\\ &\approx 1.2649\angle 26.5651°\ [A]\end{aligned} \qquad 8\text{-}75$$

교류전압원의 각주파수 $\omega = 100\,[rad/sec]$이므로, 식(8-75)의 결과로부터 시간영역의 전류 $i(t)$는 다음과 같이 표현된다.

$$\begin{aligned} i(t) &= I_m \cos(\omega t + \theta_i) \\ &= 1.2649\cos(100t + 26.5651°)\,[A] \end{aligned} \qquad 8\text{-}76$$

(3) 임피던스 $\dot{Z}$의 전압페이저 $\dot{V}$와 전류페이저 $\dot{I}$를 모두 알았으므로 이 임피던스에서 소모되는 복소전력 $\dot{S}$는 다음 식으로 쉽게 계산할 수 있다.

$$\begin{aligned} \dot{S} &= \frac{1}{2}\dot{V}\dot{I}^* \\ &= \frac{1}{2} \times (2\sqrt{2}) \times \left(\frac{2\sqrt{2}}{2-j}\right)^* \\ &= \sqrt{2} \times \left(\frac{2\sqrt{2}}{2+j}\right) \\ &= 1.6 - j0.8\,[VA] \\ &= P + jQ \end{aligned} \qquad 8\text{-}77$$

따라서 식(8-77)로부터, 부하 임피던스 $\dot{Z}$에서 소모되는 유효전력 P와 무효전력 Q는 다음과 같음을 알 수 있다.

$$\begin{aligned} \text{유효전력 } P &= 1.6\,[W], \\ \text{무효전력 } Q &= -0.8\,[VAR]. \end{aligned} \qquad 8\text{-}78$$

(4) 식(8-77)로부터 임피던스 $\dot{Z}$에서 소모되는 복소전력 $\dot{S} = 1.6 - j0.8 \approx 1.79 \angle -26.57°\,[VA]$이므로, 피상전력 $S = 1.7889\,[VA]$이다. 따라서 피상전력 S, 유효전력 P, 무효전력 Q로 이루어지는 전력삼각형의 모양은 다음과 같다.

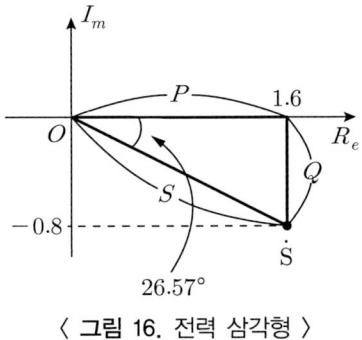

〈 그림 16. 전력 삼각형 〉

그림 16과 같이, 복소전력 $\dot{S}$는 허수부인 무효전력 Q가 음수이므로 복소평면의 4사분면에 존재한다. 무효전력 Q가 음수인 이유는, R, L, C 직렬회로로 구성되는 임피던스 $\dot{Z}$의 허수부, 즉, 리액턴스가 음수이기 때문이다. R, L, C가 모두 존재하지만 이 임피던스에는 커패시터에 의한 용량성 리액턴스 성분의 크기($=\frac{1}{\omega C}$)가 더 크므로 전체적으로는 저항과 커패시터만 있는 부하처럼 전력을 소모하게 된다.

(4) 저항에서 소모되는 시간영역의 평균전력은 아래의 그림에서 저항에서 소모되는 시간영역에서의 순간전력 $p_R(t) = i^2(t) \cdot R$ 의 한 주기 평균값과 같다.

$$p_R(t) = v_R(t)\,i(t)$$
$$= (i(t)R)\,i(t)$$
$$= i^2(t)\,R \quad [W]$$

⟨ 그림 17. 저항에서 소모되는 순간전력 $p_R(t)$ ⟩

순간전력 $p_R(t)$의 한주기 평균값은 다음 식과 같이 표현된다.

$$\begin{aligned}
p_R(t)\text{의 한주기 평균값} &= \frac{1}{T}\int_0^T p_R(t)\,dt \\
&= \frac{1}{T}\int_0^T (i^2(t)\,R)\,dt \\
&= R\left\{\frac{1}{T}\int_0^T i^2(t)\,dt\right\} \\
&= R \times I_{rms}^2
\end{aligned} \qquad 8\text{-}79$$

즉, 저항에서 소모되는 평균전력은 저항값에 실효값(RMS값)의 제곱을 곱하면 되는 것이다. 식(8-76)에서, 전류 $i(t)$이 진폭 $I_m \approx 1.2649[A]$이므로, 전류 $i(t)$의 실효값 $I_s = \frac{I_m}{\sqrt{2}} = \frac{1.2649}{\sqrt{2}}[A]$이다. 따라서 저항에서 소모되는 평균전력은

$$\begin{aligned}
\text{저항에서 소모되는 평균전력} &= R \times I_{rms}^2 \\
&= 2 \times \left(\frac{1.2649}{\sqrt{2}}\right)^2 = 1.2649^2 \approx 1.6[W]
\end{aligned} \qquad 8\text{-}80$$

이다. 이 값은 식(8-78)의 유효전력 P와 일치함을 확인할 수 있다.

5 역률 개선

5.1 역률 개선의 개념과 필요성

지금까지 정현파 교류회로의 임의의 임피던스에서 소모되는 전력을 주파수 영역에서 해석하기 위한 복소전력의 개념을 공부하였다. 복소전력을 도입하면 시간영역에서 쉽게 파악하기 힘든 전원과 임피던스 사이의 에너지의 흐름을 유효전력과 무효전력이라는 '숫자'로 표현할 수가 있음을 알게 되었다.

무효전력이 크다는 것은 전원과 임피던스 사이에 특별한 일을 하지 않고 에너지가 왔다 갔다 하는 성분이 크다는 것인데 이것은 전력을 공급하는 전력 회사의 입장에서는 바람직한 것이 아니다. 전력삼각형에서 무효전력이 커짐에 따라 피상전력이 커질 수밖에 없고, 이것은 동일한 전압원에서 공급해야 하는 전류의 '크기'가 커져야 함을 의미한다. 이렇게 진폭이 큰 전류가 송배전선에 흐르면 송배전선의 저항 성분에서 열의 형태로 에너지 손실이 많이 생기므로 전력회사의 에너지 공급 효율이 떨어지게 된다. 이와 같은 비효율적인 상황을 표시하는 숫자가 바로 앞에서 도입했던 '역률(power factor)'로서, 역률이 1보다 작으면 작을수록 전력 공급의 비효율성은 커짐을 의미한다. 이번 절에서는 전력 공급의 효율성을 높이기 위해 역률을 1에 보다 가깝게 만들기 위한 조치를 의미하는 '역률 개선(power factor correction)'의 개념과 기초적인 방법에 대해 공부한다.

아래 그림과 같이 저항과 인덕턴스 성분으로 이루어진 부하에 교류 전압원 $v(t)$가 전력을 공급하는 상황을 생각해 보자.

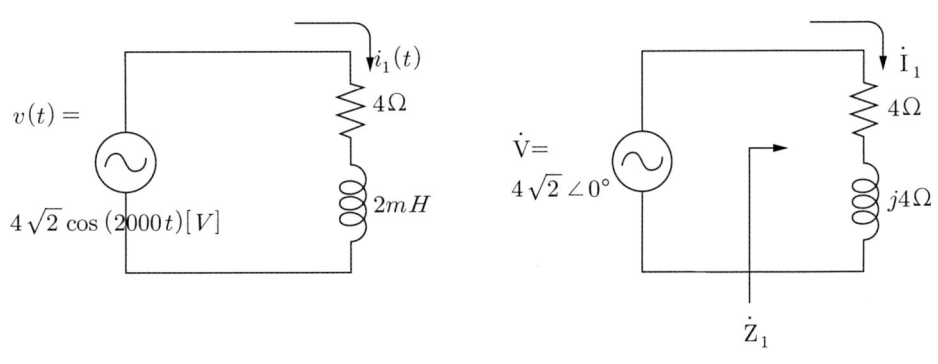

(a) 시간 영역 표현　　　　　　　　(b) 주파수 영역 표현

〈 그림 18. 저항과 인덕턴스로 이루어진 부하와 정현파 교류 전압원 〉

그림 18의 (a)는 회로의 시간영역 표현으로서 이 회로를 구동하는 전원의 각주파수 $\omega = 2000\,[rad/sec]$ 이다. 따라서 이 회로를 주파수 영역으로 변환하면 $L = 2\,[mH]$의 인덕턴스는 $j\omega L$, 즉, $j4\,[\Omega]$으로 변경되어 (b)와 같이 표현할 수 있게 된다. 이 그림에서, 저항과 인덕턴스의 직렬 연결로 이루어진 임피던스 $\dot{Z}_1$과 이 임피던스에 흐르는 전류 $\dot{I}_1$은 다음과 같다.

$$\dot{Z}_1 = R + j\omega L = 4 + j4 = 4\sqrt{2}\,\angle 45°\,[\Omega],$$
$$\dot{I}_1 = \frac{\dot{V}}{\dot{Z}_1} = \frac{4\sqrt{2}\,\angle 0°}{4\sqrt{2}\,\angle 45°} = 1\,\angle -45°\,[A]$$

8-81

따라서 임피던스 $\dot{Z}_1$에서 소모되는 복소전력 $\dot{S}_1$은 다음과 같이 계산된다.

$$\begin{aligned}\dot{S}_1 &= \frac{1}{2}\dot{V}\dot{I}_1^* \\ &= \frac{1}{2} \times 4\sqrt{2}\,\angle 0° \times 1\,\angle 45° \\ &= 2\sqrt{2}\,\angle 45° \\ &= 2 + j2\,[VA]\end{aligned}$$

8-82

즉, 이 회로의 전압원은 임피던스 $\dot{Z}_1$으로 $2\sqrt{2}\,[VA]$의 피상전력을 공급하는데 이 중 $2\,[W]$만이 의미있는 유효전력으로 소모되고 있음을 알 수 있다.

위의 계산 결과로부터, 임피던스 $\dot{Z}_1$에서의 전력 삼각형을 그리면 다음과 같다.

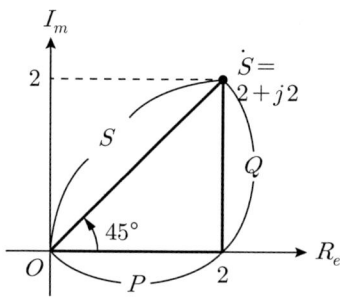

〈 그림 19. 임피던스 $\dot{Z}_1$에서의 전력 삼각형 ($S = 2\sqrt{2}\,[VA]$, $P = 2\,[W]$, $Q = 2\,[VAR]$) 〉

식(8-82)의 복소전력 계산결과 또는 그림 19의 전력삼각형으로부터 알 수 있듯이, 그림 18 회로의 임피던스 $\dot{Z}_1$에서는 각각 $2\,[W]$의 유효전력과 $2\,[VAR]$의 무효전력이 소모되고 있어서

$\cos 45° = 1/\sqrt{2} \approx 0.707$ 의 역률을 보이고 있다. 이와 같이 '1보다 작은' 역률을 갖기 때문에 전압원은 마치 (겉보기에) $2\sqrt{2}\,[W]$ 의 전력을 공급하는 것 같지만 실제로는 그것의 $1/\sqrt{2}$ 인 $2\,[W]$의 유효전력만을 공급하고 있다고 설명할 수가 있다.

5.2 역률 개선의 방법

이와 같은 전력 전달의 비효율성을 개선하는 작업을 '역률 개선(power factor correction)' 이라고 하며 그림 20처럼 부하의 유효전력을 일정하게 유지하되 음(−)의 무효전력을 추가하여 피상전력을 줄이는 방법(a)와 양(+)의 무효전력을 추가하여 피상전력을 줄이는 방법(b)으로 나눌 수가 있다. (그 외에 피상전력의 크기는 유지시키되 유효전력을 크게 만드는 방법도 있으나 본 교재에서는 다루지 않는다.)

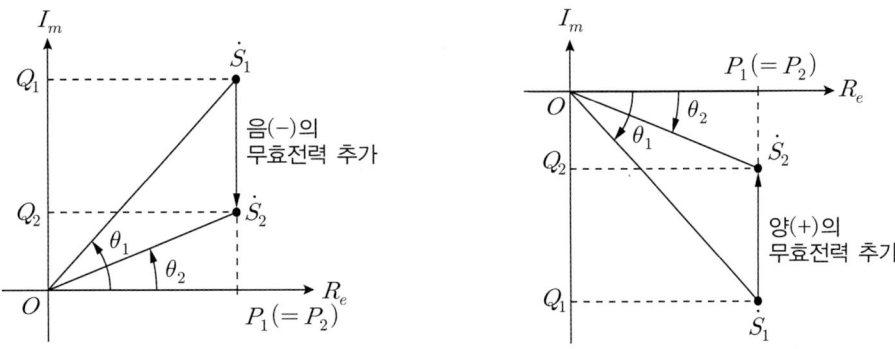

방법(a): 음(−)의 무효전력을 추가로 발생시키는 방법   방법(b): 양(+)의 무효전력을 추가로 발생시키는 방법

〈 **그림 20.** 역률개선 방법의 분류(개선 전 복소전력: $\dot{S}_1 = P_1 + jQ_1$, 개선 후 복소전력: $\dot{S}_2 = P_2 + jQ_2$ 〉

방법(a)는 그림 20과 같이 역률 개선을 하기 전 전력 삼각형의 허수 성분(Q_1)이 양수인 경우에 적용을 한다. 이 경우는 부하 임피던스가 유도성(誘導性, inductive)일 때 발생하는데 앞서 살펴본 그림 18의 회로가 여기에 해당한다. 유도성 임피던스는 위상각이 양수이므로 전류의 위상은 전압보다 늦어지게 되며 따라서 이 경우 이 부하의 역률을 '지상(遲相) 역률(lagging power factor)'이라고 한다. 지상 역률을 개선하는 것은 결국 유도성 임피던스에 용량성 임피던스 성분을 추가하여 무효전력의 크기를 낮추는 것을 의미하며 회로적으로는 커패시터를 부하에 병렬로 삽입하여 그 효과를 얻을 수 있다. 이것을 전력 분야에서는 '진상 커패시터(콘덴서)를 삽입한다'라고도 부른다. 아래 그림은 그림 18의 회로에 $62.5\,[\mu F]$의 진상 커패시터를 삽입한 회로로서, 이렇게 변경된 회로의 역률이 어떻게 개선되었는지 분석을 해 보자.

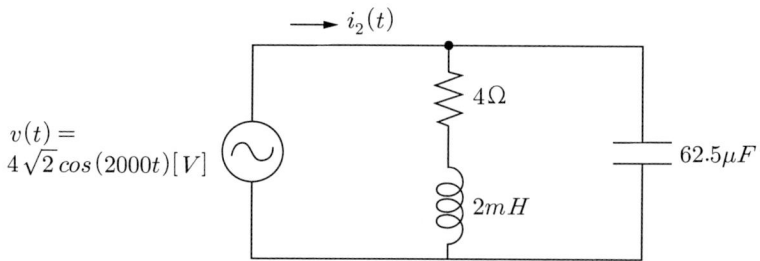

〈 그림 21. 진상 커패시터(콘덴서)의 삽입에 의한 역률 개선 (그림 20의 방법(a)에 해당) 〉

그림 21의 회로를 주파수 영역으로 표현하기 위해 진상 커패시터 $62.5\,[\mu F]$의 임피던스를 계산하면 다음 식과 같다.

$$\frac{1}{j\omega C} = -j\frac{1}{2000 \times 62.5 \times 10^{-6}} = -j8\,[\Omega] \qquad 8\text{-}83$$

따라서 그림 21 회로의 주파수 영역 표현은 다음 그림과 같다.

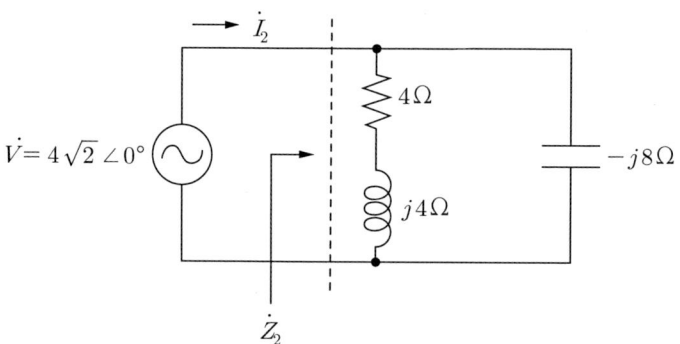

〈 그림 22. 진상 커패시터를 삽입한 회로의 주파수 영역 표현 〉

그림 22의 회로에서 변형된 부하 임피던스 $\dot{Z}_2$ 를 계산하고 이로부터 이 부하에서 소모되는 복소전력을 계산하면 다음과 같다.

$$\begin{aligned}
\dot{Z}_2 &= (4+j4)\,\|\,(-j8) = \frac{(4+j4)\times(-j8)}{(4+j4)+(-j8)} = 8\,[\Omega] \\
\Rightarrow \dot{I}_2 &= \frac{\dot{V}}{\dot{Z}_2} = \frac{4\sqrt{2}\angle 0°}{8} = \frac{1}{\sqrt{2}}\angle 0°\,[A] \\
\therefore \dot{S}_2 &= \frac{1}{2}\dot{V}\dot{I}^* = \frac{1}{2}\times 4\sqrt{2}\angle 0°\times\frac{1}{\sqrt{2}}\angle 0° = 2\angle 0°\,[VA]
\end{aligned} \qquad 8\text{-}84$$

식(8-84)를 보면 알 수 있듯이 진상 커패시터를 삽입함으로써 변형된 부하의 임피던스에서 허수 성분이 사라졌고 그에 따라 이 부하에서 소모되는 복소전력 또한 유효전력만 존재하게 되었다. 이렇게 변경된 회로의 역률은 따라서 $\cos 0° = 1$이 되어 이상적인 역률개선이 되었음을 알 수 있다. 이 상황을 전력 삼각형을 통해 나타내면 다음과 같다.

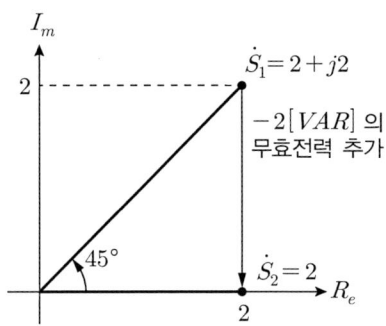

〈 그림 23. 진상 커패시터의 삽입에 의한 역률 개선 전/후의 전력 삼각형 〉

식(8-84)는 변형된 임피던스의 리액턴스를 먼저 구하고 이로부터 개선된 복소전력을 계산하였는데, 이것을 '진상 커패시터에서 소모하는 무효전력'값으로부터 계산할 수도 있다. 즉, 그림 22의 회로도에서 $-j8[\Omega]$의 리액턴스 성분에서 소모되는 복소전력 $\dot{S}_C$를 따로 계산하면

$$\begin{aligned}
\dot{S}_C &= \frac{1}{2}\dot{V}\left(\frac{\dot{V}}{1/j\omega C}\right)^* \\
&= \frac{1}{2}\dot{V}\dot{V}^*(-j\omega C) \\
&= -j\frac{1}{2} \times (4\sqrt{2})^2 \times \left(\frac{1}{8}\right) \\
&= -j2\,[VA]
\end{aligned}$$

8-85

따라서 진상 커패시터를 삽입한 후의 복소전력 $\dot{S}_2$는 다음과 같이 계산할 수도 있다.

$$\dot{S}_2 = \dot{S}_1 + \dot{S}_C = 2+j2+(-j2) = 2\angle 0°\,[VA]$$

8-86

이상과 같이, 지상 역률을 갖는 부하에 대해 진상 커패시터를 삽입함으로써 음의 무효전력을 소모하도록 하여 전체적인 복소전력의 무효전력의 크기를 줄이는 역률개선이 일반적으로 가장 많이 사용된다. 이는 대부분의 전력 수용가의 부하가 전동기 등에 의한 유도성 부하인 경우가 많기 때문이다. 진상 역률을 갖는 용량성 부하인 경우는 반대로 지상 인덕터를 삽입함으로써 양의 무효전력을 소모하도록 하여 전체적인 복소전력의 무효전력의 절대값을 줄이는 역률개선을 할 수도 있다.

예제 8-10

아래 그림과 같은 부하 임피던스 $\dot{Z}_1$에 대한 다음의 질문에 답하시오.

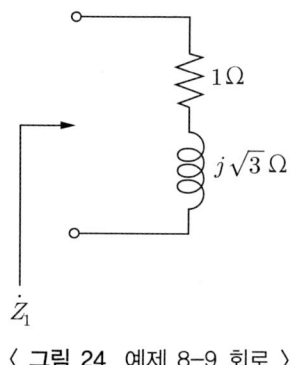

〈 그림 24. 예제 8-9 회로 〉

(1) 이 임피던스 $\dot{Z}_1$의 역률은 얼마인가?

(2) 이 임피던스 $\dot{Z}_1$에 병렬로 $-j4[\Omega]$의 커패시터를 연결한 새로운 부하 임피던스 $\dot{Z}_2$의 역률은 어떻게 변하는가?

풀이

(1) 부하 임피던스 $\dot{Z}_1$은 $1[\Omega]$의 저항과 $j\sqrt{3}[\Omega]$의 리액턴스가 직렬로 연결된 것이므로 다음과 같이 계산된다.

$$\dot{Z}_1 = 1 + j\sqrt{3} = 2\angle 60°\ [\Omega] \qquad 8\text{-}87$$

따라서 이 부하 임피던스의 역률 pf_1은 다음과 같다.

$$pf_1 = \cos 60° = \frac{1}{2} \qquad 8\text{-}88$$

이 부하의 역률은 1보다 많이 작으므로 이대로 전력을 공급받는다면 매우 비효율적인 상황이다.

(2) 원래의 부하 임피던스 $\dot{Z}_1$에 병렬로 $-j4[\Omega]$의 커패시터를 연결한 회로는 다음 그림과 같다.

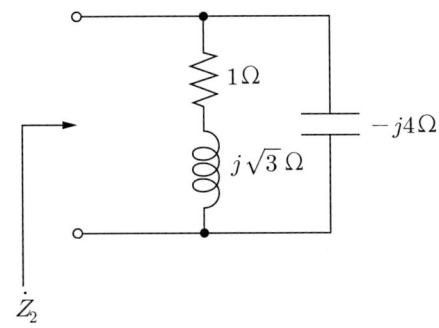

〈 그림 25. $\dot{Z}_1$ 에 커패시터를 병렬로 삽입한 회로 〉

변경된 회로의 임피던스 $\dot{Z}_2$는 원래의 부하 임피던스 $\dot{Z}_1$과 $-j4[\Omega]$이 병렬로 연결된 것이므로 다음 식과 같이 계산된다.

$$\begin{aligned}\dot{Z}_2 &= \dot{Z}_1 \parallel (-j4) \\ &= (1+j\sqrt{3}) \parallel (-j4) \\ &= \frac{4\sqrt{3}-j4}{1+j(\sqrt{3}-4)} \\ &\approx 2.60+j1.91 \\ &\approx 3.23 \angle 36.21°\,[\Omega]\end{aligned} \qquad 8\text{-}89$$

따라서 변경된 부하 임피던스 $\dot{Z}_2$의 역률 pf_2 는 다음과 같다.

$$pf_2 = \cos 36.21° \approx 0.81 \qquad 8\text{-}90$$

위의 값은 식(8-88)의 pf_1에 비해 상당히 1에 근접하도록 개선되었음을 알 수 있다.

이제 원하는 역률 개선값을 달성하기 위한 진상 커패시터의 값을 계산하는 방법을 알아보자. 여러 가지 방법이 있을 수 있으나 여기서는 목표로 하는 역률로부터 '병렬 연결된 진상 커패시터가 소모해야 하는 무효전력' $Q_C[VAR]$를 알아내고 그로부터 진상 커패시터의 커패시턴스 $C[F]$을 정하는 방법을 소개한다. 이 방법은 부하에서 소모되는 유효전력을 이미 알고 있는 경우 또는 부하를 구동하는 전압원과 임피던스 자체를 알고 있는 경우에 모두 적용할 수 있는데 그 상황을 그림으로 표현하면 다음과 같다.

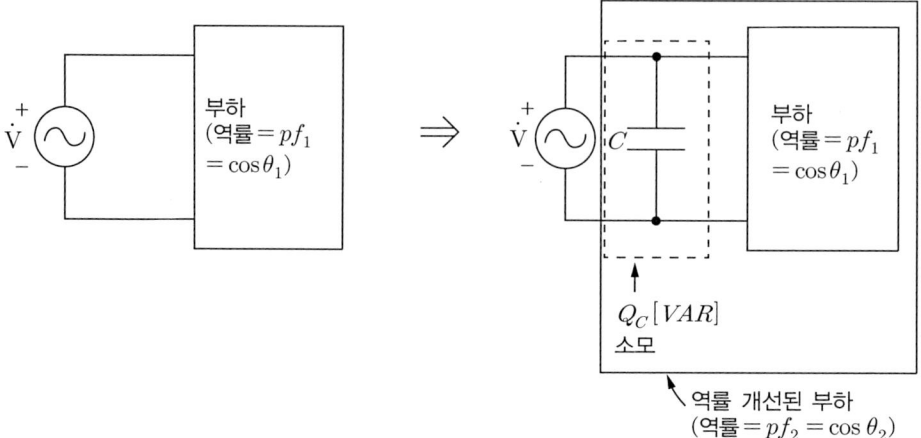

(a) 커패시터의 병렬 삽입에 의한 무효전력(Q_C)소모 추가 발생 및 역률 변화 ($pf_1 \rightarrow pf_2$)

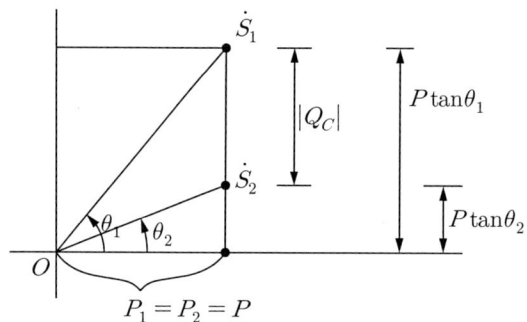

(b) 역률 개선($pf_1 \rightarrow pf_2$)에 필요한 무효전력의 크기 $|Q_C| = P(\tan\theta_1 - \tan\theta_2)$ 의 의미

⟨ **그림 26.** 유효전력(P)과 목표 역률(pf_2)이 주어진 경우 진상 커패시터 병렬 연결에 의한 역률 개선 ⟩

원래의 역률 pf_1과 개선 후 목표로 하는 역률 pf_2 는 다음과 같이 역률각의 코사인 값으로 정의된다.

$$pf_1 = \cos\theta_1$$
$$pf_2 = \cos\theta_2$$

8-91

그런데, 지금 적용하는 역률 개선 방법은 유효전력을 일정하게 유지시키는 경우이므로 역률 개선 전과 후의 유효전력 P_1 과 P_2 는 같으며 이것을 이용하면 역률 개선 전후의 무효전력 Q_1, Q_2는 다음과 같이 표현할 수 있다.

$P_1 = P_2 = P$ 라고 하면,

$$Q_1 = P_1 \tan\theta_1 = P \tan\theta_1,$$
$$Q_2 = P_2 \tan\theta_2 = P \tan\theta_2.$$

8-92

따라서 목표로 하는 역률 pf_2를 얻기 위해 진상 커패시터가 소모해야 할 무효전력 Q_C는 다음과 같다.

$$Q_C = Q_2 - Q_1 = P(\tan\theta_2 - \tan\theta_1)$$

8-93

여기서 역률각의 탄젠트 $\tan\theta_1$, $\tan\theta_2$는 다음과 같으며 계산기를 활용하여 값을 구할 수 있다.

$$\begin{aligned}\tan\theta_k &= \tan(\cos^{-1}(\cos\theta_k)) \\ &= \tan(\cos^{-1}(pf_k)) \ (k=1,2)\end{aligned}$$

8-94

이제 남은 것은 식(8-93)으로 계산된 무효전력을 달성하기 위한 커패시턴스를 구하는 것이다. 전압원 $\dot{V} = V\angle 0°$에 병렬 연결된 $C[F]$의 커패시터가 소모하는 복소전력 $\dot{S}_C$는 다음과 같다.

$$\begin{aligned}\dot{S}_C &= \frac{1}{2}\dot{V}\dot{I}_C^* \\ &= \frac{1}{2}V\angle 0°(j\omega CV)^* \\ &= -j\frac{1}{2}(\omega C)V^2 \\ &= jQ_C [VA]\end{aligned}$$

8-95

따라서 역률개선을 위해 병렬로 삽입한 $C[F]$의 커패시터에서 소모하는 무효전력 Q_C는 다음과 같다.

$$Q_C = -\frac{1}{2}(\omega C)V^2 \ [VAR]$$

8-96

식(8-93), 식(8-96)으로부터 커패시턴스 C를 다음과 같이 계산할 수 있다.

$$\begin{aligned}Q_C &= -\frac{1}{2}(\omega C)V^2 = P(\tan\theta_2 - \tan\theta_1) \\ \therefore C &= \frac{2P}{\omega V^2}(\tan\theta_1 - \tan\theta_2)\,[F]\end{aligned}$$

8-97

한편, 부하 임피던스 $\dot{Z} = R + jX = Z\angle\theta_1$라고 주어졌다면, R에서 소모되는 전력, 즉, 부하 임피던스가 소모하는 유효전력 P 는 다음과 같이 표현된다.

$$P = \frac{1}{2}\left(\frac{V}{Z}\right)^2 R = \frac{1}{2} V^2 \frac{R}{R^2 + X^2} \ [W] \qquad 8\text{-}98$$

식(8-98)을 식(8-97)에 대입하면, 부하임피던스가 주어진 경우 목표로 하는 역률 pf_2를 얻기 위한 커패시턴스는 다음 식과 같다.

$$\begin{aligned} C &= \frac{2P}{\omega V^2}(\tan\theta_1 - \tan\theta_2) \\ &= \frac{1}{\omega}\frac{R}{R^2 + X^2}(\tan\theta_1 - \tan\theta_2) \ [F] \end{aligned} \qquad 8\text{-}99$$

정리하면, 목표로 하는 역률 $pf_2 = \cos\theta_2$를 달성하기 위해 부하에 병렬 연결해야 하는 커패시턴스 $C[F]$는 부하가 소모하는 유효전력 P 가 주어진 경우에는 식(8-97)을, 부하 임피던스 자체가 주어진 경우에는 식(8-99)를 이용하여 계산할 수 있으니 적절히 활용하기 바란다.

예제 8-11

$v(t) = 200\cos(377t)\ [V]$인 교류전압원으로부터 전력을 공급받는 부하에서 $10\,[kW]$의 유효전력을 소모하고 있을 때 부하의 역률은 0.7이라고 한다. 이 부하의 역률을 0.95로 개선하기 위해 부하에 병렬 연결해야 하는 커패시터의 값을 구하시오.

풀이

부하 임피던스 자체가 얼마인지 주어지지는 않았지만 부하에서 소모하는 유효전력이 얼마인지 알고 있으므로 식(8-97)을 사용하여 커패시터의 값을 구할 수 있다. 식(8-97)에 적용해야 할 값들은 다음과 같다.

$$\begin{aligned} &\omega = 377\,[rad/\sec],\ V = 200\,[V],\ P = 10\,[kW], \\ &\tan\theta_1 = \tan(\cos^{-1}(pf_1)) = \tan(\cos^{-1}(0.7)) = 1.0202, \\ &\tan\theta_2 = \tan(\cos^{-1}(pf_2)) = \tan(\cos^{-1}(0.95)) = 0.3287. \end{aligned} \qquad 8\text{-}100$$

위의 값들을 식(8-97)에 대입하면 역률을 개선하기 위해 병렬로 연결해야 하는 커패시터의 값은 다음과 같다.

$$\begin{aligned} C &= \frac{2P}{\omega V^2}(\tan\theta_1 - \tan\theta_2) \\ &= \frac{2 \times 10 \times 10^3}{377 \times 200^2} \times (1.0202 - 0.3287) \\ &= 917.1\,[\mu F]. \end{aligned} \qquad 8\text{-}101$$

예제 8-12

$v(t) = 200\cos(377t)\,[V]$인 교류전압원이 $100\,[\Omega]$의 저항과 $200\,[mH]$의 인덕터가 직렬로 부하에 전력을 공급하고 있다. 이 부하의 역률을 0.95로 개선하기 위해 부하에 병렬 연결해야 하는 커패시터의 값을 구하시오.

풀이

우선, 부하 임피던스 $\dot{Z}$는 다음과 같이 계산된다.

$$\begin{aligned}\dot{Z} &= R + j\omega L \\ &= 100 + j(377 \times 200 \times 10^{-3}) \\ &= 100 + j\,75.4 \\ &\approx 125.24 \angle 37.0°\,[\Omega]\end{aligned} \qquad 8\text{-}102$$

따라서 개선되기 전의 역률 pf_1은 다음과 같다.

$$pf_1 = \cos\theta_1 = \cos 37.0° \approx 0.8 \qquad 8\text{-}103$$

이로부터, 식(8-99)에 적용해야 할 값들을 정리하면 다음과 같다.

$$\begin{aligned}&\omega = 377\,[rad/\sec],\ V = 200\,[V], \\ &R = 100\,[\Omega],\ X = 75.4\,[\Omega], \\ &\tan\theta_1 = \tan(\cos^{-1}(pf_1)) = \tan(\cos^{-1}(0.8)) = 0.75, \\ &\tan\theta_2 = \tan(\cos^{-1}(pf_2)) = \tan(\cos^{-1}(0.95)) = 0.3287.\end{aligned} \qquad 8\text{-}104$$

위의 값들을 식(8-99)에 대입하면 역률을 개선하기 위해 병렬로 연결해야 하는 커패시터의 값은 다음과 같다.

$$\begin{aligned}C &= \frac{1}{\omega}\frac{R}{R^2 + X^2}(\tan\theta_1 - \tan\theta_2) \\ &= \frac{1}{377} \times \frac{100}{100^2 + 75.4^2} \times (0.75 - 0.3287) \\ &\approx 7.12\,[\mu F]\end{aligned} \qquad 8\text{-}105$$

단원 마무리

1. **정현파의 평균값과 실효값**
   - 정현파는 주기적으로 똑같은 크기의 양과 음의 구간이 반복되므로 한 주기 평균을 하면 언제나 0이 된다.
   - 이런 문제를 해결하기 위해 도입한 것이 실효값의 개념으로서 원래 파형을 제곱한 뒤 평균을 취하고 거기에 다시 루트를 씌워 계산하므로 RMS(Root-Mean-Square)값이라고도 한다.
   - 정현파의 실효값은 진폭의 $\frac{1}{\sqrt{2}}$배이다.

2. **순간전력과 평균전력**
   - 정현파 교류회로의 임의 소자가 소모하는 순간전력은 주파수는 같지만 크기와 위상이 다른 두 정현파의 곱으로 표현되며 이것은 두 배의 주파수를 갖는 정현파와 상수의 합으로 언제나 변형 가능하다. – 순간전력을 한 주기 평균하면 정현파 성분은 사라지고 상수 성분만 남게 되며 이것을 평균전력이라고 한다.
   - 임의소자가 소모하는 정현파 교류회로에서의 평균전력은 $\frac{1}{2}VI\cos\theta$로 나타나는데 여기서 θ는 이 소자에 걸린 전압과 전류 정현파의 위상차와 같고 임의소자의 임피던스가 갖는 위상각과도 같다.
   - $\cos\theta$를 역률이라고 하며 임의 소자가 얼마나 효율적으로 전력을 소모하는지를 나타내는 척도로 삼는다.
   - 저항의 역률은 1이지만 커패시터와 인덕터의 역률은 0이다. 따라서 커패시터와 인덕터는 정현파 교류회로에서 평균적으로 전력을 소모하지도 생성하지도 않는다.

3. **순간전력의 파형과 유효전력(평균전력), 무효전력의 개념**
   - 순간전력의 파형을 주파수가 2배인 정현파와 상수값의 합으로 나타냄으로써 평균전력의 개념을 이해할 수 있다.
   - 순간전력의 파형을 모든 시간에서 항상 양수인 정현파와 시간축에 대칭인 정현파의 합으로 나타냄으로써 무효전력의 개념을 이해할 수 있다. 무효전력은 실제로 소모되는 전력의 개념이 아니라 에너지의 저장과 방출이 반복되는 정도를 지표화한 값이다.

4. **정현파 교류회로의 복소전력**
   - 주파수 영역에서 정현파 교류회로의 소모전력을 분석하기 위한 개념으로 복소전력 $\dot{S}$를 다음과 같이 정의한다: $\dot{S} = \frac{1}{2}\dot{V}\dot{I}^*$
   - 복소전력 $\dot{S} = P + jQ$라고 할 때,
     $|\dot{S}|$: 피상전력 (단위는 [VA])
     P: 유효전력(평균전력) (단위는 [W])
     Q: 무효전력 (단위는 [VAR])
   라고 정의한다.

- 피상전력, 유효전력, 무효전력으로 구성되는 전력 삼각형을 통해 부하가 교류회로에서 소모하는 전력의 상황을 한눈에 파악할 수 있다.

5. 역률 개선
   - 무효전력에 의한 송배전 계통의 불필요한 전력소모를 최소화하기 위해 부하측의 역률을 1에 가깝도록 조치하는 것을 역률개선이라고 한다.
   - 유효전력을 일정하게 유지시키면서 부하가 소모하는 무효전력과 반대 부호의 무효전력을 발생시키도록 인덕터나 커패시터를 병렬로 삽입함으로써 역률을 개선할 수 있다.

> **생각해 봅시다**
>
> - **질문**: 역률이 1보다 작으면 왜 송배전 계통의 효율이 떨어지는 것일까?
> - **의견**: 전력회사가 공급한 전력은 수용가의 부하에서 의미 있게 소모되어야 하며 그 크기를 유효전력이라고 한다. 그런데 수용가의 부하가 리액턴스 성분을 가지고 있으면 역률은 1보다 작아지며 리액턴스 성분이 커질수록 전력회사는 동일한 유효전력을 공급하기 위해 더 큰 전압과 전류를 발생시켜야 한다. 전력회사는 큰 전력(피상전력)을 공급했지만 수용가가 의미 있게 소모하는 전력(유효전력)은 그에 못 미치고 송배전 계통의 저항에서 열로 소모되는 불필요한 전력(무효전력)소모가 발생하므로 송배전 계통의 효율이 떨어진다.

8장 개념정리 O, X 퀴즈

1. 소자 양단의 전압과 소자를 관통하는 전류가 시시각각 변화할 때, 특정 시점에서의 전압과 전류의 곱을 평균전력이라고 한다. (O, ×)

2. 각주파수가 $\omega[rad/sec]$ 인 교류회로의 순간전력의 각 주파수는 $\omega^2[rad/sec]$이다. (O, ×)

3. 교류회로에서, 특정 임피던스 양단에 걸린 전압과 그 때 그 임피던스를 관통하여 흐르는 전류는 서로 위상이 다를 수 있는데 그 위상차는 임피던스의 위상각이 결정한다. (O, ×)

4. 임피던스 양단의 전압과 전류의 페이저를 각각 $\dot{V}$, $\dot{I}$ 라고 할 때, 복소전력 $\dot{S} = \frac{1}{2}\dot{V}\dot{I}$ 이다. (O, ×)

5. 복소전력의 허수부를 무효전력이라고 한다. (O, ×)

6. 유효전력의 단위는 [VA] 이다. (O, ×)

7. 부하에 걸린 전압의 위상이 부하에 흐르는 전류의 위상보다 앞설 때, 그 부하는 진상 역률을 갖는다. (O, ×)

8. 부하에 걸린 전압의 최대치와 전류의 최대치만 알면 부하에서 소모되는 피상전력을 구할 수 있다. (O, ×)

9. 부하에서 소모되는 유효전력은 부하의 저항성분이 소모하는 평균전력과 같다. (O, ×)

10. 동일한 유효전력을 공급할 때 역률이 작은 부하는 역률이 큰 부하보다 송배전선에서 더 많은 열을 발생시킨다. (O, ×)

8장. 교류회로의 전력

[8장 퀴즈 정답 및 해설]

1	2	3	4	5	6	7	8	9	10
X	X	O	X	O	X	X	O	O	O

1. 특정 시점의 전압과 전류의 곱을 순간전력이라고 한다. 평균전력은 한 주기 동안 순간전력값의 평균값이다.
2. 각주파수가 $\omega[rad/sec]$인 교류회로의 순간전력의 각 주파수는 $2\omega[rad/sec]$이다.
3. 전류 페이저에 대한 전압 페이저의 비가 임피던스이므로 전압과 전류의 위상차는 임피던스의 위상각과 같다.
4. 복소전력은 $\dot{S} = \frac{1}{2}\dot{V}\dot{I}^*$로 정의된다.
5. 복소전력의 실수부를 유효전력, 허수부를 무효전력이라고 한다.
6. 유효전력의 단위는 [W], 무효전력의 단위는 [VAR]이다.
7. 전류가 전압보다 앞설 때 진상(leading) 역률을 갖는다.
8. 피상전력은 전압과 전류의 위상차와 상관없이 전압과 전류의 최대치에만 관련이 있다.
9. 임의 부하의 유효전력은 그 부하의 저항성분이 소모하는 평균전력과 같다.
10. 역률이 작으면 큰 무효전력 때문에 송배전선에서 더 많은 열을 발생시킨다.

8장 연습문제

1 다음 파형의 평균값과 실효값(RMS값)을 각각 구하시오.

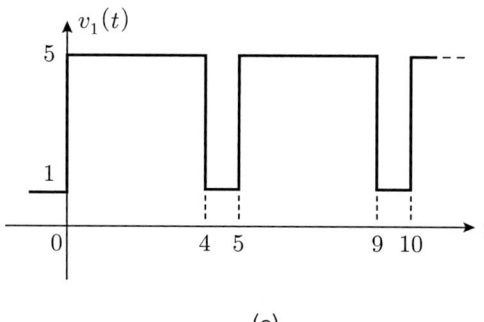

(a)

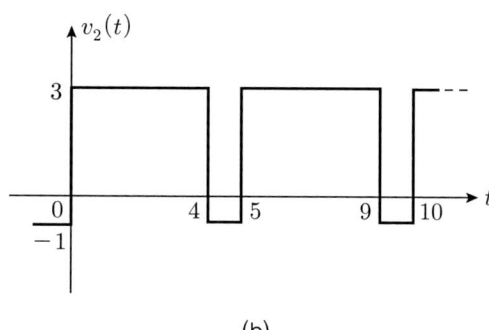

(b)

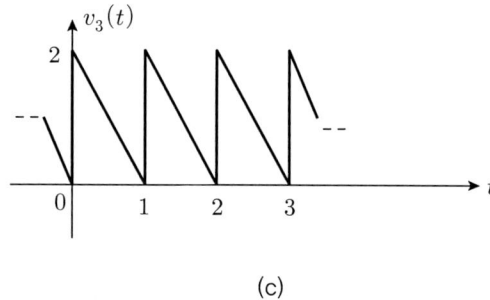

(c)

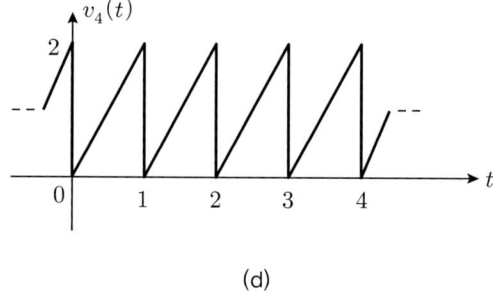

(d)

2 아래의 회로에 대하여 물음에 답하시오.

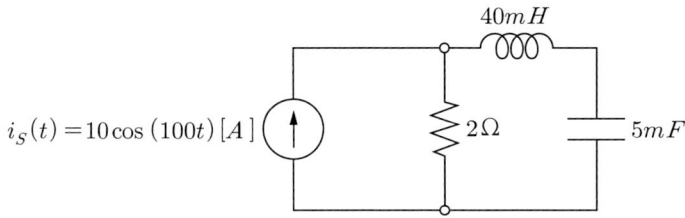

1) 교류전류원이 공급하는 순간전력과 평균전력을 구하시오.

2) 2[Ω]의 저항이 소모하는 순간전력과 평균전력을 구하시오.

3) 5[mF]의 커패시터가 소모하는 순간전력과 평균전력을 구하시오.

3 다음 회로에서 전압원이 공급하는 복소전력을 구하여 직교좌표 형식으로 표현하시오.

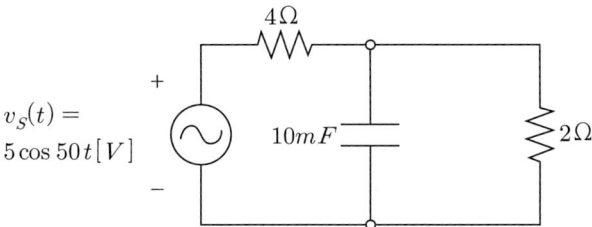

4 다음 회로에서 전류원이 공급하는 복소전력이 $8+j16\,[VA]$라고 할 때, R과 L의 값을 각각 구하시오.

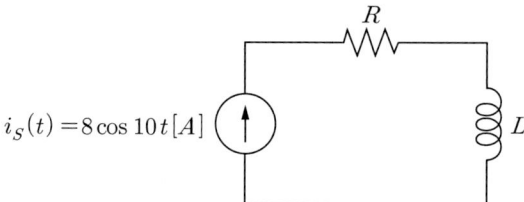

5 다음의 주파수영역 회로에서 $4\,[\Omega]$ 저항에서 소모되는 복소전력을 구하시오.

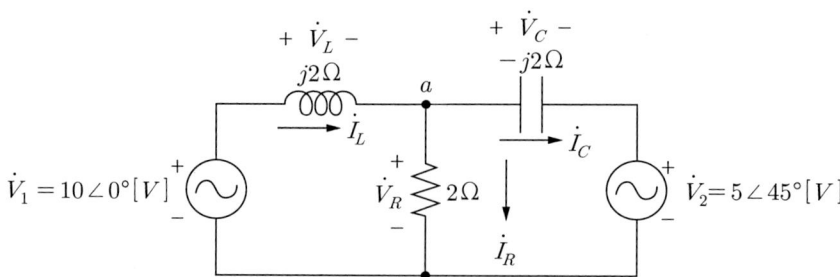

6 다음의 주파수영역 회로에 대하여 물음에 답하시오.

1) 노드 a의 전압 페이저 $\dot{V}_a$ 를 노드해석법을 이용하여 구하시오.

2) 1)의 결과를 이용하여, 저항, 인덕터, 커패시터 양단의 전압 페이저 $\dot{V}_R, \dot{V}_L, \dot{V}_C$ 를 각각 구하시오.

3) 2)의 결과를 이용하여, 저항, 인덕터, 커패시터가 소모하는 복소전력 $\dot{S}_R, \dot{S}_L, \dot{S}_C$ 을 각각 구하시오.

4) 3)의 결과를 이용하여, 두 전원 $\dot{V}_1, \dot{V}_2$ 가 회로에 공급하는 복소전력 $\dot{S}_{V1}, \dot{S}_{V2}$ 의 합은 저항, 인덕터, 커패시터가 소모하는 복소전력의 총합과 같음을 보이시오.

7 아래 회로에서 교류전압원이 공급하는 복소전력은 $31+j17\,[VA]$ 라고 한다. 부하 $\dot{Z}$ 를 구하시오. (힌트: 각 부하가 소모하는 복소전력의 총합은 전원이 공급하는 복소전력과 같다.)

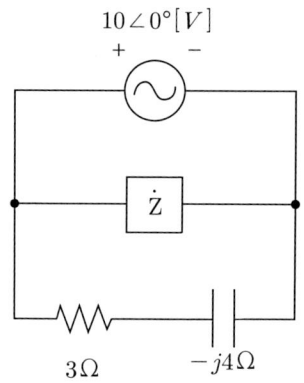

8 실효값이 220V이고 60Hz의 주파수를 갖는 교류전압원에 두 개의 부하가 병렬로 연결되어 있다. 첫 번째 부하는 5kVA의 전력을 지상역률 0.9로 소모하고 두 번째 부하는 10kVA의 전력을 지상역률 0.8로 소모하고 있다. 이 때 두 부하의 통합 피상전력과 유효전력, 역률을 구하시오.

9 아래의 두 가지 부하가 $60[Hz]$ 교류전원에 연결된 경우 물음에 답하시오.

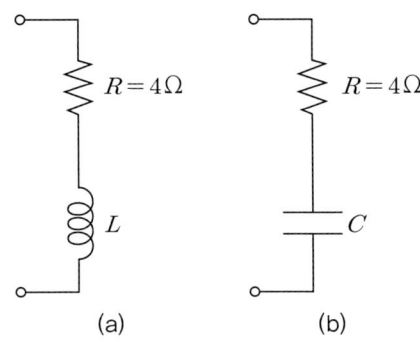

1) 0.73의 지상역률인 경우 해당하는 부하는 (a), (b) 중 어떤 것이며, 그 때 저항 이외의 소자 (L 또는 C) 값은 얼마인가?

2) 0.77의 진상역률인 경우 해당하는 부하는 (a), (b) 중 어떤 것이며, 그 때 저항 이외의 소자 (L 또는 C) 값은 얼마인가?

10 다음의 네 가지 회로에 대한 역률을 회로의 각주파수 ω와 R, L, C를 이용하여 표현하시오. (진상/ 지상의 여부를 표시하시오)

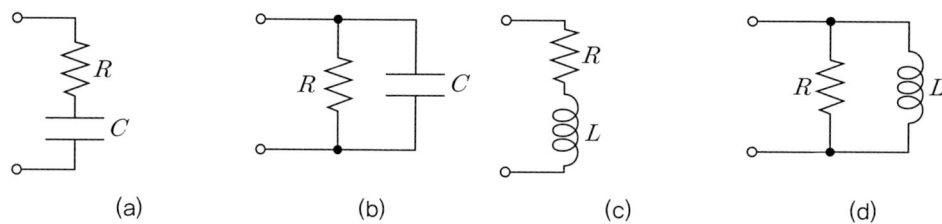

(a)　　　　(b)　　　　(c)　　　　(d)

11 220 V(rms), 60Hz인 교류전원에 연결된 부하의 역률이 0.8이고 20kW 의 전력을 소모하고 있다. 역률을 0.9로 개선하기 위해 병렬로 연결해야 하는 커패시터의 값을 구하시오.

12 다음의 회로에서 저항과 인덕터로 구성된 부하의 역률을 0.95로 개선하기 위해 부하에 병렬 연결해야 하는 커패시터의 값을 구하시오.

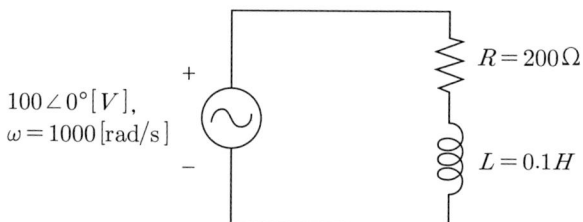

9장
주파수 응답과 공진회로

> **단원 목표**
> - 주파수 응답의 개념을 이해하고 회로의 주파수 응답을 네트워크 함수로 표현할 수 있다.
> - 주파수 응답의 이득 곡선으로부터 회로가 특정 주파수의 신호를 잘 통과시킬 수 있다는 개념을 이해한다.
> - 공진회로의 출력을 최대로 만드는 공진주파수의 개념을 이해한다.
> - RLC 직렬, 병렬 공진회로를 해석할 수 있다.
> - 공진회로의 특성을 나타내는 공진주파수 ω_0, 최대 크기 k, 선택도(양호도) Q의 개념을 이해하고 계산할 수 있다.
> - 공진회로의 이득 곡선으로부터 대역폭과 선택도(양호도)의 관계를 설명할 수 있다.

1 주파수 응답의 개념과 네트워크 함수

1.1 주파수 응답

8장에서는 각주파수 ω 를 갖는 정현파 전원이 구동하는 회로를 페이저를 이용하여 주파수 영역에서 분석하는 법을 살펴보았다. 주파수 영역에서는 각 응답(전압 또는 전류 페이저)의 크기와 위상만을 계산하므로 주파수가 아무 역할을 하지 않는 것 같지만 회로 소자들의 임피던스가 주파수에 관한 함수이므로 정현파의 주파수가 변하면 회로의 응답, 즉, 관심 있는 전압 또는 전류의 크기와 위상도 달라질 것이라는 것을 쉽게 예측할 수 있다.

예를 들어, 다음의 주파수 영역 RC 회로에서 회로의 입력을 전원 $\dot{V}_S$, 출력을 커패시터 양단의 전압 $\dot{V}_C$라고 정의해보자.

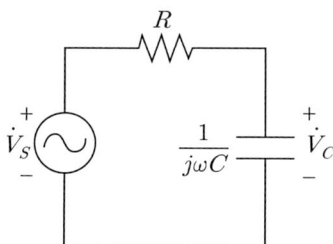

⟨ 그림 1. 주파수 영역에서 RC 회로의 입력($\dot{V}_S$)과 출력($\dot{V}_C$)의 정의 ⟩

이 회로의 출력 $\dot{V}_C$는 주파수 영역에서의 전압 분배 법칙에 의해 다음 식과 같이 입력 $\dot{V}_S$와의 관계식으로 표현된다.

$$\dot{V}_C = \frac{\frac{1}{j\omega C}}{R + \frac{1}{j\omega C}} \times \dot{V}_S = \frac{\dot{V}_S}{1 + j\omega RC} \qquad 9\text{-}1$$

식(9-1)을 살펴보면 주파수 ω가 변하면 출력의 페이저 $\dot{V}_C$가 변할 것이라는 것을 알 수가 있는데 이것은 "출력의 크기와 위상이 회로의 주파수에 대해 반응(응답)한다"고 표현할 수가 있다. 이와 같이, 회로 상태의 크기와 위상이 회로를 구동하는 주파수에 따라 변하는 것을 "주파수 응답(frequency response)"라고 부른다.

1.2 네트워크 함수

회로의 주파수 응답과 관련하여 다음과 같이 네트워크 함수(network function)를 정의할 수 있다.

$$\text{네트워크 함수 } H(\dot{\omega}) = \frac{\text{출력 페이저}}{\text{입력 페이저}} \qquad 9\text{-}2$$

네트워크 함수는 주파수 영역에서 관찰되는 입력과 출력의 비로서 식(9-1)의 예에서는 다음과 같이 ω의 식으로 표현할 수 있다.

$$H(\dot{\omega}) = \frac{\dot{V}_C}{\dot{V}_S} = \frac{1}{1 + j\omega RC} \qquad 9\text{-}3$$

네트워크 함수를 이와 같이 정의하는 이유는 다음 그림과 같이 주파수 영역에서 "회로의 출력은 입력에 네트워크 함수를 곱한 것"이라는 생각에서 비롯된 것으로서 네트워크 함수만 구하면 임의의 입력에 대한 출력을 즉시 구할 수 있게 된다.

$$\dot{X}(\omega) \longrightarrow \boxed{\dot{H}(\omega)} \longrightarrow \dot{Y}(\omega)$$
(입력)　　　　　　　　　　　(출력)
$$\dot{Y}(\omega) = \dot{X}(\omega)\dot{H}(\omega)$$

〈 그림 2. 네트워크 함수와 입력, 출력의 관계 〉

그림 2에서 정의한 네트워크 함수 $\dot{H}(\omega)$의 크기 $|\dot{H}(\omega)|$를 입출력에 관한 이득(gain)이라고 하고 위상 $\angle \dot{H}(\omega)$를 위상천이(phase shift)라고 정의한다. 모든 페이저 표기에 기존에는 표시하지 않던 '(ω)'를 붙인 이유는 페이저의 크기와 위상이 모두 회로를 구동하는 각주파수 ω의 함수임을 강조하기 위해서이다.

$$\dot{H}(\omega) = \frac{\dot{Y}(\omega)}{\dot{X}(\omega)} \text{ 이므로}$$
$$|\dot{H}(\omega)| = \frac{|\dot{Y}(\omega)|}{|\dot{X}(\omega)|} : 이득\,(gain) \qquad 9\text{-}4$$
$$\angle \dot{H}(\omega) = \angle \dot{Y}(\omega) - \angle \dot{X}(\omega) : 위상천이\,(phase\ shift)$$

식(9-3, 4)로부터 그림 1의 회로에서 네트워크 함수의 이득과 위상천이를 각각 계산하면 다음과 같다.

$$\dot{H}(\omega) = \frac{1}{1 + j\omega RC}$$
$$= \frac{1}{\sqrt{1 + (\omega RC)^2}\, \angle \tan^{-1}(\omega RC)} \qquad 9\text{-}5$$
$$= \frac{1}{\sqrt{1 + (\omega RC)^2}} \angle -\tan^{-1}(\omega RC)$$

$$\therefore 이득 = |\dot{H}(\omega)| = \frac{1}{\sqrt{1 + (\omega RC)^2}},$$
$$위상천이 = \angle \dot{H}(\omega) = \angle -\tan^{-1}(\omega RC). \qquad 9\text{-}6$$

이득 $|\dot{H}(\omega)|$은 주파수 ω 에 관한 함수로서 그래프를 그려보면 다음과 같다. (편의를 위해 RC = 1이라고 가정한 그래프로서 구체적인 값보다는 주파수 변화에 따른 크기 변화의 추이만 참고하기 바란다.)

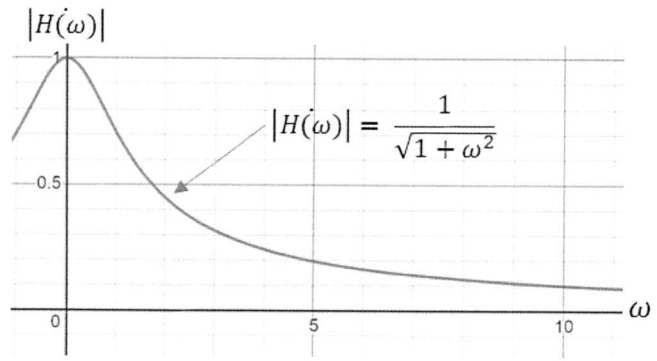

〈 그림 3. 저주파 통과 특성을 갖는 이득과 주파수의 관계 그래프 〉

이 그래프로부터, 동일한 크기와 위상을 갖는 입력에 대하여 주파수가 증가할수록 출력의 크기가 줄어들 것임을 알 수 있다. 이때 이 회로는 입력이 고주파 신호일수록 출력의 크기가 작아지고 저주파 신호일수록 크기가 커지므로 '저주파 통과' 특성을 갖는다고 표현한다.

예제 9-1

아래 그림의 RL 회로에서 회로의 입력을 전원 $\dot{V}_S$, 출력을 인덕터 양단의 전압 $\dot{V}_L$이라고 정의하자.

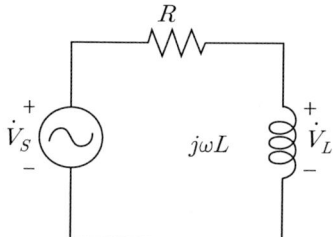

〈 그림 4. RL 회로의 입력($\dot{V}_S$)과 출력($\dot{V}_L$)의 정의 〉

(a) 네트워크 함수 $H(\omega)$를 구하고 이로부터 이득과 위상천이를 각각 구하시오.
(b) 주파수에 관한 함수로서 이득의 그래프를 그리고 주파수에 관한 어떤 특성을 갖는지 설명하시오. (편의상 $R = 1$, $L = 1$ 이라고 가정한다.)

풀이

(a) 주어진 회로의 출력 $\dot{V}_L$ 은 주파수 영역에서의 전압 분배 법칙에 의해 다음 식과 같이 입력 $\dot{V}_S$와의 관계식으로 표현된다.

$$\dot{V}_C = \frac{j\omega L}{R + j\omega L} \times \dot{V}_S \text{ 로부터}$$

$$\dot{H}(\omega) = \frac{j\omega L}{R + j\omega L} = \frac{\omega L \angle 90°}{\sqrt{R^2 + (\omega L)^2} \angle \tan^{-1}(\frac{\omega L}{R})} \qquad 9\text{-}7$$

이 결과로부터 네트워크 함수의 이득 $|\dot{H}(\omega)|$ 와 위상 $\angle \dot{H}(\omega)$는 다음과 같이 쓸 수 있다.

$$|\dot{H}(\omega)| = \frac{\omega L}{\sqrt{R^2 + (\omega L)^2}},$$
$$\angle \dot{H}(\omega) = \angle (90° - \tan^{-1}(\frac{\omega L}{R})). \qquad 9\text{-}8$$

이득이 주파수가 변함에 따라 어떻게 변화하는지 살펴보기 위해 그래프를 그려보면 다음과 같다. (R=L=1 이라고 가정)

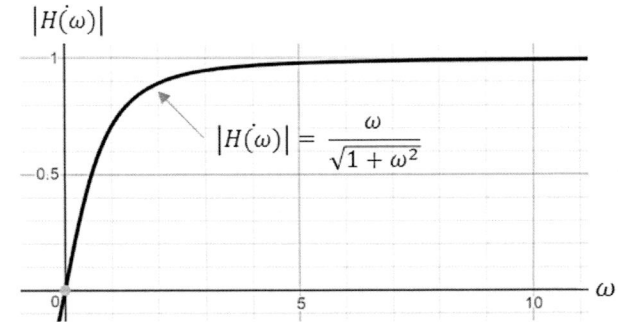

〈 그림 5. 고주파 통과 특성을 갖는 이득과 주파수의 관계 그래프 〉

이 그래프로부터, 동일한 입력에 대하여 주파수가 증가할수록 출력의 크기가 커짐을 알 수 있다. 이것은 주어진 회로의 입출력 관계가 "고주파 통과 특성"을 갖는다고 볼 수 있다.

2 공진회로

2.1 공진 주파수의 의미

공진(共振, resonance) 현상은 어떤 출력값이 특정 주파수에서 최대치가 되는 현상을 일컫는다. 자연계의 많은 곳에서 공진현상이 관찰되는데 에너지 저장 소자가 포함된 회로에서도 동일한 현상이 관찰된다. 예를 들어, 정현파 전류를 입력으로 주었을 때 부하 임피던스 양단에 나타나는 전압을 출력으로 정의하는 다음 그림의 상황을 살펴보자.

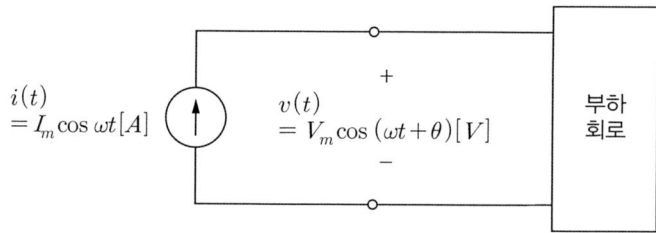

⟨ 그림 6. 임의의 부하 회로에 대한 입력 전류 $i(t)$와 출력 전압 $v(t)$의 정의 ⟩

입력 전류의 크기(I_m)와 위상(0°)은 고정시킨 상태에서 각주파수 ω를 변화시키면서 출력 전압 $v(t)$의 크기 V_m과 위상 θ를 다음과 같이 기록하였다고 가정한다.

ω [rad/sec]	V_m [V]	θ
100	0.2	−50°
120	0.5	−30°
130	**0.9**	**0°**
140	0.6	20°
150	0.5	40°

이 표에서 ω에 대한 출력 전압 V_m과 위상 θ의 변화는 다음과 같이 요약할 수 있다.

- $\omega = 130\,[rad/sec]$ 일 때 V_m은 최대값 0.9[V]를 갖는다.
- $\omega = 130\,[rad/sec]$ 일 때 θ는 0°이다.
- ω가 $130\,[rad/sec]$보다 커지거나 작아지면 V_m은 최대값 0.9[V]보다 작아진다.

- ω가 130 [rad/sec]보다 커지면 θ는 음수가 된다.
- ω가 130 [rad/sec]보다 작아지면 θ는 양수가 된다.

이상의 관찰 결과가 생기는 이유는 부하회로가 전원의 주파수에 따라 다르게 행동하기 때문인데 특이한 것은 출력으로 정의한 전압 $v(t)$의 크기가 특정 주파수에서 최대값을 갖는다는 것이다. 이와 같은 현상이 생기는 것을 회로적으로는 부하회로에 포함된 에너지 저장 소자(커패시터, 인덕터)에 의한 공진 현상이 발생한 것으로 해석하며 최대값을 갖도록 하는 특정 주파수 (여기서는 130 [rad/sec])를 '공진주파수(resonance frequency)' ω_0 라고 부른다.

주파수가 공진 주파수보다 커지거나 작아지면 출력값의 위상 또한 변화하는데 그 부호를 눈여겨 볼 필요가 있다. 이 예에서는 공진 주파수보다 높은 주파수에서 전압의 위상이 음수가 되고 낮은 주파수에서는 양수의 위상을 갖는다. 부하회로 전체를 하나의 등가 임피던스로 대체한다면 전압의 위상이 전류에 비해 음수가 된다는 것은 그 임피던스의 위상각이 음수라는 것을 의미하며 이때 부하 임피던스는 '용량성(capacitive)' 부하라고 부른다. 부하 임피던스를 저항(실수)과 음수의 허수부, 즉, 커패시터의 직렬연결로 볼 수 있기 때문이다. 반대의 경우에는 부하 임피던스를 '유도성(inductive)' 부하라고 부르며 이는 부하 임피던스를 저항과 인덕터(양의 허수부)의 직렬연결로 볼 수 있기 때문이다.

이상과 같은 현상은 이어서 소개할 RLC 직렬 및 병렬 회로에서 실제로 나타나는데 이는 모두 인덕터와 커패시터 간에 발생하는 공진 현상에 기인한다.

> **예제 9-2**
>
> 아래 표는 어떤 회로를 구동하는 정현파 전원의 각주파수 ω를 변경시켰을 때 출력 전압의 크기 V_m과 위상 θ의 변화를 측정한 것이다. 물음에 답하시오.
>
> | ω [rad/sec] | V_m [V] | θ |
> |---|---|---|
> | 1,000 | 1 | 40° |
> | 1,100 | 2 | 20° |
> | 1,200 | 4 | 0° |
> | 1,300 | 3 | −15° |
> | 1,400 | 2 | −30° |
>
> (a) 이 회로의 공진주파수 ω_0는 얼마인가?
> (b) 이 회로는 $\omega = 1,350$ [rad/sec] 일 때 용량성 부하로 동작하는가, 유도성 부하로 동작하는가?

> **풀이**
> (a) 표에 의하면 $\omega=1{,}200\,[rad/sec]$ 일 때 출력 전압의 크기 V_m이 가장 커지고 위상 θ는 $0°$가 된다. 따라서 공진주파수 $\omega_0=1{,}200\,[rad/sec]$ 이다.
> (b) 표에 의하면 각주파수 ω가 ω_0보다 커지면 위상 $\theta<0$이므로 회로의 등가 임피던스는 음수 허수부를 갖게 된다. 이것은 저항에 커패시터가 직렬로 연결된 것과 등등한 상황이므로 회로는 $\omega=1{,}350\,[rad/sec]$ 일 때 '용량성(capacitive)' 부하로 동작한다.

2.2 RLC 공진회로

다음은 저항과 커패시터, 인덕터가 병렬로 연결된 부하 회로에 정현파 전류 전원을 입력으로 가하는 경우 부하의 전압을 출력으로 정의한 회로이다. 앞서 살펴본 공진 주파수 및 그 때의 최대 출력, 위상의 변화 등을 그대로 관찰할 수 있으며 그 때문에 RLC 병렬 공진회로라고도 부른다.

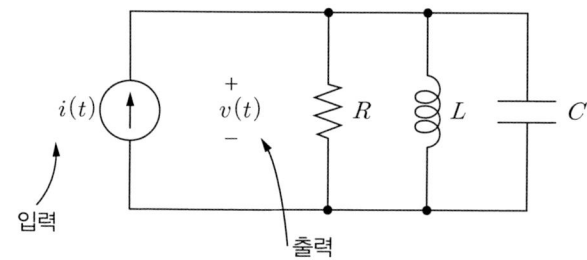

〈 그림 7. RLC 병렬 공진회로의 입출력 정의 〉

이제 이 회로의 공진 주파수를 찾기 위해 주파수 영역에서 입력과 출력의 관계, 즉 네트워크 함수를 찾아본다. 이 회로의 입력 $i(t)$에 대한 페이저를 $\dot{I}$, 출력 $v(t)$에 대한 페이저를 $\dot{V}$ 라고 하면 네트워크 함수 $H(\omega)$는 다음과 같이 정의된다.

$$H(\omega)=\frac{\dot{V}}{\dot{I}}=\dot{Z}_P \qquad 9\text{-}9$$

여기서 $\dot{Z}_P$는 병렬로 연결된 R,L,C의 등가 임피던스로서 입력을 전류, 출력을 전압으로 하였기 때문에 네트워크 함수가 결국 부하의 임피던스와 동일하게 된 것일 뿐 공진회로의 네트워크 함수가 임피던스와 동일하다고 오해하지 않기를 바란다. 이제, RLC 병렬 공진회로를 분석하기 위해 네트워크 함수를 다음과 같이 변형해 본다.

9장. 주파수 응답과 공진회로

$$H(\omega) = \dot{Z}_P = R \parallel j\omega L \parallel \frac{1}{j\omega C}$$

$$= \frac{1}{\frac{1}{R} + \frac{1}{j\omega L} + j\omega C}$$

$$= \frac{1}{\frac{1}{R} + j\left(\omega C - \frac{1}{\omega L}\right)} \quad \text{9-10}$$

$$= \frac{1}{\sqrt{\left(\frac{1}{R}\right)^2 + \left(\omega C - \frac{1}{\omega L}\right)^2}} \angle -\tan^{-1} R\left(\omega C - \frac{1}{\omega L}\right).$$

꽤나 복잡해 보이는 식이지만 RLC 병렬 회로의 등가 임피던스를 구하고 그것의 크기와 위상각을 명시적으로 적은 것에 불과하다. RLC 병렬회로의 입출력을 그림 7과 같이 정의하였을 때 네트워크 함수의 크기와 위상은 역시나 주파수의 함수임을 이 식으로부터 확인할 수 있다. 이 회로의 공진 주파수는 바로 그 크기가 최대가 되는 주파수이므로, 다음과 같이 구할 수 있다.

$$|H(\omega)| = \frac{1}{\sqrt{\left(\frac{1}{R}\right)^2 + \left(\omega C - \frac{1}{\omega L}\right)^2}} \text{ 가 최대}$$

$$\Rightarrow \sqrt{\left(\frac{1}{R}\right)^2 + \left(\omega C - \frac{1}{\omega L}\right)^2} \text{ 가 최소} \quad \text{9-11}$$

$$\Rightarrow \omega C - \frac{1}{\omega L} = 0$$

$$\therefore \omega = \frac{1}{\sqrt{LC}} \text{ 일 때 } |H(\omega)| \text{는 최대가 된다.}$$

즉, RLC 병렬 공진회로의 공진주파수 $\omega_0 = \frac{1}{\sqrt{LC}}$ 인 것이다. 식(9-10)으로부터, 공진 주파수에서 RLC 병렬회로의 등가 임피던스는 R이 되어 순수한 저항성분만 남고 따라서 위상각은 0°가 됨을 확인할 수 있다.

다양한 공진 회로를 비교하기 위하여 공진 회로의 네트워크 함수를 다음과 같은 표준형으로 표현하기도 한다.

$$H(\omega) = \frac{k}{1 + jQ\left(\frac{\omega}{\omega_0} - \frac{\omega_0}{\omega}\right)} \quad \text{9-12}$$

이때, 네트워크 함수를 구성하는 세 가지 상수 k, Q, ω_o는 공진회로의 특성 세 가지를 그대로 나타내며 그 의미는 다음과 같다.

- k: 공진 주파수에서 갖는 네트워크 함수의 최대 크기
- Q: 공진 주파수에서 멀어질 때 네트워크 함수의 크기가 얼마나 빨리 작아지는가를 나타내는 '선택도(selectivity)' 또는 '양호도(quality factor)'
- ω_0: 공진 주파수

식(9-10)을 식(9-12)와 같이 변형하면 RLC 병렬회로의 경우 k, Q, ω_o는 각각 다음의 값을 가짐을 알 수 있다.

$$k = R, \quad Q = R\sqrt{\frac{C}{L}}, \quad \omega_0 = \frac{1}{\sqrt{LC}} \qquad 9\text{-}13$$

예제 9-3

다음은 RLC 직렬공진회로이다. 이 회로의 입력은 전압원 $v(t)$, 출력은 각 소자에 흐르는 전류 $i(t)$이다. 물음에 답하시오.

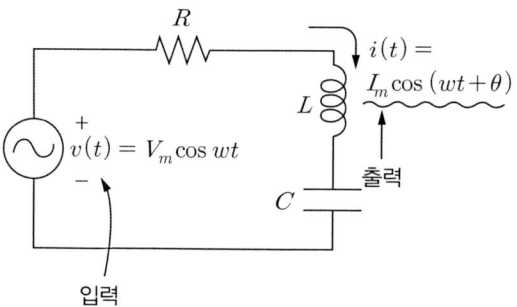

〈 그림 8. RLC 직렬공진회로의 입출력 정의 〉

(a) 이 회로의 입출력에 대한 네트워크 함수 $H(\omega)$를 구하시오.
(b) 이 회로의 공진주파수 ω_o를 구하시오.
(c) 이 회로의 k와 Q 값을 구하시오.

풀이
(a) 출력에 관한 페이저 $\dot{I}$는 다음과 같이 입력 페이저 $\dot{V}$와 각 소자의 임피던스 값으로부터 계산된다.

$$\dot{I} = \frac{\dot{V}}{R + j\omega L + \dfrac{1}{j\omega C}} \qquad \text{9-14}$$

한 편 네트워크 함수 $H(\omega)$는 입력 $\dot{I}$에 대한 출력 $\dot{V}$의 비이므로 식(9-14)로부터 다음과 같이 구할 수 있다.

$$\begin{aligned} H(\omega) &= \frac{\dot{I}}{\dot{V}} \\ &= \frac{1}{R + j\omega L + \dfrac{1}{j\omega C}} \\ &= \frac{1}{R + j\left(\omega L - \dfrac{1}{\omega C}\right)} \\ &= \frac{1}{\sqrt{R^2 + \left(\omega L - \dfrac{1}{\omega C}\right)^2}} \angle -\tan^{-1}\frac{1}{R}\left(\omega L - \frac{1}{\omega C}\right). \end{aligned} \qquad \text{9-15}$$

(b) 공진주파수에서 네트워크 함수의 크기가 최대가 되므로 $\omega L - \dfrac{1}{\omega C} = 0$ 을 만족하는 ω를 찾으면 다음과 같다.

$$\omega_0 = \frac{1}{\sqrt{LC}} \ [rad/\sec] \qquad \text{9-16}$$

(c) k, Q 값을 구하기 위해 식(9-15)를 식(9-12)의 표준형으로 다음과 같이 변형한다.

$$\begin{aligned} H(\omega) &= \frac{1}{R + j\left(\omega L - \dfrac{1}{\omega C}\right)} \\ &= \frac{1/R}{1 + j\dfrac{1}{R}\left(\omega L - \dfrac{1}{\omega C}\right)} \\ &= \frac{k}{1 + jQ\left(\omega\sqrt{LC} - \dfrac{1}{\omega\sqrt{LC}}\right)} \end{aligned} \qquad \text{9-17}$$

따라서 위 식으로부터 k, Q의 값은 다음과 같이 계산된다.

$$\begin{aligned} k &= \frac{1}{R}, \\ Q &= \frac{L}{R\sqrt{LC}} = \frac{1}{R}\sqrt{\frac{L}{C}}. \end{aligned} \qquad \text{9-18}$$

2.3 공진회로의 활용

공진 회로의 주파수 응답 특성은 입력 신호에서 특정 주파수 성분만을 걸러내는 필터 또는 동조회로를 만들 때 이용된다. 입력 신호가 여러 주파수를 갖는 정현파 신호가 중첩(=합)되어 형성된 경우 공진 주파수와 동일한 주파수를 갖는 신호에 대한 응답은 최대로 커지지만 나머지 주파수에 대해서는 응답이 작아지는 성질을 활용하는 것이다. 이런 용도라면 공진 주파수에서 멀어질수록 그 응답의 크기가 급격히 작아지는 것이 더욱 '양호'한 공진 회로일 것이며 그것을 정량화한 것이 바로 양호도(quality factor) Q 이다. Q 값은 특정 주파수의 신호를 '선택'하는 능력을 나타낸 것이기도 하므로 선택도(selectivity)라고 부르기도 한다.

다음 그림은 주파수를 '선택한다'는 것의 의미를 보여주는 것이다. 각주파수가 ω_0인 신호 $i_2(t)$에 각 주파수가 각각 $\omega_0 - 50$, $\omega_0 + 50$ 인 신호 $i_1(t)$, $i_3(t)$ 가 더하여진 입력신호 $i(t)$가 공진주파수가 ω_0인 공진회로로 입력되었을 때 그 출력신호 $v(t)$의 모양을 보여준다. 공진회로는 각주파수가 $\omega_0 - 50$, $\omega_0 + 50$인 신호에 대한 이득이 각각 $\frac{3}{100}$, $\frac{5}{100}$ 로서 해당 주파수의 신호를 그만큼 억제시켜 출력신호를 만든다. 따라서 출력신호 $v(t)$는 $i_2(t)$와 거의 유사해지는 것을 알 수 있다.

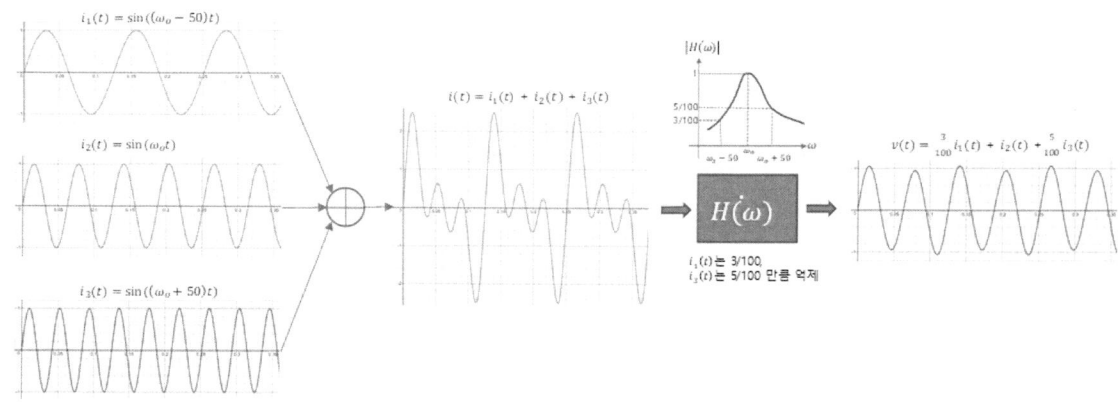

〈 그림 9. 공진회로의 주파수 선택 기능의 개념 〉

공진회로의 이와 같은 주파수 선택 능력을 정량적으로 나타내는 것이 바로 선택도(양호도) Q 라고 하였다. 식(9-12)로부터 Q 가 커질수록 ω가 ω_0에서 벗어남에 따라 $|H(\omega)|$가 더 급격하게 작아짐을 짐작할 수 있다. 다음 그림은 식(9-12)에서 $k=1$, $\omega_0 = 1$ 인 경우 다양한 Q 값에 대한 $|H(\omega)|$ 의 그래프를 그린 것이다. Q 값이 커짐에 따라 공진주파수 근처에서 그래프의 모양이 더 첨예해지므로 공진주파수를 벗어남에 따른 응답의 크기 감소폭이 커짐을 확인하기 바란다.

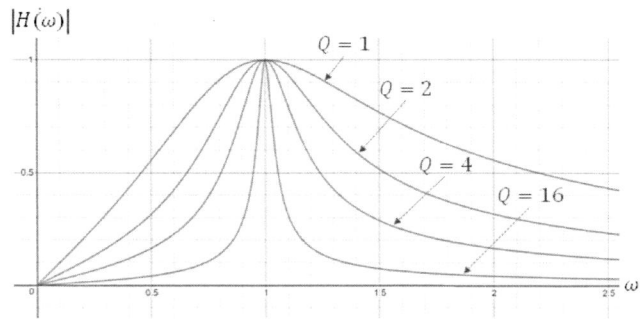

〈 그림 10. 선택도 Q에 따른 공진회로의 주파수 응답 크기 비교 〉

예제 9-4

공진회로의 네트워크 함수의 크기가 최대치 k의 $\dfrac{1}{\sqrt{2}}$이 되는 주파수 두 군데를 각각 $\omega_1, \omega_2\,(\omega_1 < \omega_2)$라고 하자. 이때 이 두 주파수의 차이 $\omega_2 - \omega_1$를 공진회로의 대역폭 BW라고 정의한다.

$$BW = \omega_2 - \omega_1\,(\omega_1 < \omega_2)$$

여기서, $|\dot{H}(\omega_1)| = |\dot{H}(\omega_2)| = \dfrac{1}{\sqrt{2}}|\dot{H}(\omega_0)|$ \hfill 9-19

네트워크 함수가 다음의 식을 만족할 때 물음에 답하시오.

$$\dot{H}(\omega) = \dfrac{3}{1 + j\left(\dfrac{\omega}{20} - \dfrac{40}{\omega}\right)} \hspace{2em} 9\text{-}20$$

(a) 이 회로의 ω_o, k, Q는 각각 얼마인가?
(b) 이 회로의 $\omega_1, \omega_2\,(\omega_1 < \omega_2)$를 계산하고, 대역폭 BW를 구하시오.
(c) 네트워크 함수의 크기 그래프에서 BW와 선택도 Q의 관계를 설명하시오.

풀이

(a) 주어진 네트워크 함수 식(9-20)을 식(9-12)의 표준형과 비교하면 ω_o, k, Q 값을 구할 수 있다.

$$\dot{H}(\omega) = \dfrac{3}{1 + j\left(\dfrac{\omega}{20} - \dfrac{40}{\omega}\right)} = \dfrac{k}{1 + jQ\left(\dfrac{\omega}{\omega_0} - \dfrac{\omega_0}{\omega}\right)} \text{으로부터 } k = 3.$$

한편, $\dfrac{Q}{\omega_0} = \dfrac{1}{20}$, $Q\omega_0 = 40$이므로

$\omega_0 = 20\sqrt{2}\,[rad/\sec]$, $Q = \sqrt{2}$. \hfill 9-21

(b) $\omega_1, \omega_2 \, (\omega_1 < \omega_2)$의 정의를 따르면 ω_1, ω_2는 다음 식과 같이 구할 수 있다.

$$|H(\omega)| = \frac{3}{\sqrt{1^2 + \left(\dfrac{\omega}{20} - \dfrac{40}{\omega}\right)^2}} = \frac{3}{\sqrt{2}}$$

$$\Rightarrow \left(\frac{\omega}{20} - \frac{40}{\omega}\right) = \pm 1$$

$$\Rightarrow \omega^2 \pm 20\omega - 800 = 0$$

$$\therefore \omega_1 = 20\,[rad/\sec], \; \omega_2 = 40\,[rad/\sec]$$

$$\therefore BW = \omega_2 - \omega_1 = 20\,[rad/\sec].$$

9-22

(c) 이상과 같이 구한 ω_1, ω_2 값과 이로부터 계산된 BW 를 다음 그림과 같이 네트워크 함수의 그래프에 함께 표시하였다.

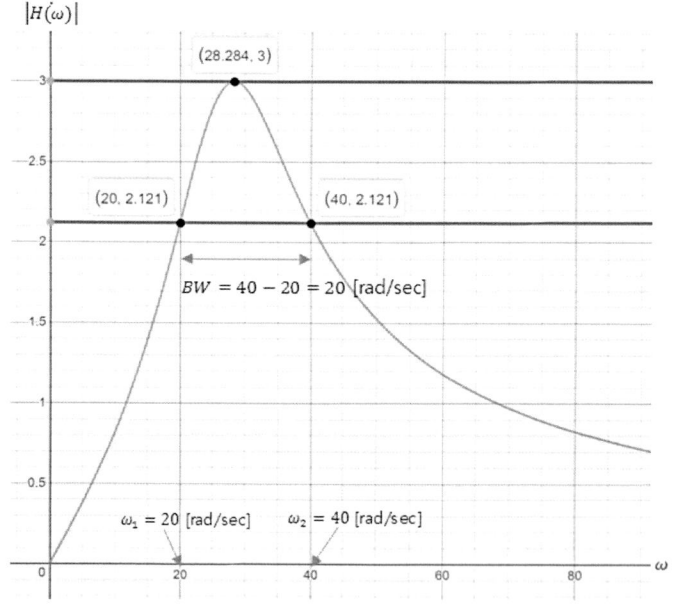

〈 그림 11. 네트워크 함수의 크기 그래프에서 BW 의 의미 〉

이 그래프로부터 대역폭 BW는 $|H(\omega)|$가 최대치의 $\dfrac{1}{\sqrt{2}}$이 되는 두 각주파수값 ω_1, ω_2의 차이이며 $|H(\omega)|$가 뾰족할수록, 즉, 선택도 Q가 커질수록 작아질 것임을 짐작할 수 있다. 설명은 생략하겠지만 식(9-12)의 표준형에서 BW를 Q에 관해 풀면 다음의 관계식을 만족한다.

9장. 주파수 응답과 공진회로

$$BW = \frac{\omega_0}{Q} \qquad \qquad 9\text{-}23$$

이로부터 대역폭과 선택도는 개념적으로 서로 반대임이 수식으로도 확인된다. 한편, BW 값 자체는 동일한 선택도 Q에서 공진주파수 ω_0가 커질수록 함께 커진다는 것을 확인할 수 있다. 공진주파수가 $100\,[rad/sec]$일 때 $10\,[rad/sec]$의 대역폭이 의미하는 선택도와 공진주파수가 $1M\,[rad/sec]$일 때 $10\,[rad/sec]$의 대역폭이 의미하는 선택도는 매우 차이가 크기 때문이다.

단원 마무리

1. 주파수 응답의 개념과 네트워크 함수
   - 주파수영역에서 임피던스는 주파수의 함수이므로 각 전압, 전류 또한 주파수의 함수로 나타나는데 이것을 주파수 응답이라고 한다.
   - 회로의 임의의 두 신호를 입력과 출력으로 정의하였을 때 두 신호의 주파수 영역에서의 비를 네트워크 함수라고 정의한다.
   - 네트워크 함수 또한 복소수로 나타나며 주파수의 함수이다. 네트워크 함수의 크기를 입력 신호의 크기에 곱하면 출력 신호의 크기가 나오므로 이득(gain)이라고 정의한다.
   - 네트워크 함수의 이득을 주파수에 대한 그래프로 그리면 이득이 더 큰 주파수 영역이 발견되며 이 때 그 영역의 주파수를 갖는 신호를 더 잘 통과시킨다고 표현한다.

2. 공진회로
   - 임의의 부하 회로에 대하여 입력과 출력을 정의하였을 때 최대 출력이 나오는 특정 주파수를 공진주파수라고 정의한다.
   - RLC 직렬, 병렬 공진회로의 공진주파수에서 RLC 직렬, 병렬 임피던스는 순수 저항성분만을 가진다.
   - 공진회로가 공진주파수를 중심으로 얼마나 첨예한 이득 그래프를 보여주는가를 가늠하는 지표로 선택도(양호도) Q를 정의할 수 있다.
   - 공진회로의 이득이 최대치의 $\frac{1}{\sqrt{2}}$이 되는 두 주파수의 간격을 대역폭(BW)이라고 하며 대역폭과 선택도는 $BW = \frac{\omega_0}{Q}$의 관계를 만족한다.

생각해 봅시다

- **질문**: 대역폭과 선택도는 개념적으로 반비례의 관계이다. 그러나 $BW = \frac{\omega_0}{Q}$에서는 공진주파수 ω_0가 반비례 상수로 곱하여진다. 이것으로부터 알 수 있는 대역폭과 공진주파수, 선택도의 상관관계는 무엇일까?
- **의견**: 같은 선택도일 때 공진주파수가 높을수록 대역폭은 비례해서 높아진다. 또는 대역폭이 같다면 공진주파수가 높을수록 선택도는 커진다고도 말할 수 있다. 예를 들어, $f_0 = 10\,[MHz]$일 때 10Hz의 대역폭은 $f_0 = 100\,[Hz]$일 때 10Hz의 대역폭보다 훨씬 좁은 것이며 그것은 더 큰 선택도를 의미한다.

9장 　 개념정리 O, X 퀴즈

1 회로를 구동하는 전원이 크기와 위상은 그대로인 상태에서 주파수가 바뀌면 응답 역시 크기와 위상은 그대로이지만 주파수는 전원과 동일하게 바뀐다. 　　　　　　　　　　　　　(O, ×)

2 선형회로에서 입출력에 대한 네트워크 함수를 알고 있으면 다양한 주파수를 갖는 입력에 대한 출력신호를 계산할 수 있다. 　　　　　　　　　　　　　(O, ×)

3 네트워크 함수를 정의할 때 입력은 언제나 전원이다. 　　　　　　　　　　　　　(O, ×)

4 RLC 회로에서 주파수 응답이라는 개념이 존재하는 이유는 주파수에 따라 다른 크기의 임피던스를 갖는 커패시터와 인덕터가 존재하기 때문이다. 　　　　　　　　　　　　　(O, ×)

5 네트워크 함수의 크기를 주파수에 대한 그래프로 그렸을 때 원점에 가까울수록 크기가 크고 멀어질수록 작아진다면 '고주파 통과' 특성이 있다고 볼 수 있다. 　　　　　　　　　　　　　(O, ×)

6 RLC 공진회로는 공진주파수에서 등가임피던스의 허수부(리액턴스)가 0이 된다. 　(O, ×)

7 RLC 직렬공진회로의 공진주파수는 저항이 커질수록 작아진다. 　　　　　　　　(O, ×)

8 RLC 병렬공진회로의 공진주파수에서의 응답 크기는 커패시터가 결정한다. 　　(O, ×)

9 공진회로의 네트워크 함수 크기-주파수 그래프는 공진주파수를 중심으로 대칭이다. (O, ×)

10 선택도(양호도)가 10이면 대역폭은 공진주파수의 1/10 이 된다. 　　　　　　　(O, ×)

📋 [9장 퀴즈 정답 및 해설]

1	2	3	4	5	6	7	8	9	10
X	O	X	O	X	O	X	X	X	O

1   전원의 주파수가 바뀌면 응답의 주파수 뿐 아니라 크기와 위상도 함께 변화한다.
2   네트워크 함수는 모든 주파수에 대한 입력과 출력값(페이저)의 관계를 알려준다.
3   회로의 입력과 출력은 서로 상관관계가 있는 임의의 두 전압 또는 전류로 정의할 수 있다.
4   커패시터와 인덕터의 임피던스가 주파수의 함수이므로 이들로 구성된 회로의 전압, 전류 역시 주파수의 함수가 된다. 저항만 존재하는 회로에서는 주파수 응답이라는 개념이 필요 없다.
5   주파수가 커질수록 응답의 크기가 작아지므로 고주파를 억제하고 저주파를 잘 통과시키는 특성이 있다고 볼 수 있다.
6   공진주파수에서 공진회로의 임피던스는 순수한 저항성분만을 갖게 된다.
7   RLC 직렬공진회로의 공진주파수는 $\frac{1}{\sqrt{LC}}$ 이므로 저항과는 무관하다.
8   RLC 병렬공진회로의 공진주파수에서 최대 크기의 응답(전압)을 나타내며 그 크기는 저항에 비례한다.
9   공진회로의 네트워크 함수 크기-주파수 그래프는 공진주파수에서 최대이지만 좌우 대칭은 아니다.
10 선택도(양호도) Q와 대역폭 BW, 공진주파수 ω_0 는 $BW = \frac{\omega_0}{Q}$ 를 만족한다.

9장　연습문제

1 다음 회로의 입력을 전원 $v_s(t)$, 출력을 $20\,\Omega$ 저항 양단에 나타나는 전압 $v_o(t)$ 라고 할 때 이 회로의 네트워크 함수 $H(\omega)$ 를 구하시오.

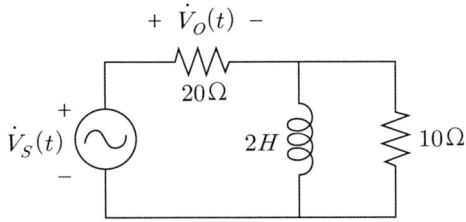

2 다음 회로의 입력을 전원 $v_s(t)$, 출력을 커패시터 양단에 나타나는 전압 $v_o(t)$ 라고 할 때 이 회로의 네트워크 함수 $H(\omega)$ 를 구하시오.

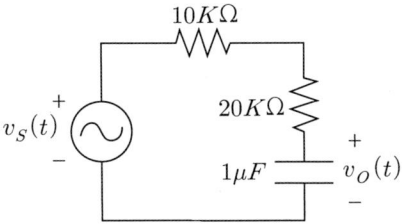

3 다음 회로의 입력을 전원 $v_s(t)$, 출력을 저항과 커패시터 직렬 연결회로의 양단 전압 $v_o(t)$ 라고 할 때 이 회로의 네트워크 함수 $H(\omega)$를 구하시오.

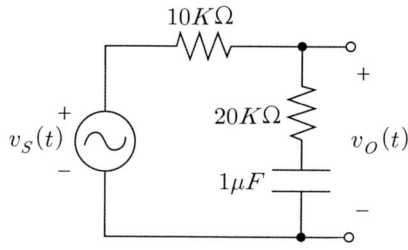

4 다음 회로의 입력을 전원 $v_s(t)$, 출력을 저항 R 양단에 나타나는 전압 $v_o(t)$라고 할 때 이 회로의 네트워크 함수 $H(\omega)$는 다음과 같다고 한다. 물음에 답하시오.

$$H(\omega) = \frac{0.6}{1 + j(0.06\,\omega)}$$

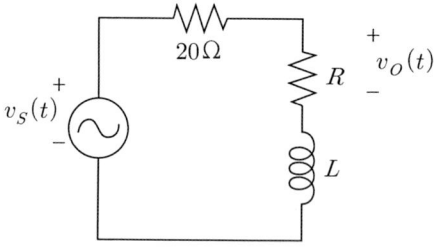

1) 주어진 네트워크 함수 $H(\omega)$로부터 R과 L의 값을 각각 구하시오.

2) 주어진 네트워크 함수 $H(\omega)$로부터 이 회로의 입출력 관계는 저주파 통과 특성을 갖는지 고주파 통과 특성을 갖는지 설명하시오.

5 다음 회로의 입력을 전류원 $i_s(t)$, 출력을 저항 양단의 전압 $v_o(t)$으로 정의할 때 다음 물음에 답하시오.

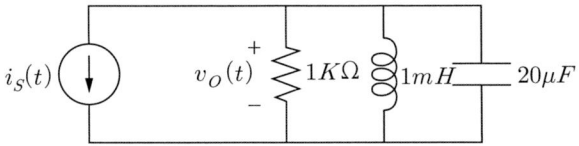

1) 이 회로의 네트워크 함수 $H(\omega)$를 다음과 같은 표준형으로 표현하고, 선택도 Q와 공진주파수 ω_0가 얼마인지 구하시오.

$$H(\omega) = \frac{k}{1 + jQ\left(\dfrac{\omega}{\omega_0} - \dfrac{\omega_0}{\omega}\right)}$$

2) 이 회로의 대역폭 BW는 얼마인지 계산하시오.

3) 저항 R의 값과 대역폭의 관계를 설명하시오.

6 다음 회로의 입력을 전압원 $v_s(t)$, 출력을 저항에 흐르는 전류 $i_o(t)$로 정의할 때 다음 물음에 답하시오.

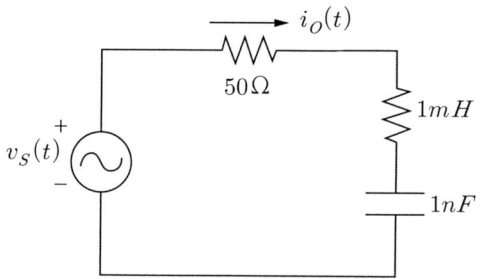

1) 이 회로의 네트워크 함수 $H(\omega)$를 다음과 같은 표준형으로 표현하고, 선택도 Q와 중심주파수 ω_0가 얼마인지 구하시오.

$$H(\omega) = \frac{k}{1+jQ\left(\dfrac{\omega}{\omega_0}-\dfrac{\omega_0}{\omega}\right)}$$

2) 이 회로의 대역폭 BW는 얼마인지 계산하시오.

3) 저항 R의 값과 대역폭의 관계를 설명하시오.

7 병렬 RLC 공진회로의 공진주파수 $\omega_0 = 50,000\,[rad/\sec]$, 대역폭 $BW = 1,000\,[rad/\sec]$ 이며, 공진주파수에서 임피던스가 $1\,[k\Omega]$이라고 한다. R, L, C의 값을 각각 구하시오.

연습문제 정답

[1장] 회로이론이란 무엇인가?

번호	연습문제 정답
1	20N의 척력
2	$i(t) = 50\cos 5t\,[A]$
3	$6[W]$의 전력 소모
4	$5[W]$
5	$I = 5[A]$
6	$V = 3I$
7	에너지 보존 법칙을 만족하지 않는다.
8	1) 생략 2) 소모 3) $0[J]$
9	④
10	1) $i = 2[A]$, 소모전력 $= 20[W]$ 2) $i = 2[A]$, 소모전력 $= 20[W]$ 3) 생략

[2장] 회로이론과 연립방정식

번호	연습문제 정답
1	④
2	①
3	②
4	③
5	(a) $i_1 = 3$ (b) $-i_1 + i_2 + i_3 = 0$
6	$v = -4[V]$, $i = 1[A]$ '다' 소자의 소모전력 = $8[W]$, '마' 소자의 소모전력 = $-2[W]$
7	1) $v = 16[V]$, $i = -3[A]$ 2) 전류원 공급 전력 = $32[W]$, 전압원 공급 전력 = $30[W]$ 3) R_1 소모 전력 = $12[W]$, R_2 소모 전력 = $50[W]$

8	1) 생략
	 2) 생략
	 3) 3Ω: $6V, 2A$
	     4Ω: $12V, 3A$
	     5Ω: $10V, 2A$
	 4) 3Ω: $12[W]$
	     4Ω: $36[W]$
	     5Ω: $20[W]$

9	1) 생략
	 2) 생략
	 3) 2Ω: $2V, 1A$
	     3Ω: $3V, 1A$
	     8Ω: $8V, 1A$
	 4) 2Ω: $2[W]$
	     3Ω: $3[W]$
	     8Ω: $8[W]$

10	$R_1 = 14[\Omega]$, $R_2 = 2[\Omega]$

[3장] 저항회로의 해석

번호	연습문제 정답
1	$R_T = 4[\Omega]$
2	$v_1 : v_2 : v_3 = 1 : 2 : 3$
3	1) $R_2 = 8[\Omega]$ 2) $R_1 = 9[\Omega]$ 3) $R_1 = 6[\Omega]$, $R_2 = 4[\Omega]$
4	$V_{ab} = 11[V]$
5	$i_1 : i_2 : i_3 = 2 : 2 : 1$
6	1) $R_2 = \dfrac{5}{2}[\Omega]$, $i_1 = 2[A]$, $i_2 = 8[A]$ 2) $R_1 = 4[\Omega]$, $i_1 = 5[A]$, $i_2 = 5[A]$
7	$i = 9[A]$
8	$i = -2[A]$
9	1) $R_{AC} = \dfrac{21}{10}[\Omega]$ 2) $R_{AC} = \dfrac{25}{12}[\Omega]$
10	1) $R = 10[\Omega]$ 2) $i_1 = 12[A]$, $v_{ab} = 120[V]$ 3) $i_2 = 4[A]$
11	1) $R_{ab} = 8[\Omega]$ 2) $i = \dfrac{5}{3}[A]$
12	4개
13	①
14	$\dfrac{v_a - v_b}{1} + \dfrac{v_a - v_c}{2} + \dfrac{v_a - v_d}{3} = 0$

15	1) $-4 + \frac{v_a}{1} + \frac{v_a}{3} = 0$ 2) $i = 1[A]$
16	$v_a = 10\,V,\ v_b = 1\,V,\ v_c = -3\,V$
17	$v = 1[V]$
18	4개
19	①, ④
20	$6i_1 - 2i_2 + 5 = 0$
21	1) $4i - 12 = 0$ 2) $i = 3[A],\ v_o = 3[V]$
22	1) $i_1 = -1[A],\ i_2 = -1[A],\ i_3 = 1[A]$ 2) $12[W]$ 3) $12[W]$, 2)의 결과와 일치한다.

[4장] 회로해석 관련 여러 가지 정리

번호	연습문제 정답
1	②
2	6V
3	$i = \frac{5}{9}[A]$
4	$i = 4[A]$
5	1) $V_M = \frac{6}{7}[V],\ R_M = \frac{4}{7}[\Omega]$ 2) $i = \frac{1}{3}[A]$
6	1) $v = -20[V]$ 2) $v = -20[V]$

7	1) $V_{TH} = 4[V]$, $R_{TH} = 8[\Omega]$
	2) $i = \frac{1}{3}[A]$
8	$I_N = 3.5[A]$, $R_N = 2[\Omega]$
9	$I_N = 3[A]$, $R_N = 14[\Omega]$
10	1) $V_{TH} = 6[V]$, $R_{TH} = 2[\Omega]$
	2) $R_L = 2[\Omega]$, $P_{L,\max} = \frac{9}{2}[W]$
11	$R_L = 8[\Omega]$, $P_{L,\max} = \frac{1}{2}[W]$
12	$R_L = 50[\Omega]$, $P_{L,\max} = 2[W]$

[5장] 에너지 저장 소자

번호	연습문제 정답
1	$6[W]$의 전력 생성
2	1) $i_R(t=5) = 2[A]$
	2) $i_C(t=5) = 0[A]$
	3) $i_s(t=5) = 2[A]$
3	$v(t) = 75 - 25e^{-20t}[V]$
4	1) $i_C(t) = 0.15e^{-3t}[mA]$
	2) $i_R(t) = 1 - e^{-3t}[mA]$
	3) $i(t) = 1 - 0.85e^{-3t}[mA]$
5	$C = \frac{8}{13}[F]$
6	1) $\frac{1}{2}[A/msec]$
	2) ②
	3) $L = 40[mH]$

7	$v(t) = 100 - 95e^{-5t}\,[V]$
8	$R = \dfrac{5}{4}\,[\Omega]$
9	$L = 10\,[H]$
10	②
11	1) $i_L(0^+) = 0\,[A],\ v_C(0^+) = 10\,[V]$ 2) $i_L(\infty) = 1\,[A],\ v_C(\infty) = 6\,[V]$
12	①
13	②
14	1) $v(0) = 32\,[V]$ 2) $2\dfrac{dv(t)}{dt} + v(t) = 24$ 3) $v(t) = 24 + 8e^{-\frac{t}{2}}\,[A]$
15	1) $i(0) = 1\,[A]$ 2) $\dfrac{di(t)}{dt} + i(t) = 3$ 3) $i(t) = 3 - 2e^{-t}\,[A]$
16	④

[6장] 교류회로 정상상태 해석을 위한 수학 도구

번호	연습문제 정답
1	1) 최대값 = 2, 주파수 = $\dfrac{50}{\pi}\,[Hz]$, 주기 = $\dfrac{\pi}{50}\,[sec]$ 2) 최대값 = $\sqrt{2}$, 주파수 = $100\,[Hz]$, 주기 = $0.01\,[sec] = 10\,[msec]$
2	1) $A = 2,\ T = 0.2\,[sec],\ f = 5\,[Hz],\ \omega = 10\pi\,[rad],\ \theta = 0\,[rad]$ 2) $A = 3,\ T = 0.5\,[sec],\ f = 2\,[Hz],\ \omega = 4\pi\,[rad],\ \theta = -\dfrac{\pi}{2}\,[rad]$
3	2

4	1) $v_1(t), v_2(t)$ 모두 최대값 = $2[V]$, 주기 = 0.2초, 주파수 = $5[Hz]$ 2) $v_1(t)$가 $v_2(t)$보다 $\frac{\pi}{2}[rad]$ 앞선다.
5	1) $\sqrt{2}\angle 45°$ 2) $3\angle 90°$ 3) $\sqrt{2}\angle 225°$ (또는 $\sqrt{2}\angle -135°$) 4) $4\angle 0°$
6	1) $\sqrt{3}+j$ 2) $j\sqrt{2}$ 3) -3 4) $2-j2$
7	1) $3e^{j\frac{\pi}{6}}$ 2) $\sqrt{2}e^{-j\frac{\pi}{4}}$ 3) $2e^{j\frac{\pi}{2}}$ 4) $3e^{j\pi}$
8	1) $2\angle 0°$ 2) $1\angle 90°$ 3) $4.74\angle -78.43°$ 4) $6\angle 0°$ 5) $6\angle 120°$ 6) $0.98\angle -63.81°$ 7) $6\angle 90°$ 8) $1.48\angle 6.80°$
9	1) $\dot{V}_1 = 2\angle 30°$ 2) $\dot{V}_2 = \sqrt{2}\angle -60°$ 3) $\dot{V}_3 = 3\angle -110°$ 4) $\dot{V}_4 = 3\angle \frac{\pi}{3}$

9	5)	$\dot{V}_5 = 0.5 \angle -\frac{\pi}{4}$
	6)	$\dot{V}_6 = 2 \angle 180° \times 1 \angle 30° = 2 \angle 210°$
10	1) $v_1(t) = 5\cos(\omega t - 53.1°)$	
	2) $v_2(t) = 0.41\cos(2\omega t + 30°)$	
	3) $v_3(t) = 2.75\cos(\omega t - 52.5°)$	
	4) $v_4(t) = 2.97\cos(\omega t + 64.35°)$	
	5) $v_5(t) = 3.31\cos(377t + 174.64°)$	

[7장] 페이저를 이용한 교류회로 정상상태 해석

번호	연습문제 정답
1	1) 인덕터, $3.98\,[mH]$ 2) 커패시터, $5\,[\mu F]$ 3) 저항, $2\,[\Omega]$
2	그림 생략
3	$v_3(t) = 4.01\cos(377t - 16.22°)\,[V]$
4	1) $v(t) = 116.4\cos(10t + 69.90°)\,[V]$ 2) $v(t) = 116.4\cos(10t + 69.90°)\,[V]$
5	$\dot{Z} = 33.41 \angle -33.37°\,[\Omega]$
6	$C = 63.33\,[nF]$
7	$R = 99.50\,[\Omega]$
8	$v_L(t) = 8.60\cos(\omega t + 132.62°)\,[V]$
9	$i_3(t) = 1.50\cos(10t - 49.95°)\,[A]$
10	(a) $v(t) = \frac{30}{7}\,[V]$, $i(t) = \frac{1}{7}\,[A]$ (b) $v(t) = 6.20\cos(1000t + 74.74°)\,[V]$, $i(t) = 0.28\cos(1000t + 101.31°)\,[A]$
11	$v(t) = 6.09\cos(10t - 5.6°)\,[V]$

12	$v_a(t) = 8.94\cos(1000t + 153.43°)\,[V]$, $v_b(t) = -8.94\cos(1000t + 153.43°)\,[V]$.
13	1) $i_1(t) = 3.87\cos(10^4 t + 95.70°)\,[A]$, $i_2(t) = 4.34\cos(10^4 t + 167.17°)\,[A]$. 2) $v(t) = 9.52\cos(10^4 t - 53.15°)\,[V]$

[8장] 교류회로의 전력

번호	연습문제 정답
1	(a) 평균값 = $\frac{21}{5} = 4.2$ 실효값 = $\sqrt{\frac{101}{5}} = 4.49$ (b) 평균값 = $\frac{11}{5} = 2.2$ 실효값 = $\sqrt{\frac{37}{5}} = 2.72$ (c) 평균값 = 1 실효값 = $\sqrt{\frac{4}{3}} = 1.15$ (d) 평균값 = 1 실효값 = $\sqrt{\frac{4}{3}} = 1.15$
2	1) 순간전력 = $50 + 50\sqrt{2}\cos(200t + 45°)\,[W]$ 평균전력 = $50\,[W]$ 2) 순간전력 = $50 + 50\cos(200t + 90°)\,[W]$ 평균전력 = $50\,[W]$ 3) 순간전력 = $50\cos(200t + 180°) = -50\cos 200t\,[W]$ 평균전력 = $0\,[W]$
3	$\dot{S} = 2.40 - j0.48\,[VA]$
4	$R = \frac{1}{4}\,[\Omega]$, $L = \frac{1}{20}\,[H]$
5	$\dot{S}_R = 192.27 + j0\,[VA]$
6	1) $\dot{V}_a = 7.37\angle -118.68°\,[V]$ 2) $\dot{V}_R = \dot{V}_a = 7.37\angle -118.68°\,[V]$, $\dot{V}_L = \dot{V}_1 - \dot{V}_a = 15\angle 25.53°\,[V]$, $\dot{V}_C = \dot{V}_a - \dot{V}_2 = 12.25\angle -125.26°\,[V]$.

6	3) $\dot{S}_R = 13.57 + j0\,[VA]$, $\dot{S}_L = j56.25\,[VA]$, $\dot{S}_C = -j37.50\,[VA]$. 4) 생략
7	$\dot{Z} = 1 + j\,[\Omega]$
8	피상전력 = $14.94\,[kVA]$, 유효전력 = $12.5\,[kW]$, 역률 = $\cos 33.20°= 0.84$
9	1) (a)에 해당, $L = 10\,[mH]$ 2) (b)에 해당, $C = 0.8\,[mF]$
10	(a) 역률 = $\dfrac{R}{\sqrt{R^2 + (1/\omega C)^2}}$, 진상 (b) 역률 = $\dfrac{1}{\sqrt{1 + (\omega RC)^2}}$, 진상 (c) 역률 = $\dfrac{R}{\sqrt{R^2 + (\omega L)^2}}$, 지상 (d) 역률 = $\dfrac{\omega L}{\sqrt{R^2 + (\omega L)^2}}$, 지상
11	$C = 291.21\,[\mu F]$
12	$C = 685.26\,[nF]$

[9장] 주파수 응답과 공진회로

번호	연습문제 정답
1	$H(\omega) = \dfrac{1 + j(0.2\omega)}{1 + j(0.3\omega)}$
2	$H(\omega) = \dfrac{1}{1 + j(0.03\omega)}$
3	$H(\omega) = \dfrac{1 + j(0.02\omega)}{1 + j(0.03\omega)}$
4	1) $R = 30\,[\Omega]$, $L = 3\,[H]$ 2) 주파수가 커질수록 $|H(\omega)|$ 가 작아지므로 저주파 통과 특성을 갖는다.

5	1) $H(\omega) = \dfrac{1000}{1 + j100\sqrt{2}\left(\dfrac{\omega}{7071} - \dfrac{7071}{\omega}\right)}$ 선택도 $Q = 100\sqrt{2}$, 중심주파수 $\omega_0 = 7071\,[rad/sec]$ 2) $BW = 50\,[rad/sec]$ 3) 저항 R이 커질수록 대역폭은 작아진다.
6	1) $H(\omega) = \dfrac{0.02}{1 + j20\left(\dfrac{\omega}{10^6} - \dfrac{10^6}{\omega}\right)}$ 선택도 $Q = 20$, 중심주파수 $\omega_0 = 10^6\,[rad/sec]$ 2) $BW = \dfrac{\omega_0}{Q} = \dfrac{10^6}{20} = 5 \times 10^4\,[rad/sec]$ 3) 저항 R이 커질수록 대역폭은 커진다.
7	$R = 1\,[k\Omega]$, $C = 1\,[\mu F]$, $L = 0.4\,[mH]$

안재우

- 1995년 서울대학교 전자공학과 졸업
- 1997년 서울대학교 전기컴퓨터공학부 석사 취득
- 1997년~2001년 서울대학교 반도체공동연구소
- 2009년 서울대학교 전기컴퓨터공학부 박사취득(임베디드시스템 및 병렬컴퓨팅 전공)
- 2001년~2010년 (주)클립컴 기술연구소장
- 2011년~2012년 서울대학교 BK21 정보기술사업단
- 2012년~현재 경기과학기술대학교 전자통신과 교수
- 연구분야 : 임베디드시스템, IoT

차근차근 설명하는
기초회로이론

인 쇄 : 2020년 3월 2일 초판 1쇄
발 행 : 2020년 3월 9일 초판 1쇄

저자와의
협의하에
인지생략

저 자 : 안재우
발행인 : 송 준
발행처 : 도서출판 홍릉
주 소 : 01093 서울시 강북구 인수봉로 50길 10
등 록 : 1976년 10월 21일 제5-66호

전 화 : 02-999-2274~5
팩 스 : 02-905-6729
e-mail : hongpub@hongpub.co.kr
http://www.hongpub.co.kr
ISBN : 979-11-5600-664-0(93560)

정 가 : 20,000원

낙장 및 파본은 구입처나 본사에서 교환하여 드립니다.
판권 소유에 위배되는 사항(인쇄, 복제, 제본)은 법에 저촉됩니다.